高等院校计算机实验与实践系列示范教材

操作系统实验教程

张坤 姜立秋 赵慧然 编著

清華大学出版社
北 京

内容简介

本书是“操作系统”课程的辅助教材，通过其中的实验可加深对本课程概念的理解。全书共分为10章，从设计一个简单的操作系统引导程序开始，指导学生初步理解操作系统的设计原理和过程，使学生能够掌握简单的Shell编程，掌握进程、线程、进程管理、进程调度和进程通信等基本概念和技术，掌握内存管理基本概念和技术，掌握文件操作和磁盘调度的基本原理。

本书的实验以Linux操作系统为主。因为Linux是开放源码的，因此，在本书附录中给出了Linux0.11的部分源码分析，可以让读者得以一窥操作系统的内部实现机制。

书中的实验题目具有独立性，并且对每个实验中用到的知识，在前面都给予描述和指导，这样有利于读者通过自学掌握实验教程中的技术和方法。

本书可作为高等院校计算机及相关专业“操作系统”课程实验的辅助教材，也可作为读者学习操作系统技术的实验指导教程。

图书在版编目(CIP)数据

操作系统实验教程/张坤，姜立秋，赵慧然编著. —北京：清华大学出版社，2008.6(2022.7重印)
(高等院校计算机实验与实践系列示范教材)
ISBN 978-7-302-17734-0

Ⅰ.操… Ⅱ.①张… ②姜… ③赵… Ⅲ.操作系统—高等学校—教材 Ⅳ.TP316

中国版本图书馆CIP数据核字(2008)第076109号

责任编辑：索　梅
责任校对：焦丽丽
责任印制：朱雨萌

出版发行：清华大学出版社
网　　址：http://www.tup.com.cn，http://www.wqbook.com
地　　址：北京清华大学学研大厦A座　　**邮　　编**：100084
社 总 机：010-83470000　　**邮　　购**：010-62786544
投稿与读者服务：010-62776969，c-service@tup.tsinghua.edu.cn
质量反馈：010-62772015，zhiliang@tup.tsinghua.edu.cn
课件下载：http://www.tup.com.cn，010-83470236
印 装 者：北京九州迅驰传媒文化有限公司
经　　销：全国新华书店
开　　本：185mm×260mm　　**印　　张**：17　　**字　　数**：414千字
版　　次：2008年6月第1版　　**印　　次**：2022年7月第11次印刷
印　　数：9601～10100
定　　价：49.00元

产品编号：028652-03

出版说明

当前，重视实验与实践教育是各国高等教育界的发展潮流，我国与国外教学工作的差距也主要表现在实践教学环节上。面对新的形式和新的挑战，完善实验与实践教育体系成为一种必然。为了培养具有高质量、高素质、高实践能力和高创新能力的人才，全国很多高等院校在实验与实践教学方面进行了大力改革，在实验与实践教学内容、教学方法、教学体系、实验室建设等方面积累了大量的宝贵经验，起到了教学示范作用。

实验与实践性教学与理论教学是相辅相成的，具有同等重要的地位。它是在开放教育的基础上，为配合理论教学、培养学生分析问题和解决问题的能力以及加强训练学生专业实践能力而设置的教学环节；对于完成教学计划、落实教学大纲，确保教学质量，培养学生分析问题、解决问题的能力和实际操作技能更具有特别重要的意义。同时，实践教学也是培养应用型人才的重要途径，实践教学质量的好坏，实际上也决定了应用型人才培养质量的高低。因此，加强实践教学环节，提高实践教学质量，对培养高质量的应用型人才至关重要。

近年来，教育部把实验与实践教学作为对高等院校教学工作评估的关键性指标。2005 年 1 月，在教育部下发的《关于进一步加强高等学校本科教学工作的若干意见》中明确指出："高等学校要强化实践育人的意识，区别不同学科对实践教学的要求，合理制定实践教学方案，完善实践教学体系。要切实加强实验、实习、社会实践、毕业设计(论文)等实践教学环节，保障各环节的时间和效果，不得降低要求。""要不断改革实践教学内容，改进实践教学方法，通过政策引导，吸引高水平教师从事实践环节教学工作。要加强产学研合作教育，充分利用国内外资源，不断拓展校际之间、校企之间、高校与科研院所之间的合作，加强各种形式的实践教学基地和实验室建设。"

为了配合开展实践教学及适应教学改革的需要，我们在全国各高等院校精心挖掘和遴选了一批在计算机实验与实践教学方面具有潜心研究并取得了富有特色、值得推广的教学成果的作者，把他们多年积累的教学经验编写成教材，为开展实践教学的学校起一个抛砖引玉的示范作用。

为了保证出版质量，本套教材中的每本书都经过编委会委员的精心筛选和严格评审，坚持宁缺毋滥的原则，力争把每本书都做成精品。同时，为了能够让更多、更好的实践教学成果应用于社会和各高等院校，我们热切期望在这方面有经验和成果的教师能够加入到本套丛书的编写队伍中，为实践教学的发展和取得成效做出贡献；也衷心地期望广大读者对本套教材提出宝贵意见，以便我们更好地为读者服务。

清华大学出版社

联系人：索梅 suom@tup.tsinghua.edu.cn

PREFACE

前言

操作系统是现代计算机系统中不可缺少的系统软件。如果让用户去使用一台没有配置操作系统的计算机,那是难以想象的。操作系统控制和管理整个计算机系统中的软硬件资源,并为用户使用计算机提供一个方便灵活、安全可靠的工作环境。本书遵循操作系统课程的教学大纲要求,针对应用型模式的专业定位和人才培养目标而编写。

操作系统课程的实验环节一直是操作系统教学的难点。本书通过Windows和Linux两个操作系统各自的编程接口,提供一些编程实例,以此加深学生对操作系统工作原理的领会和对操作系统实现方法的理解,并且使学生在程序设计方面得到基本训练。

全书共分为10章,从设计一个简单的操作系统引导程序开始,指导学生初步理解操作系统的设计原理和过程,使学生能够掌握简单的Shell编程,掌握进程、线程、进程管理、进程调度、进程通信等基本概念和技术,掌握内存管理基本概念和技术,掌握文件操作和磁盘调度的基本原理。

结合操作系统理论课程的学习,通过本书的全部实验,使学生能够理解操作系统的一般概念和方法,有能力去分析、设计和改变一个操作系统的某些组件。

本书的大部分程序在Linux下实现,可为后续的嵌入式Linux系统课程打下很好的基础。为了更好地让读者理解操作系统的原理和实现技术,其余程序是在Windows下实现的一些模拟算法。所有程序都经过测试和验证。

本书附有Linux0.11的部分源码分析,这主要是为了让读者能够更加深入地理解一个真实操作系统的内部原理。附录还精选了一些习题,供广大师生选用。

实验要求:

1. 明确实验目的,掌握相关背景知识。

2. 熟练掌握实验内容和方法。

3. 每个实验都要求学生写出实验报告,同时注意各实验中给出的“实验任务”。

4. 教师最后写出实验总结。

在本书的编写过程中,姜立秋编写了第4章、第9章和第10章,赵慧然编写了附录B、附录C、附录D和附录E,全书由张坤提出编写大纲并编写了其余章节。由于编者水平有限,错误和不妥之处敬请读者提出宝贵意见。

本书配有电子课件,读者可从清华大学出版社网站(http://www.tup.com.cn)下载。

编　者

2008年5月

CONTENTS 目录

第 1 章　引导操作系统的过程 …… 1

1.1　实验目的 …… 1
1.2　预备知识 …… 1
1.3　实验内容 …… 2
1.3.1　简单汇编程序设计 …… 2
1.3.2　查看启动记录 …… 3
1.3.3　修改启动记录 …… 5
1.3.4　用 NASMW 编译一个自己的启动程序(.bin 文件) …… 7

第 2 章　Linux 基本环境 …… 9

2.1　实验目的 …… 9
2.2　预备知识 …… 9
2.2.1　Linux 的安装 …… 11
2.2.2　Linux 命令行(Shell 环境) …… 15
2.2.3　文件系统命令 …… 15
2.2.4　用户及系统管理常用命令 …… 19
2.2.5　网络操作常用命令 …… 23
2.2.6　Linux 下软件安装 …… 24
2.2.7　使用编辑器 vi 编辑文件 …… 27
2.2.8　GCC 编译器 …… 29
2.2.9　Gdb 调试器 …… 35
2.2.10　编写包含多文件的 Makefile …… 40
2.3　实验内容 …… 41
2.3.1　Linux 基本操作练习 …… 41
2.3.2　Makefile 的应用 …… 41

第 3 章　Shell 编程 …… 44

3.1　实验目的 …… 44

3.2 预备知识……………………………………………………………… 44
3.2.1 Shell 概述……………………………………………………… 44
3.2.2 Shell 的特点和命令行书写规则……………………………… 44
3.2.3 常用 Shell 类型 ……………………………………………… 45
3.3 实验内容……………………………………………………………… 45
3.3.1 简单 Shell 程序设计 ………………………………………… 45
3.3.2 Shell 脚本的建立和执行……………………………………… 46
3.3.3 Shell 变量……………………………………………………… 47
3.3.4 Shell 中的特殊字符…………………………………………… 50
3.3.5 表达式的比较 ………………………………………………… 51
3.3.6 控制结构 ……………………………………………………… 53
3.3.7 综合应用 ……………………………………………………… 59

第 4 章 进程管理 …………………………………………………………… 61

4.1 实验目的……………………………………………………………… 61
4.2 预备知识……………………………………………………………… 61
4.2.1 进程相关基本概念 …………………………………………… 61
4.2.2 Linux 下系统调用 …………………………………………… 62
4.2.3 Windows 下的系统调用 ……………………………………… 65
4.2.4 进程调度算法 ………………………………………………… 68
4.3 实验内容……………………………………………………………… 68
4.3.1 进程的创建 …………………………………………………… 68
4.3.2 进程的控制 …………………………………………………… 69
4.3.3 文件的加锁、解锁……………………………………………… 70
4.3.4 Windows 下的进程管理 ……………………………………… 71
4.3.5 进程调度模拟算法…………………………………………… 79

第 5 章 进程间通信 ………………………………………………………… 84

5.1 实验目的……………………………………………………………… 84
5.2 预备知识……………………………………………………………… 84
5.2.1 管道 …………………………………………………………… 84
5.2.2 消息 …………………………………………………………… 84
5.2.3 共享内存 ……………………………………………………… 88
5.2.4 信号机制 ……………………………………………………… 91
5.3 实验内容……………………………………………………………… 94
5.3.1 进程的管道通信 ……………………………………………… 94
5.3.2 消息的创建、发送和接收……………………………………… 95
5.3.3 共享存储区的创建、附接和段接……………………………… 96

5.3.4 消息队列和共享存储区性能比较 …… 98
5.3.5 信号机制举例 …… 98

第6章 进程(或线程)同步与多线程编程 …… 100

6.1 实验目的 …… 100
6.2 预备知识 …… 100
6.2.1 进程(或线程)同步概述 …… 100
6.2.2 线程概述 …… 102
6.3 实验内容 …… 105
6.3.1 生产者-消费者问题 …… 105
6.3.2 进程、线程综合应用 …… 108

第7章 死锁避免——银行家算法 …… 109

7.1 实验目的 …… 109
7.2 预备知识 …… 109
7.2.1 死锁的概念 …… 109
7.2.2 死锁预防 …… 109
7.2.3 死锁避免 …… 110
7.3 实验内容 …… 110
7.3.1 实现银行家算法所用的数据结构 …… 110
7.3.2 银行家算法 …… 110
7.3.3 源程序清单 …… 111
7.3.4 设计输入数据、验证银行家算法 …… 115

第8章 存储管理 …… 116
8.1 实验目的 …… 116
8.2 预备知识 …… 116
8.3 实验内容 …… 119
8.3.1 可变分区主存分配和回收 …… 119
8.3.2 请求页式存储管理 …… 123

第9章 文件操作 …… 129

9.1 实验目的 …… 129
9.2 预备知识 …… 129
9.3 实验内容 …… 131

第10章 磁盘调度 …… 140

10.1 实验目的 …… 140
10.2 预备知识 …… 140

10.3 实验内容 …… 141

附录 A 80386 基础 …… 149

附录 B 操作系统练习题与参考答案 …… 160

附录 C 综合测试题及其参考答案 …… 184

附录 D 操作系统自测题 …… 189

附录 E Linux0.11 系统引导程序 …… 215

附录 F Linux0.11 进程调度 …… 227

附录 G Linux0.11 中信号的处理 …… 240

附录 H Linux0.11 的内存管理 …… 247

参考文献 …… 260

第1章　引导操作系统的过程

1.1　实验目的

1. 通过简单汇编程序设计及DEBUG调试程序的使用，了解学习操作系统课程必备的基础知识(计算机体系结构、CPU、内存、BIOS等)。

2. 能够在软盘上创建一个简单的系统引导程序。

1.2　预备知识

本节通过学习DOS的启动程序，了解操作系统的启动顺序，然后仿照DOS的启动程序设计自己的启动程序。

首先说明当按下电源按钮后，计算机都做了什么？

当按下计算机电源按钮时，同这个按钮相连的电线就会送出一个电信号给主板，主板将此电信号传给供电系统，供电系统开始为整个系统供电，同时送出一个电信号给BIOS(基本输入输出系统)，通知BIOS供电系统已经准备完毕。随后，BIOS启动一个程序，进行主机自检。主机自检的主要工作是确保系统的每一部分都得到了电源支持，内存储器、主板上的其他芯片、键盘、鼠标、磁盘控制器及一些I/O端口正常可用。此后，自检程序将控制权交还给BIOS。

此时，BIOS开始启动操作系统。

BIOS首先访问启动盘的第1个扇区(0磁道，1扇区，一共是512字节)，这一部分称为DOS启动记录(DOS Boot Record，DBR)。BIOS将这第一扇区中的内容调入内存的0x7c00地址处，然后BIOS把控制权限交给这段引导程序。这是启动系统的第一关，引导程序通常会简单地执行一些指令，如输出一段文字、显示一个启动界面等。但最重要的是，引导程序将会启动一个更大的程序——操作系统内核。之后，系统将控制权交给操作系统。

现在我们的任务就是写这样一个引导程序，用它来引导(或者称为启动)计算机。引导程序有如下两个特点。

(1) 大小只能是512字节，不能多，也不能少。因为BIOS只能读

512字节的数据到内存中，多的部分BIOS不会理睬。

(2) 必须以"55 AA"结尾，即最后两个字节必须是(511,512)。这是引导区程序结束的标志，没有这个标志BIOS不会将它作为引导程序看待。

把所编写的引导程序放在磁盘的0磁道1扇区中，这样，此磁盘就可以用来引导系统，而且用的是自己编写的引导程序！由于不能随便更改硬盘(否则系统无法进入原来的操作系统)，所以这里用软盘来试验。

注意：*在CMOS中将软盘设为第一启动盘。*

1.3 实验内容

1.3.1 简单汇编程序设计

首先熟悉汇编语言的汇编环境和一些基本命令。请看下面两个例子的执行。

例1.1

```
CODE SEGMENT
        ASSUME CS:CODE
START:MOV   BL,30H
RRR:  MOV   AL,BL
      INC   BL
      CMP   BL,3AH
      JA    STOP
      MOV   DL,AL
      MOV   AH,02H
      INT   21H
      MOV   DL,2CH
      MOV   AH,02H
      INT   21H
      JMP   RRR
STOP: MOV   AX,4C00H
      INT   21H
CODE ENDS
END START
```

用MASM和LINK命令汇编和运行这段程序，DOS命令如下：

```
C:\>masm 1.asm
C:\link 1
C:\1
```

实验任务：写出显示结果并用至少两种方法修改程序，去掉9后面的逗号。

例1.2

```
DATA    SEGMENT
        STR  DB 'HELLO!','$'
```

```
DATA    ENDS
STA     SEGMENT STACK
        DW 50 DUP(0)
STA     ENDS
CODE    SEGMENT
        ASSUME  CS:CODE,DS:DATA,SS:STA
START:  MOV   AX,DATA
        MOV   DS,AX
        LEA   DX,STR
        MOV   AH,9
        INT   21H
        MOV   AH,4CH
        INT   21H
CODE    ENDS
        END   START
```

运行这段程序，将在屏幕上显示字符串"HELLO!"，DOS命令如下：

```
C:\>masm 2.asm
C:\link 2
C:\2
C:\debug 2.exe
;下面反汇编，找到最后一条指令 INT  21H 的偏移地址 000f
-u
;下面运行到偏移地址 000f
-g 000f
HELLO!
AX=4C24  BX=0000  CX=0091  DX=0000  SP=0064  BP=0000  SI=0000  DI=0000
DS=0BB0  ES=0BA0  SS=0BB1  CS=0BB8  IP=000F   NV UP EI PL NZ NA PO NC
0BB8:000F CD21          INT    21
-d0
0BB0:0000  48 45 4C 4C 4F 21 24 00-00 00 00 00 00 00 00 00   HELLO! $......
0BB0:0010  00 00 00 00 00 00 00 00-00 00 00 00 00 00 00 00   ......
......
```

通过例1.1和例1.2可以观察计算机程序在内存中的实际执行状况，了解各种寄存器的功能和中断调用的执行过程，熟悉DEBUG命令的使用。

1.3.2 查看启动记录

例1.3 使用DEBUG程序查看软盘的启动记录(Boot Record)。

对应刚刚格式化好的驱动器A，在DEBUG程序中输入如下命令：

```
-l 0 0 0 1(前面是l不是1)
```

这个命令是把软盘中内容加载到内存，后四个数字的顺序是：加载数据的内存首地址、驱动器号(0 表示一软盘驱动)、盘中要加载的第一个扇区号和共有几个扇区要加载。

再输入命令：

```
-d 0
```

此时可以看见软盘启动记录中前 128 字节，共 8 行的内容如下：

```
0AF6:0000  EB 3C 90 4D 53 44 4F 53-35 2E 30 00 02 01 01 00   .<.MSDOS5.0.....
0AF6:0010  02 E0 00 40 0B F0 09 00-12 00 02 00 00 00 00 00   ...@............
0AF6:0020  00 00 00 00 00 00 29 F6-63 30 88 4E 4F 20 4E 41   ......).c0.NO NA
0AF6:0030  4D 45 20 20 20 20 46 41-54 31 32 20 20 20 33 C9   ME    FAT12   3.
0AF6:0040  8E D1 BC F0 7B 8E D9 B8-00 20 8E C0 FC BD 00 7C   ....{.... .....|
0AF6:0050  38 4E 24 7D 24 8B C1 99-E8 3C 01 72 1C 83 EB 3A   8N$}$....<.r...:
0AF6:0060  66 A1 1C 7C 26 66 3B 07-26 8A 57 FC 75 06 80 CA   f..|&f;.&.W.u...
0AF6:0070  02 88 56 02 80 C3 10 73-EB 33 C9 8A 46 10 98 F7   ..V....s.3..F...
```

其中，左边是段首地址和偏移量，中间是数据，右边是对应的翻译字符。

输入如下命令：

```
-u 0
```

列出该段数据对应的代码如下，其中右边是代码段数据对应的反汇编指令：

```
0AF6:0000 EB3C          JMP      003E
0AF6:0002 90            NOP
0AF6:0003 4D            DEC      BP
0AF6:0004 53            PUSH     BX
0AF6:0005 44            INC      SP
0AF6:0006 4F            DEC      DI
0AF6:0007 53            PUSH     BX
0AF6:0008 352E30        XOR      AX,302E
0AF6:000B 0002          ADD      [BP+SI],AL
0AF6:000D 0101          ADD      [BX+DI],AX
0AF6:000F 0002          ADD      [BP+SI],AL
0AF6:0011 E000          LOOPNZ   0013
0AF6:0013 40            INC      AX
0AF6:0014 0BF0          OR       SI,AX
0AF6:0016 0900          OR       [BX+SI],AX
0AF6:0018 1200          ADC      AL,[BX+SI]
0AF6:001A 0200          ADD      AL,[BX+SI]
0AF6:001C 0000          ADD      [BX+SI],AL
0AF6:001E 0000          ADD      [BX+SI],AL
```

实验任务：写出自己上述-u0 后显示器前 4 行的显示内容。

上述反汇编出来的第 1 条指令是跳转到地址 0x3E 处。查看该指令的作用可输入如下命令：

```
-u 3E
-d 180
```

屏幕显示如下：

```
0AFC:0180  18 01 27 0D 0A 49 6E 76-61 6C 69 64 20 73 79 73   ..'..Invalid sys
0AFC:0190  74 65 6D 20 64 69 73 6B-FF 0D 0A 44 69 73 6B 20   tem disk...Disk
0AFC:01A0  49 2F 4F 20 65 72 72 6F-72 FF 0D 0A 52 65 70 6C   I/O error...Repl
0AFC:01B0  61 63 65 20 74 68 65 20-64 69 73 6B 2C 20 61 6E   ace the disk,an
0AFC:01C0  64 20 74 68 65 6E 20 70-72 65 73 73 20 61 6E 79   d then press any
0AFC:01D0  20 6B 65 79 0D 0A 00 00-49 4F 20 20 20 20 20 20   key....IO
0AFC:01E0  53 59 53 4D 53 44 4F 53-20 20 20 53 59 53 7F 01   SYSMSDOS   SYS..
0AFC:01F0  00 41 BB 00 07 60 66 6A-00 E9 3B FF 00 00 55 AA   .A...`fj..;...U.
```

启动记录准确占用盘中的512字节。加载到内存后开始地址为0，最后的字节的地址是0x1FF。如果向上看两个字节的地址0x1FE和0x1FF，它们的数据是0x55和0xAA。这两个字节是启动盘标志，如果BIOS没有检测到这两个字节就不会认为它是启动盘。

实验任务：写出上述“-d 180”命令后，读者的显示器前8行显示内容并思考为什么从偏移地址180开始显示？

1.3.3 修改启动记录

例1.4 修改启动记录。要求在不改变启动部分的数据的情况下，替代启动加载代码。如果被改变的某些数据是违法的，Windows将出现错误信息。

(1) 首先需要跳转到0x3E处去修改代码。运行DOS DEBUG程序并在0地址处加载已格式化的软盘到内存。输入如下命令：

```
-u 3E
```

查看此处的指令。然后就开始修改代码。输入如下命令：

```
-a 3E
```

接下来输入：

```
jmp 3E
```

整个程序在计算机看起来是这样的：

```
-a 3E
0AFC:003E jmp 3E
0AFC:0040
```

可以看到，第1条命令是跳转命令，创建了一个无限跳转。如果马上停止DEBUG程序运行，没有变化可以保存。

现在开始修改启动部分。输入如下命令：

```
-w 0 0 0 1
```

这条“写”命令的使用方法同L命令相同。这条“写”命令必须小心使用，它能被任何驱动改写，造成数据丢失。

现在可以启动软盘。启动后，BIOS可以加载第1部分内容到内存，并执行。然后执行跳转到0x3E指令。计算机只是停在那里什么也没有做，但是新的“操作系统”已经运行。

(2) 如果希望在程序运行时能够显示一些信息，即看见一些有标记的代码确实在运行，则可进行如下的修改。因为引导时，操作系统还没有启动，不能使用DOS中断，为此，可用一些BIOS中断调用。寄存器设置如下：

```
AH=0x0E
AL=要显示的ASCII字符码
BL=字符的颜色
```

指令如下：

```
-a 3E
0AF6:003E mov ah,0e
0AF6:0040 mov al,48
0AF6:0042 mov bl,07
0AF6:0044 int 10
0AF6:0046 jmp 46
0AF6:0048
-w 0 0 0 1
```

上述代码首先令AH置0e(显示字符的功能号)，AL为0x48(ASCII码字符“H”)，BL为7(颜色为黑白色)；然后调用中断0x10处理显示控制。最后一条指令创建了一个无限跳转，所以就停止了。保存修改的磁盘中的启动部分(-w 0 0 0 1)并重新启动，这时会看见字母“H”被显示出来。

将上述程序进一步修改为可与用户交互的程序：

```
-a 3E
0AF6:003E mov ah,0
0AF6:0040 int 16
0AF6:0042 mov ah,0e
0AF6:0044 mov bl,07
0AF6:0046 int 10
0AF6:0048 jmp 48
```

保存修改的磁盘中的启动部分(-w 0 0 0 1)并重新启动，可以从键盘输入任意一个字符显示出来。如果将最后一条语句修改为“jmp 3E”，可以实现无限循环输入并显示。

实验任务：仿照上面程序，编程完成输入10个字符显示，然后进入无限循环(提示：用loop循环指令)。

1.3.4 用 NASMW 编译一个自己的启动程序(.bin 文件)

例 1.5 编译一个自己的启动程序。

首先,安装一个 NASMW 编译器,将写好的程序编译成可执行的二进制文件。

```
nasmw h.asm -o h.bin
```

h.asm 文件是事先写好的启动程序源文件。然后打开 DEBUG 执行启动程序。

```
-n h.bin
-l 0
```

这条命令将文件加载到内存的开始地址 0。当软盘在驱动器中,使用写命令将数据写入软盘:

```
-w 0 0 0 1
```

重新启动计算机。启动文件已被改写。

现在再创建一个"Can We Write A Chinese OS ?"的操作系统引导程序。下面是一段输出以 0 结尾的字符串的程序:

```
[BITS 16]                       ;告诉编译器,编译成 16 位的程序
[ORG 0x7C00]                    ;告诉编译器,代码将从 0x7c00 处开始执行

main:                           ;主程序
    mov ax,0x0000               ;以下两句设置数据段为 0000
    mov ds,ax
    mov si,Message              ;设置基址指针
    call ShowMessage            ;调用显示函数
    jmp $                       ;$代表此语句的地址,表示在此语句处进行无限循环

ShowMessage:                    ;显示函数
    mov ah,0x0e
    mov bh,0x00                 ;设置页码
    mov bl,0x07                 ;设置字体属性

    nextchar:
    lodsb                       ;字符载入指令
    ;将 DS 数据段中 SI 为偏移地址的源串中的一个字符取出送 AL,
    ;同时修改 SI 指向下一个字符
    or al,al                    ;测试字符是否为 0
    jz return                   ;如果为 0 则表明字符串结束,跳转到返回指令处返回原
                                 调用函数
    int 0x10                    ;调用 BIOS 10 号中断显示字符
    jmp nextchar                ;继续显示下一下字符
```

```
    return:
    ret                              ;返回原调用函数
Message:
    db 'Can We Write A Chinese OS ?' ;定义显示消息
    db 13,10,0                       ;13 表示回车,10 表示换到下一行,0 表示字符串结束

times 510 -($-$$) db 0               ;填充 0 以满足文件大小足够 512 字节
    ;$表示当前语句的地址,$$表示程序的起始地址
db 0x55,0xaa                         ;结束标志
```

实验任务:写出程序运行结果。

第2章 Linux基本环境

2.1 实验目的

1. 以安装 Red Hat Linux 9.0 为例，熟悉 Linux 操作系统的安装及基本操作，学会使用各种 Shell 命令去操作 Linux，对 Linux 有一个感性认识。

2. 学会使用 vi 编辑器编辑简单的 C 语言程序，并能对其编译和调试。

3. 通过对包含多文件的 Makefile 的编写，熟悉各种形式的 Makefile，并且进一步加深对 Makefile 中用户自定义变量、自动变量及预定义变量的理解。

2.2 预备知识

Linux 最初是由 Linus Torvalds 等众多软件高手共同开发的，是一种可运行于多种硬件平台（如 PC 及其兼容机、Alpha、SPARC、PowerPC 等）、源代码公开、性能优异、遵守 POSIX（可移植操作系统接口）标准、与 UNIX 兼容的操作系统。此外，Linux 也支持多 CPU 计算机。

众多组织或公司在 Linux 内核源码的基础上进行了一些必要的修改加工，然后再开发一些配套的软件，并把它们整合成一个自己的发布版 Linux。Linux 发布的版本已经有上百种，下面仅对 Red Hat、Debian 等有代表性的 Linux 发行版本进行介绍。

(1) Red Hat Linux（红帽子）。由 Red Hat Software 提供。Red Hat Linux 支持 Intel、Alpha 和 SPARC 平台，它安装简单、配置快捷、操作简便、维护方便并具有丰富的软件包。可以说，红帽子 Linux 是各种 Linux 中最容易使用的版本，也是 Linux 事实上的标准。

(2) Slackware Linux。这是最早出现的 Linux 发布之一，开发商是 Walnut Creek。Slackware Linux 功能强大，兼容绝大多数硬件、支持大部分 CD-ROM、声卡、网卡和鼠标。其先进的内核提供了稳定且较高的性能，支持多处理器（最多16个CPU）、PCI总线，针对486、Pentium、Pentium Pro的代码优化。

(3) Debian Linux。这是由Linux爱好者负责发行的高质量的非商业发布，被认为是最正宗的Linux发行版本。Debian Linux基于标准Linux内核，包含了数百个软件包，如GNU软件、TeX、X Window系统等。每一个软件包均为独立的模块单元，不依赖于任何特定的系统版本，每个人都能创建自己的软件包。

(4) 国内的发行版本及其他。目前国内的红旗、新华等都发行了自己的Linux版本。除了前面提到的这些版本外，业界还存在着LFS等适合专业人士使用的版本。

Linux可以直接在裸机上安装，也可以在硬盘上与其他操作系统，如MS-DOS、Windows或OS/2共存。

安装Linux所花费的时间依赖具体机器的运行速度和Linux版本等条件而定。

Linux对计算机硬件的要求不高，大部分硬件都是普通用户和开发人员已经拥有的或很容易得到的。

为简单起见，在本实验中，假设你的机器中已经安装了Windows操作系统，并以光盘安装、图形界面为例来学习安装Red Hat Linux。

如果机器里已经安装了其他操作系统，并想创建一个引导系统以便兼用Red Hat Linux和另外的操作系统，需要使用双引导。机器启动时，可以选择其中之一，但不能同时使用两者。每个操作系统都从它自己的硬盘驱动器或磁盘分区中引导，并使用它自己的硬盘驱动器或磁盘分区。

注意：Red Hat Linux不能读取NTFS文件系统。如果有多个Windows分区，它们不必都使用同样的文件系统类型。可以把其中之一设为FAT32，把想让Windows和Red Hat Linux共享的文件存储在上面。

如果读者的计算机上还没有安装任何操作系统，需首先安装Windows，然后再安装Red Hat Linux。

如果安装的是Windows 9x，在安装期间将无法定义分区。

如果安装的是Windows NT或Windows 2000，可以为Windows创建一个指定大小的分区。

注意：要在硬盘驱动器上保留足够的空闲空间（没有被分区或格式化的分区，5G左右）来完全安装Red Hat Linux。

在为硬盘驱动器分区的时候，请留意，某些老系统内的BIOS无法进入硬盘上前1024柱面外的空间。如果情况如此，需在硬盘驱动器的前1024柱面上为/boot Linux分区保留足够空间以便引导Linux。

需要确定为两个操作系统各自创建一个引导盘，以防万一引导装载程序不能够识别任一操作系统。

如果在系统上已安装了Windows，必须有可用的空闲空间才能在其中安装Red Hat Linux。可供选择的方法有：

(1) 添加一个新硬盘。

(2) 使用一个现存的硬盘或分区。

(3) 创建一个新分区。

当 Windows 已被安装,而且已为 Linux 准备了足够的磁盘空间之后,就可以启动 Red Hat Linux 安装程序了。

常规的 Red Hat Linux 安装与配置双引导系统的 Red Hat Linux 安装之间的区别仅存在于硬盘驱动器分区和引导装载程序配置中。

在 Red Hat Linux 安装的过程中,当运行到了"安装引导装载程序"时,选择所要安装的引导装载程序。Red Hat Linux 安装程序通常会检测到 Windows 并自动配置引导装载程序(GRUB 或 LILO)来引导 Red Hat Linux 或 Windows。

安装之后,无论在什么时候启动计算机,都能够在引导装载程序的屏幕显示中指明想启动的是 Red Hat Linux 还是另外的操作系统,选择"Red Hat Linux"将引导 Red Hat Linux; 选择"DOS"来引导 Windows。

现在,假设已为安装 Red Hat Linux 做好了准备。

2.2.1 Linux 的安装

Linux 安装步骤如下。

(1) 开机启动界面

将第 1 张 CD 光盘插入后出现图 2.1 所示画面,此时需选择安装模式。此处直接按 Enter 键进入图形安装模式。

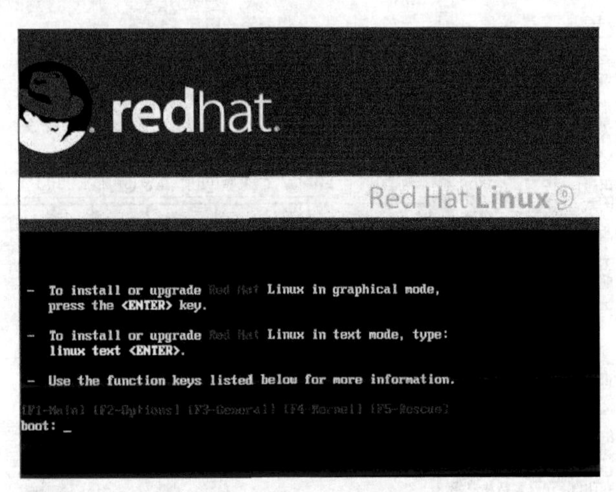

图 2.1 Linux 安装模式选择

(2) 检测安装盘

如图 2.2 所示,单击 OK 按钮将检查光盘,单击 Skip 按钮将跳过检查。假如确认安装盘是好的,跳过检测这一步。

(3) 安装过程中的语言、键盘、鼠标的选择

安装过程中需要对语言、键盘和鼠标进行选择。如果希望在安装过程中看到中文的提示,选择"简体中文",然后键盘和鼠标的配置选择默认方式即可。

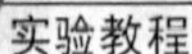

图 2.2 光盘检测

(4) 磁盘分区

紧接着安装程序会提示选择安装方式是"个人桌面"、"工作站"、"服务器"还是"定制",此处选择"服务器"。接着又出现磁盘分区设置选择,选择"手工分区",将会看到目前磁盘的分区情况,如图 2.3 所示。

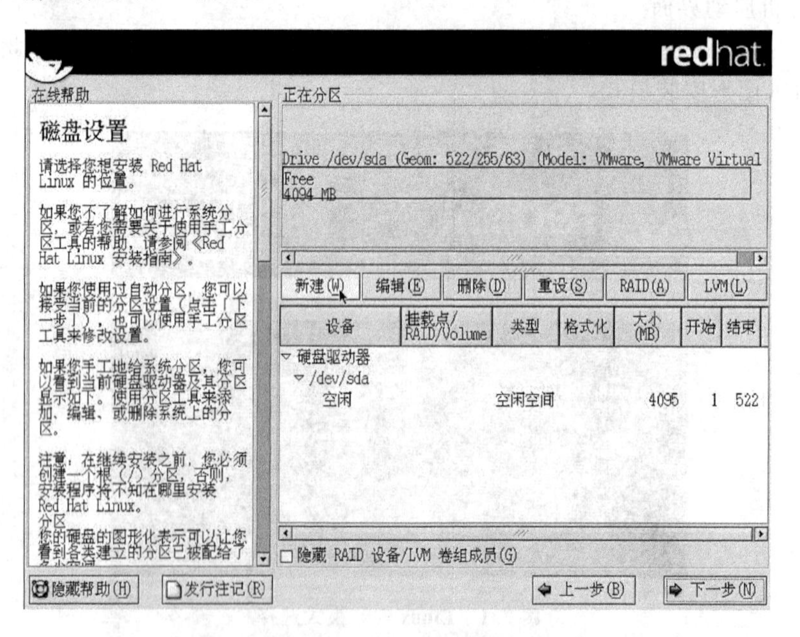

图 2.3 Linux 分区情况

单击"新建"按钮添加一个分区,出现如图 2.4 所示的对话框。在挂载点下拉列表处选择"/boot",并设置大小为 100MB。单击"确定"按钮返回如图 2.3 所示的对话框。

单击"下一步"按钮,进入如图 2.5 所示的对话框,在文件系统类型下拉列表中选择 swap,设置大小为内存的两倍,即如果内存大小为 512MB,则可以设为 1024MB。单击"确定"按钮返回如图 2.3 所示的对话框。

图 2.4 添加“/boot”分区

图 2.5 添加交换分区

继续单击“新建”按钮，添加一个挂载点为“/”的根分区，将大小设置为 1000MB。如图 2.6 所示。单击“确定”按钮返回如图 2.3 所示的对话框。

(5) 引导装载程序配置、网络配置和防火墙配置

这几步默认选择或根据实际情况选择即可。

图 2.6　添加"/"分区

(6) 设置根口令

在设置"附加语言支持"和"时区选择"时选择默认方式，最后进行根用户(Linux 系统中的权限最高者)的密码进行设置，如图 2.7 所示。

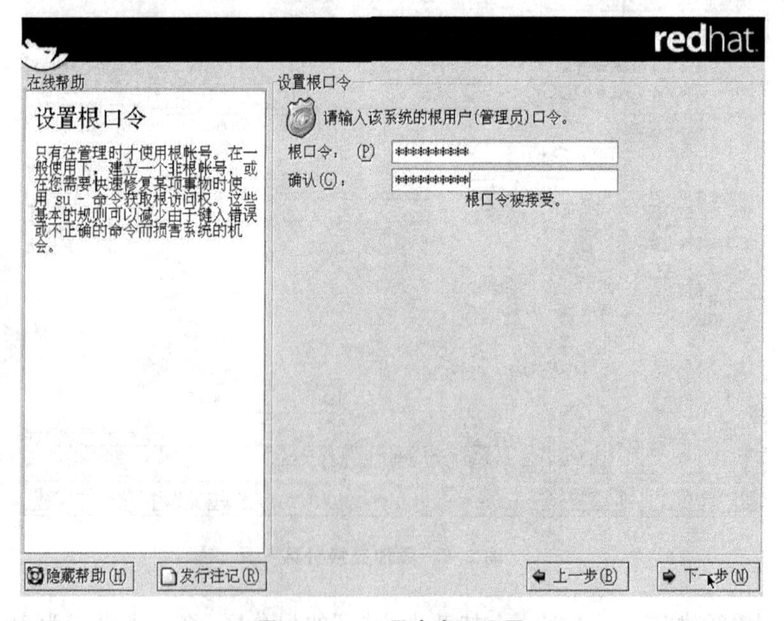

图 2.7　root 用户密码设置

对于初学者来说，为了能够更好地学习 Linux，在软件包组安装选择时应选择"全部"选项，这样大约耗时 60～80 分钟。安装初步完成后，还要进行一些设置，直至完成整个系统的安装。

2.2.2 Linux 命令行(Shell 环境)

Linux 是一个高可靠、高性能的源码开放的系统,而所有这些优越性只有在直接使用 Linux 命令行(Shell 环境)时才能充分体现出来。Linux 图形化界面 X 窗口系统是一个耗费系统资源的软件,它会降低 Linux 的系统性能,因此应该尽可能地使用命令行界面。

当用户在命令行下工作时,不是直接同操作系统内核交互信息的,而是由命令解释器接受命令,分析后再传给相关的程序。Shell 是一种 Linux 中的命令解释程序,就如同 command.com 是 DOS 下的命令解释程序一样,为用户提供使用操作系统的接口。用户在提示符下输入的命令都由 Shell 先解释后再传给 Linux 内核。

Linux 中运行 Shell 的环境是"系统工具"下的"终端",这时屏幕上显示类似【root@localhost root】#信息,其中,前一个 root 指系统用户,后一个 root 是指当前所在的目录,#是超级用户登录后的系统提示符。也可以用下列快捷键切换到文字模式虚拟主控台。

- Ctrl+Alt+(F1~F6) 1~6 号文字模式虚拟主控台。
- Ctrl+Alt+F7 图形模式。

由于 Linux 中的命令非常多,因此本书只介绍常用命令。如果要详细了解某条命令如 ls 的使用,可以用 man 命令提供帮助。例如:

```
【root@localhost root】# man ls
```

注意:Linux 命令区分大小写。

2.2.3 文件系统命令

用 root 账号(超级用户)登录,口令注意大小写。登录成功出现#号(超级用户系统提示符,普通用户的系统提示符为$)。

1. ls 命令

作用:列出目录内容。
格式:ls [选项] [文件]
选项:-a 列出所有文件,包括以.开头的文件。
　　　-l 以长格式详细显示文件信息。
长格式说明包括如下内容:

文件类型与权限　连接数　文件拥有者　文件所在组　文件大小　修改时间　名字

例 2.1 ls -al 以长格式显示当前目录下的所有文件。
　　　　ls -l|more 分页显示,按空格继续显示下一个画面,按 Q 键停止显示。

2. cd 命令

作用:改变工作目录。
格式:cd [路径]

例 2.2 cd .. 回到上层目录。
cd / 回到根目录。
cd - 可进入上一个进入的目录。
cd ～ 可进入用户的 home 目录。
cd zk1 切换到当前目录下的 zk1 子目录。
cd /home 切换到根目录下的 home 子目录。

3. pwd 命令

作用：显示当前路径。
格式：pwd
例 2.3 pwd

4. mkdir 命令

作用：建立目录。
格式：mkdir [选项] 目录名
选项：-m 设定权限。
例 2.4 mkdir zk

5. rmdir

作用：删除目录。
格式：rmdir 目录名
例 2.5 rmdir zk

6. cat 命令

作用：连接并显示指定的一个和多个文件的内容。
格式：cat [选项] 文件 1 文件 2 …
例 2.6 cat>文件名 输入内容可以创建一个文件，按 Ctrl+d 结束输入，回到提示符下。
cat 文件名或 more zk1 显示文件内容。
cat zk1|more 分页显示文件内容。
cat zk1 zk2>zk3 合并文件。
cat zk1>>zk2 将 zk1 文件附加到 zk2 之后。

7. cp、mv、rm 命令

作用：cp 命令 将文件或目录复制到另一文件或目录中。
mv 命令 将文件或目录改名或移动。
rm 命令 删除文件或目录。
格式：cp [选项] 源文件或目录 目标文件或目录

mv ［选项］源文件或目录　目标文件或目录

rm ［选项］文件或目录

选项：

cp 命令的选项可以是如下几项。

- -f　覆盖已经存在的目标文件而不提示。
- -i　覆盖目标文件之前要求用户确认。
- -r　若给出的源文件是一个目录，递归复制该目录下所有的子目录和文件，目标文件必须是目录。

mv 命令的选项可以是如下几项。

- -i　覆盖目标文件之前要求用户确认。
- -f　覆盖已经存在的目标文件而不提示。

rm 命令的选项可以是如下几项。

- -i　交互式删除。
- -f　忽略不存在的文件而不提示。
- -r　将递归删除所有子目录内容。

例 2.7　cp　zk1 zk11

cp　-r dir1 dir2　复制整个目录

mv　zk11　./

rm　-r　　-i　dir1

rm　*　删除当前目录所有文件

8. chown 和 chgrp(必须拥有 root 权限)命令

作用：chown 命令修改文件的所有者；chgrp 命令修改文件的组所有权。

格式：chown　［选项］文件所有者［所有者组名］　文件

chgrp　［选项］文件所有组　文件

例 2.8　chown root zk12

chgrp root zk12

9. chmod 命令

作用：改变文件的访问权限。

格式：chmod　［选项］权限 文件

使用 ls　-l 查看文件属性

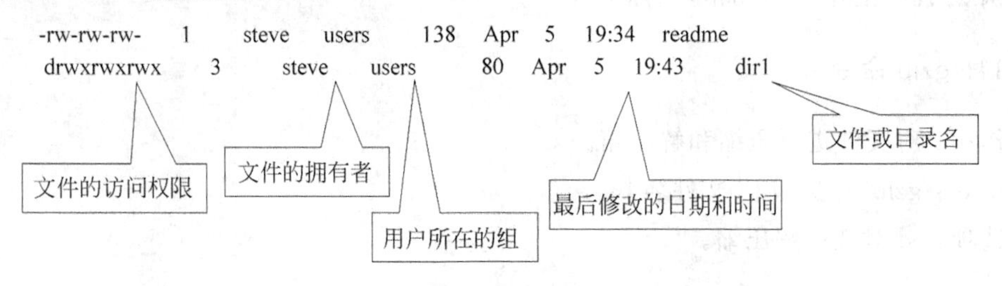

第 1 个字符用于显示文件的类型：

- \- 表示普通文件。
- d 表示目录文件。
- l 表示连接文件。
- c 表示字符设备。
- b 表示块设备。
- p 表示管道文件。

第 2 个字符之后有 3 个 3 位字符组。

第 1 个 3 位字符组表示 u(user 文件拥有者)对该文件的权限。

第 2 个 3 位字符组表示 g(group 所属用户组)对该文件的权限。

第 3 个 3 位字符组表示 o(other 其他用户)对该文件的权限。

可增加一个 a 来表示上面 3 个不同的用户级别。

若该用户组对此文件没有权限，一般显示"-"字符。

不同访问权限对应的数值：w 写访问权限对应数值 2，r 读访问权限对应数值 4，x 执行权限对应数值 1。

对于文件和目录，读、写、执行的意义不同，如 2.1 表所示。

表 2.1 文件和目录的权限

	r	w	x
文件	读内容	修改内容	执行文件
目录	读目录内容，但不一定可以读文件内容	删除或移动目录内文件	进入目录但不一定可以浏览，取决于是否有 r 权限

例 2.9 chmod o-r readme 去掉 other 其他用户对文件的读权限，如果用"+"号，则表示增加权限。

chmod 644 readme

10. find 命令

作用：在指定目录中搜索文件。

格式：find [路径] [选项] [文件]

选项：-name 支持通配符 * 和?。

例 2.10 find / -name zk*.c

11. gzip 命令

作用：对文件进行压缩和解压缩。

格式：gzip [选项] [文件名]

选项：-d 对文件解压缩。

-r 查找指定目录并压缩或解压缩其中所有文件。

例 2.11 gzip test1.c　　压缩文件

gzip -d test1.c.gz　　解压缩文件

12. tar 命令

作用：对文件进行打包、压缩和解压缩，是备份文件的可靠方法。

格式：tar [选项] [打包后文件名] 文件目录列表

选项：-c 建立新的打包文件。

-x 从打包文件中解出文件。

-v 输出处理过程中的信息。

-f 对普通文件操作。

-z 调用 gzip 压缩打包文件。

例 2.12 tar -czvf ye.tar *.*　　生成压缩档案 ye.tar.gz

tar -xzvf ye.tar.gz　　解出压缩档案 ye.tar.gz 的内容

13. mount 和 umount 命令

作用：挂载、卸载指定的文件系统。

格式：mount [选项] 设备文件名 挂载点目录

选项：-t 类型 指定设备的文件系统类型。

例 2.13 在 Linux 下使用 U 盘，使用如下命令挂载：

```
mkdir /mnt/usb
mount -t vfat /dev/sda1 /mnt/usb
umount /mnt/usb 卸载 U 盘
```

2.2.4 用户及系统管理常用命令

1. useradd、passwd、su、who 命令

作用：添加用户账号、更改对应用户账号密码、变更用户账号、显示登录系统的用户。

格式：useradd [选项] 用户名

passwd [选项] [用户名]

su [选项] 用户账号

who [选项]

选项：useradd 命令用-g 选项指定用户所属的组。

例 2.14 useradd zk　　添加新用户账号 zk。

passwd **zk**　　设新用户账号 zk 密码。

注意：*若不带用户名，默认为更改当前用户账号密码，如果当前是根用户，则会修改 root 密码。*

su root 切换到超级用户。
who 显示登录用户。

2. ps 命令

作用：显示当前系统中由该用户运行的进程列表。
格式：ps ［选项］
选项：-ef 查看所有进程及其进程号、系统时间等。
　　-aux 除可显示-ef 所有内容外，还可显示 CPU 及内存占用率、进程状态。
例 2.15 ps -aux

3. kill 命令

作用：结束或终止进程。
格式：kill ［选项］ PID （PID 为利用 ps 命令所查出的进程号）
选项：-9 强制终止一个进程。
例 2.16 kill -9 456 终止进程号为 456 的进程。

4. & 命令

作用：后台执行命令。
格式：command & （在命令后加上 &）
例 2.17 gcc file1.c & 在后台编译 file1.c
注意：按下^ Z，暂停正在执行的进程。输入"bg"，将所暂停的进程置入后台中继续执行。
例 2.18 gcc file1.c &
　　^Z
　　stopped
　　bg

5. df 命令

作用：检查文件系统的磁盘空间占用情况。
格式：df ［选项］
选项：-k 以 1024 字节为单位列出磁盘空间使用情况。
　　-x 跳过在不同文件系统上的目录不予统计。
　　-l 计算所有的文件大小，对硬连接文件则计算多次。
　　-i 显示索引结点信息而非块使用量。
　　-h 以容易理解的格式印出文件系统大小，例如 136KB、254MB、21GB。
　　-T 显示文件系统类型。
例 2.19 如图 2.8 所示。

```
#df -T
文件系统 类型        容量      已用     可用   已用%   挂载点
/dev/hda7        reiserfs   5.2G    1.6G    3.7G    30%    /
/dev/hda1        vfat       2.4G    1.6G    827M    66%
/windows/C
/dev/hda5        vfat       3.0G    1.7G    1.3G    57%
/windows/D
/dev/hda9        vfat       3.0G    2.4G    566M    82%
/windows/E
/dev/hda10       NTFS       3.2G    573M    2.6G    18%
/windows/F
/dev/hda11       vfat       1.6G    1.5G    23M     99%
/windows/G
```

图 2.8 df 命令使用样例

从图 2.8 中除了可以看到磁盘空间的容量、使用情况外，分区的文件系统类型、挂载点等信息也一览无遗。

6. top 命令

作用：显示执行中的程序进程，使用权限是所有用户。top 是一个动态显示过程，即可以通过用户按键来不断刷新当前状态。

格式：top [选项]

选项：-d 指定更新的间隔，以秒计算。

-q 没有任何延迟的更新。如果使用者有超级用户，则 top 命令将会以最高的优先序执行。

-c 显示进程完整的路径与名称。

-n 显示更新的次数，完成后将会退出 top。

例 2.20 top 命令是 Linux 系统管理的一个主要命令，通过它可以获得许多信息。

第 1 行显示的项目依次为当前时间、系统启动时间、当前系统登录用户数目、平均负载。

第 2 行为进程情况，依次为进程总数、休眠进程数、运行进程数、僵死进程数、终止进程数。

第 3 行为 CPU 状态，依次为用户占用、系统占用、优先进程占用、闲置进程占用。

第 4 行为内存状态，依次为平均可用内存、已用内存、空闲内存、共享内存、缓存使用内存。

第 5 行为交换状态，依次为平均可用交换容量、已用容量、闲置容量、高速缓存容量。

第 6 行显示的项目最多，下面列出了详细解释。

- PID 每个进程的 ID。
- PPID 每个进程的父进程 ID。
- UID 每个进程所有者的 UID。

- USER　每个进程所有者的用户名。
- PRI　每个进程的优先级别。
- NI　该进程的优先级值。
- VIRT　进程占用的虚拟内存值。
- SIZE　该进程的代码大小加上数据大小再加上堆栈空间大小的总数。单位是KB。
- TSIZE　该进程的代码大小。对于内核进程这是一个很奇怪的值。
- DSIZE　数据和堆栈的大小。
- TRS　文本驻留大小。
- D　被标记为"不干净"的页项目。
- LIB　使用的库页的大小。对于ELF进程没有作用。
- RSS　该进程占用的物理内存的总数量,单位是KB。
- SHARE　该进程使用共享内存的数量。
- STAT　该进程的状态。其中S代表休眠状态;D代表不可中断的休眠状态;R代表运行状态;Z代表僵死状态;T代表停止或跟踪状态。
- TIME　该进程自启动以来所占用的总CPU时间。如果进入的是累计模式,那么该时间还包括这个进程子进程所占用的时间,且标题会变成CTIME。
- %CPU　该进程自最近一次刷新以来所占用的CPU时间和总时间的百分比。
- %MEM　该进程占用的物理内存占总内存的百分比。
- COMMAND　该进程的命令名称,如果一行显示不下,则会进行截取。内存中的进程会有一个完整的命令行。

top命令使用过程中,还可以使用一些交互的命令来完成其他参数的功能。这些命令是通过快捷键启动的。

- ＜空格＞　立刻刷新。
- P　根据CPU使用大小进行排序。
- T　根据时间、累计时间排序。
- q　退出top命令。
- m　切换显示内存信息。
- t　切换显示进程和CPU状态信息。
- c　切换显示命令名称和完整命令行。
- M　根据使用内存大小进行排序。
- W　将当前设置写入~/.toprc文件中。这是写top配置文件的推荐方法。

可以看到,top命令是一个功能十分强大的监控系统的工具,对于系统管理员而言尤其重要。但是,它的缺点是会消耗很多系统资源。top命令可以监视指定用户,默认情况是监视所有用户的进程。如果想查看指定用户的情况,在终端中按"U"键,然后输入用户名,系统就会切换为指定用户的进程运行界面。

7. free 命令

作用：显示内存的使用情况，使用权限是所有用户。

格式：free［选项］

选项：-b -k -m　分别以字节(KB、MB)为单位显示内存使用情况。

　　-s delay　显示每隔多少秒数来显示一次内存使用情况。

　　-t　显示内存总和。

例 2.21

```
free -b -s5
```

使用这个命令后终端会连续不断地报告内存使用情况(以字节为单位)，每 5 秒更新一次。

free 命令是用来查看内存使用情况的主要命令。和 top 命令相比，它的优点是使用简单，并且只占用很少的系统资源。

2.2.5 网络操作常用命令

1. ifconfig 命令

作用：查看和配置网络接口的地址和参数，包括 IP 地址、子网掩码、广播地址，用于超级用户。

格式：ifconfig　［选项］［网络接口］

　　ifconfig　网络接口［选项］地址

选项：-interface　指定网络接口名，如 eth0 和 eth1。

例 2.22　ifconfig eth0 192.168.1.15 netmask 255.255.255.0

　　ifconfig

　　ifconfig eth0 down　暂停 eth0

2. ping 命令

作用：测试连通情况。

格式：ping　［选项］<IP|域名>

例 2.23　ping　192.168.1.15

3. netstat 命令

作用：查看网络状态。

格式：netstat［选项］

选项：-r 显示路由表。

例 2.24　netstat -r

　　netstat　　显示处于监听状态的端口

4. ftp 命令

作用：允许用户利用 ftp 协议上传和下载文件。
格式：ftp [选项] [IP|域名]
例 2.25 ftp 192.168.1.1.
如果是匿名登录，用户名输入：anonymous，password 处输入任意一个 E-mail 地址。

```
ftp>dir              显示远程主机目录
ftp>lcd  /root       改变用户本地目录
ftp>get aa.zip       下载文件
ftp>bye              退出 ftp 程序
```

2.2.6 Linux 下软件安装

在 Windows 下安装软件时，只需用鼠标双击软件的安装程序，或者用 Zip 等解压缩软件解压缩即可安装。在 Linux 下安装软件对初学者来说，难度高于 Windows 下软件安装。本节详细讲解 Linux 下如何安装软件。

先来看看 Linux 软件扩展名。软件后缀为 .rpm 最初是 Red Hat Linux 提供的一种包封装格式，现在许多 Linux 发行版本都使用；后缀为 .deb 是 Debain Linux 提供的一种包封装格式；后缀为 .tar.gz、tar.Z、tar.bz2 或 .tgz 是使用 Unix 系统打包工具 tar 打包的；后缀为 .bin 的一般是一些商业软件。通过扩展名可以了解软件格式，进而了解软件安装。

1. 使用 RPM 格式软件包的安装

(1) 简介

几乎所有的 Linux 发行版本都使用某种形式的软件包管理安装、更新和卸载软件。与直接从源代码安装相比，软件包管理易于安装和卸载；易于更新已安装的软件包；易于保护配置文件；易于跟踪已安装文件。

RPM 全称是 Red Hat Package Manager(Red Hat 包管理器)。RPM 本质上就是一个包，包含可以立即在特定机器体系结构上安装和运行的 Linux 软件。

大多数 Linux RPM 软件包的命名有一定的规律，它遵循“名称-版本-修正版-类型”格式，如 MYsoftware-1.2 -1.i386.rpm。

(2) 安装 RPM 包软件

```
rpm -ivh MYsoftware-1.2 -1.i386.rpm
```

RPM 命令主要参数：
-i 安装软件。
-t 测试安装，不是真的安装。
-p 显示安装进度。

-f 忽略任何错误。

-h 用#显示完成进度。

-v 显示信息

这些参数可以同时采用。更多的内容可以参考 RPM 的命令帮助。

(3) 卸载软件

rpm -e 软件名

例如,要卸载 MYsoftware-1.2.-1.i386.rpm 这个包时,应执行:

```
rpm -e MYsoftware
```

(4) 强行卸载 RPM 包

有时除去一个 RPM 是不行的,尤其是系统上有别的程序依赖于它的时候。如果执行命令会显示如下错误信息:

```
rpm -e xsnow
error:removing these packages would break dependencies:
/usr/X11R6/bin/xsnow is needed by x-amusements-1.0-1
```

在这种情况下,可以用--force(忽略软件包及文件的冲突)选项重新安装 xsnow。

这里推荐使用工具软件 Kleandisk,用它可以安全彻底清理掉不再使用的 RPM 包。

(5) 安装.src.rpm 类型的文件

目前 RPM 有两种模式,一种是已经过编码的(i386.rpm),另一种是未经编码的(src.rpm)。

```
rpm --rebuild Filename.src.rpm
```

这时系统会在/usr/src/redflag/RPMS/子目录下建立一个文件 Filename.rpm,一般是 i386,具体情况和 Linux 发行版本有关。然后执行下面代码即可:

```
rpm  -ivh  /usr/src/regflag/RPMS/i386/Filename.rpm
```

2. 使用源代码进行软件安装

和 RPM 安装方式相比,使用源代码进行软件安装会复杂一些,但是用源代码安装软件是 Linux 下进行软件安装的重要手段,也是运行 Linux 的最主要的优势之一。使用源代码安装软件,能按照用户的需要选择定制的安装方式进行安装,而不是仅仅依靠那些在安装包中的预配置的参数选择安装。另外,仍然有一些软件程序只能从源代码处进行安装。

现在有很多地方都提供源代码包,到底在什么地方获得取决于软件的特殊需要。对于那些使用比较普遍的软件,如 Sendmail,可以从商业网站处下载源代码软件包(如 http://www.sendmail.org)。一般的软件包,可从开发者的 Web 站点下载。源代码软件的安装步骤如下。

(1) 解压数据包

源代码软件通常以.tar.gz 作为扩展名,有 tar.bz2 或.tgz 为扩展名的。不同扩展名解压缩命令也不相同,对软件进行解压的命令如下:

```
tar zxvf filename.tar.gz
tar xvf j filename.tar.bz2
```

解压以后，就可以进入解压后的目录：

```
cd filename/
```

(2) 编译软件

成功解压缩源代码文件后，进入解包的目录。在安装前阅读 Readme 文件和 Install 文件。尽管许多源代码文件包都使用基本相同的命令，但是有时在阅读这些文件时能发现一些重要的区别。例如，有些软件包含一个可以安装的安装脚本程序(.sh)。在安装前阅读这些说明文件，有助于安装成功和节约时间。

在安装软件以前要成为 root 用户。实现这一点通常有两种方式：在另一台终端以 root 用户登录，或者输入"su"，此时系统会提示输入 root 用户的密码。输入密码以后，就将一直拥有 root 用户的权限。如果已经是 root 用户，那就可以进行下一步。

通常的安装方法是从安装包的目录执行以下命令：

配置：./configure

编译：make

安装：make install

删除安装时产生的临时文件：

```
make clean
```

卸载软件：

```
make uninstall
```

有些软件包的源代码编译安装后可以用 make uninstall 命令卸载。如果不提供此功能，则软件的卸载必须手动删除。由于软件可能将文件分散地安装在系统的多个目录中，往往很难把它删除干净，应该在编译前进行配置。

3. .bin 文件安装

扩展名为.bin 的文件是二进制的，它也是源程序经编译后得到的机器语言。有一些软件可以发布为以.bin 为后缀的安装包，例如，流媒体播放器 RealONE。如果安装过 RealONE 的 Windows 版的话，那么安装 RealONE for Linux 版本(文件名为 r1p1_linux22_libc6_i386_a1.bin)就非常简单了。

```
chmod+x r1p1_linux22_libc6_i386_a1.bin
./r1p1_linux22_libc6_i386_a1.bin
```

接下来选择安装方式，有普通安装和高级安装两种。如果不想改动安装目录，就可选择普通安装，整个安装过程几乎和在 Windows 下一样。

.bin 文件的卸载，以 RealONE for Linux 为例，如果采用普通安装方式的话，在用户主目录下会有 Real 和 Realplayer9 两个文件夹，把它们删除即可。

4. Linux 绿色软件

Linux 也有一些绿色软件，不过不是很多。Linux 系统提供一种机制：自动响应软件运行进程的要求，为它设定好可以马上运行的环境。这种机制可以是一种接口，或者是中间件。程序员编写的程序可以直接拷贝分发，不用安装，只要点击程序的图标，访问操作系统提供的接口，设定好就可以工作。若要删除软件，直接删除就可以。这是最简单的软件安装、卸载方式。

以上介绍了 Linux 软件安装的方法，对于 Linux 初学者来说，RPM 安装是一个不错的选择。如果想真正掌握 Linux 系统，源代码安装仍然是 Linux 下软件安装的重要手段。

2.2.7 使用编辑器 vi 编辑文件

vi 是在 UNIX/Linux 上被广泛使用的中英文编辑软件。vi 是 visual editor 的缩写，是 UNIX 提供给用户的一个窗口化编辑环境。

进入 vi，直接执行 vi 编辑程序即可。

例 2.26 $vi test.c

显示器出现 vi 的编辑窗口，同时 vi 会将文件复制一份至缓冲区(buffer)。vi 先对缓冲区的文件进行编辑，保留在磁盘中的文件则不变。编辑完成后，使用者可决定是否要取代原来已有的文件。当然，vi 编辑器功能很强，可以用它来编辑其他格式的文件，比如汇编文件，其扩展名是 .s；也可以直接用 vi 打开一个新的未命名的文件，当保存的时候再给它命名，只是这样做不很方便。

vi 提供插入模式、命令模式(底行模式)和编辑模式 3 种工作模式。使用者进入 vi 后，即处在编辑模式下，此刻输入的任何字符皆被视为编辑命令，如果输入插入命令 i，则转换到插入模式，在插入模式下，用户输入的任何字符都被当作文件内容，在输入过程中，如果退出插入模式，按 Esc 键即可。在编辑模式下输入：即可进入命令模式，此时 vi 会在屏幕底行显示一个：作为命令提示符，等待用户输入命令。底行命令执行完后，vi 自动回到编辑模式。

(1) 命令模式

在该模式下，光标位于屏幕底行，可以进行文件保存或退出等操作，如表 2.2 所示。

表 2.2 vi 底行模式功能键

功能键	说　明
：q!	离开 vi，并放弃刚在缓冲区内编辑的内容
：wq	将缓冲区内的资料写入磁盘中，并离开 vi
：w	将缓冲区内的资料写入磁盘中，但并不离开 vi
：w[file]	另存一个名为 file 的文件
：q	离开 vi，若文件被修改过，则要被要求确认是否放弃修改的内容，此指令可与：w 配合使用
：set nu	设置行号

(2) 编辑模式下光标的移动(如表 2.3 所示)

表 2.3 编辑模式功能键

功能键	说 明
h	左移一个字符
j	下移一个字符
k	上移一个字符
l	右移一个字符
$	移至光标所在行的末尾
H	移至窗口的第一行
M	移至窗口中间那一行
L	移至窗口的最后一行
+	移至下一列的第一个字符处
−	移至上一列的第一个字符处
n+	移至光标所在位置之后第 *n* 行
n−	移至光标所在位置之前第 *n* 行
o(open)	新增一行于该行之下,供输入资料用
O	新增一行于该行之上,供输入资料用
dd	删除当前光标所在行
x	删除当前光标处字符
nx	删除光标所在位置之后 *n* 个字符
yy	将当前行的内容复制到缓冲区中
nyy	将当前行开始的 *n* 行复制到缓冲区中
p	将缓冲区内容写到光标所在位置
U	撤销

(3) 插入模式

输入表 2.4 中的前四个命令之一即可进入 vi 的插入模式。

表 2.4 vi 进入插入模式功能键

功能键	说 明
a(append)	在光标之后加入资料
A	在该行之末加入资料
i(insert)	在光标之前加入资料
I	在该行之首加入资料
Esc	离开输入模式

例 2.27 新建文件 hello.c 并编辑一段文字进行保存。

(1) 在提示符下输入 vi hello.c,按 Enter 键。

(2) 输入 i,进入插入模式,左下角会出现“插入”。

(3) 输入如下程序:

```
# include<stdio.h>
int main()
{
  printf("hello  \n");
```

```
    printf("hello  everyone! \n");
}
```

(4) 用方向键将光标移到 everyone 的 o 处，按 Esc 键离开输入模式，输入命令 3x，删除 one。

(5) 用方向键将光标移到“printf("hello \n");”行，按 Esc 键离开输入模式，输入命令 dd，删除光标所在行。

2.2.8 GCC 编译器

在为 Linux 开发应用程序时，绝大多数情况下使用的都是 C 语言，因此几乎每一位 Linux 程序员面临的首要问题都是如何灵活运用 C 编译器。目前 Linux 下最常用的 C 语言编译器是 GCC(GNU Compiler Collection)，它是 GNU 项目中符合 ANSI C 标准的编译系统，能够编译用 C、C++等语言编写的程序。GCC 不仅功能非常强大，结构也异常灵活。最值得称道的一点就是它可以通过不同的前端模块来支持各种语言，如 Java、Fortran、Pascal、Modula-3 和 Ada 等。

开放、自由和灵活是 Linux 的魅力所在，而这一点在 GCC 上的体现就是程序员通过它能够更好地控制整个编译过程。在使用 GCC 编译程序时，编译过程可以被细分为四个阶段：

- 预处理(Pre-Processing)
- 编译(Compiling)
- 汇编(Assembling)
- 连接(Linking)

Linux 程序员可以根据自己的需要让 GCC 在编译的任何阶段结束，以便检查或使用编译器在该阶段的输出信息，或者对最后生成的二进制文件进行控制，以便通过加入不同数量和种类的调试代码来为今后的调试做好准备。和其他常用的编译器一样，GCC 也提供了灵活而强大的代码优化功能，利用它可以生成执行效率更高的代码。

GCC 提供了 30 多条警告信息和 3 个警告级别，使用它们有助于增强程序的稳定性和可移植性。此外，GCC 还对标准的 C 和 C++语言进行了大量的扩展，提高程序的执行效率，有助于编译器进行代码优化，能够减轻编程的工作量。

1. GCC 起步

在学习使用 GCC 之前，通过例 2.28 帮助用户迅速理解 GCC 的工作原理，并将其立即运用到实际的项目开发中去。

例 2.28 Linux 下编写 C 程序一般要经过的步骤。

(1) 启动常用的编辑器，输入 C 源程序代码。单击“主菜单”→“附件”→“文本编辑器”，进入编辑环境，输入 C 源程序，保存并命名为 hello.c。

```
#include<stdio.h>
void main(void)
```

```
{
printf("hello world! \n");
}
```

(2) 编译源程序。单击"主菜单"→"系统工具"→"终端",进入命令行。用 GCC 编译器对 C 源程序进行编译,以生成一个可执行文件。方法如下:

```
gcc hello.c -o hello
```

运行程序,输入如下命令:

```
./hello
```

结果显示:hello world!

从程序员的角度看,例 2.28 只需简单地执行一条 GCC 命令就可以了,但从编译器的角度来看,却需要完成一系列非常繁杂的工作。首先,GCC 需要调用预处理程序,由它负责展开在源文件中定义的宏,并向其中插入"#include"语句所包含的内容;接着,GCC 将处理后的源代码编译成目标代码;最后,GCC 会调用连接程序 ld,把生成的目标代码连接成一个可执行程序。

为了更好地理解 GCC 的工作过程,可以把上述编译过程分成几个步骤单独进行,并观察每步的运行结果。

(1) 预处理阶段,使用-E 参数可以让 GCC 在预处理结束后停止编译过程:

```
gcc -E hello.c -o hello.i
```

此时.i 是经过预处理的后的 C 语言源代码。若查看文件中的内容,会发现 stdio.h 的内容确实都插到文件里去了,而其他应当被预处理的宏定义也都做了相应的处理。

(2) 编译阶段

```
gcc -S hello.i -o hello.s
```

上述命令将代码翻译成汇编语言。

(3) 汇编阶段,将生成的.s 文件转成.o 的二进制目标文件

```
gcc -c hello.s -o hello.o
```

(4) 连接阶段

在成功编译后,就进入了连接阶段。在这里涉及到一个重要的概念:函数库。

在"stdio.h"中只有该函数的声明,而没有定义函数的实现,那么是在哪里实现 printf 函数的呢?答案是系统把这些函数实现放在名为 libc.so.6 的库文件中了,在没有特别指定时,GCC 会到系统默认的搜索路径/usr/lib 下进行查找。

完成连接后,GCC 就可以生成可执行文件:

```
gcc hello.o -o hello
```

运行可执行文件,出现正确结果如下:

```
./hello
hello world!
```

在采用模块化的设计思想进行软件开发时，通常整个程序是由多个源文件组成的，相应地也就形成了多个编译单元，使用GCC能够很好地管理这些编译单元。假设有一个由foo1.c和foo2.c两个源文件组成的程序，为了对它们进行编译，并最终生成可执行程序foo，可以使用下面这条命令：

```
gcc foo1.c foo2.c -o foo
```

如果同时处理的文件不止一个，GCC仍然会按照预处理、编译和连接的过程依次进行。如果深究起来，上面这条命令大致相当于依次执行如下三条命令：

```
gcc -c foo1.c -o foo1.o
gcc -c foo2.c -o foo2.o
gcc foo1.o foo2.o -o foo
```

在编译一个包含许多源文件的工程时，若只用一条GCC命令来完成编译是非常浪费时间的。假设项目中有100个源文件需要编译，并且每个源文件中都包含10000行代码，如果像上面那样仅用一条GCC命令来完成编译工作，那么GCC需要将每个源文件都重新编译一遍，然后再全部连接起来。很显然，这样浪费的时间相当多，尤其是当用户只是修改了其中某一个文件的时候，完全没有必要将每个文件都重新编译一遍，因为很多已经生成的目标文件是不会改变的。要解决这个问题，关键是要灵活运用GCC，同时还要借助像Make这样的工具。

2. GCC编译选项分析

GCC有超过100个的可用选项，主要包括总体选项、警告和出错选项、优化选项和体系结构相关选项。以下对每一类中最常用的选项进行讲解。

(1) 总体选项

GCC的总体选项如表2.5所示，很多选项在前面的示例中已经有所涉及。

表2.5 GCC总体选项列表

后缀名	所对应的语言
-c	只是编译不连接，生成目标文件“.o”
-S	只是编译不汇编，生成汇编代码
-E	只进行预编译，不做其他处理
-g	在可执行程序中包含标准调试信息
-o file	把输出文件输出到file里
-v	打印出编译器内部编译各过程的命令行信息和编译器的版本
-I dir	在头文件的搜索路径列表中添加dir目录
-L dir	在库文件的搜索路径列表中添加dir目录
-static	连接静态库
-llibrary	连接名为library的库文件

在 Linux 下开发软件时，完全不使用第三方函数库的情况是比较少见的，通常来讲都需要借助一个或多个函数库的支持才能够完成相应的功能。从程序员的角度看，函数库实际上就是一些头文件(.h)和库文件(.so 或者.a)的集合。虽然 Linux 下的大多数函数都默认将头文件放到/usr/include/目录下，而库文件则放到/usr/lib/目录下，但并不是所有的情况都是这样。正因如此，GCC 在编译时必须有自己的办法来查找所需要的头文件和库文件。

GCC 采用搜索目录的办法来查找所需要的文件，-I 选项可以向 GCC 的头文件搜索路径中添加新的目录。例如，如果在/home/xiaowp/include/目录下有编译时所需要的头文件，为了让 GCC 能够顺利地找到它们，就可以使用-I 选项：

```
gcc foo.c -I/home/xiaowp/include -o foo
```

同样，如果使用了不在标准位置的库文件，那么可以通过-L 选项向 GCC 的库文件搜索路径中添加新的目录。例如，如果在/home/xiaowp/lib/目录下有连接时所需要的库文件 libfoo.so，为了让 GCC 能够顺利地找到它，可以使用下面的命令：

```
gcc foo.c -L/home/xiaowp/lib -lfoo -o foo
```

值得好好解释一下的是-L 选项，它指示 GCC 去连接库文件 libfoo.so。Linux 下的库文件在命名时有一个约定，那就是应该以 lib 三个字母开头，由于所有的库文件都遵循了同样的规范，因此，在用-l 选项指定连接的库文件名时可以省去 lib 三个字母。也就是说，GCC 在对-lfoo 进行处理时，会自动去连接名为 libfoo.so 的文件。

函数库一般分为静态库和动态库。静态库是指编译连接时，把库文件的代码全部加入到可执行文件中，因此生成的文件比较大，但在运行时就不再需要库文件了。静态库后缀名一般为.a。动态库与之相反，在编译连接时并没有把库文件的代码加入到可执行文件中，而是在程序执行时由运行时连接文件加载库，这样可以节省系统的开销。动态库后缀名一般为.so。GCC 编译时默认使用动态库。只有当动态链接库不存在时才考虑使用静态链接库，如果需要的话可以在编译时加上-static 选项，强制使用静态链接库。例如，如果在/home/xiaowp/lib/目录下有连接时所需要的库文件 libfoo.so 和 libfoo.a，为了让 GCC 在连接时只用到静态链接库，可以使用下面的命令：

```
gcc foo.c -L/home/xiaowp/lib -static -lfoo -o foo
```

(2) 警告和出错选项

-pedantic　允许发出 ANSI C 标准所列的全部警告信息。

-Wall　允许发出 GCC 提供的所有有用的报警信息。

-werror　把所有的警告信息转化为错误信息，并在警告发生时终止编译过程。

GCC 包含完整的出错检查和警告提示功能，它们可以帮助 Linux 程序员写出更加专业和优美的代码。

例 2.29　用 GCC 编译 illcode.c 程序，观察 GCC 是如何帮助程序员发现错误的。

illcode.c 内容如下：

```
#include<stdio.h>
```

```
void main(void)
{
long long int var=1;
printf("It is not standard C code\n");
}
```

分析：illcode.c 所示的程序写得很糟糕，仔细检查一下不难挑出很多毛病：

- main 函数的返回值被声明为 void，但实际上应该是 int。
- 使用了 GNU 语法扩展，即使用 long long 来声明 64 位整数，不符合 ANSI/ISO C 语言标准。
- main 函数在终止前没有调用 return 语句。

(1) 编译时加-pedantic 选项。当 GCC 在编译不符合 ANSI/ISO C 语言标准的源代码时，如果加上了-pedantic 选项，那么使用了扩展语法的地方将产生相应的警告信息：

```
# gcc -pedantic illcode.c -o illcode
illcode.c:In function 'main':
illcode.c:4:warning:ISO C89 does not support 'long long'
illcode.c:3:warning:return type of 'main' is not 'int'
```

需要注意的是，-pedantic 编译选项并不能保证被编译程序与 ANSI/ISO C 标准的完全兼容，它仅仅只能用来帮助 Linux 程序员离这个目标越来越近。或者换句话说，-pedantic 选项能够帮助程序员发现一些不符合 ANSI/ISO C 标准的代码，但不是全部，事实上只有 ANSI/ISO C 语言标准中要求进行编译器诊断的那些情况，才有可能被 GCC 发现并提出警告。

(2) 编译时加-Wall 选项。除了-pedantic 之外，GCC 还有一些其他编译选项也能够产生有用的警告信息。这些选项大多以-W 开头，其中最有价值的当数-Wall 了，使用它能够使 GCC 产生尽可能多的警告信息：

```
gcc -Wall illcode.c -o illcode
illcode.c:3:warning:return type of 'main' is not 'int'
illcode.c:In function 'main':
illcode.c:4:warning:unused variable 'var'
```

GCC 给出的警告信息虽然从严格意义上说不能算作是错误，但却很可能成为错误的栖身之所。一个优秀的 Linux 程序员应该尽量避免产生警告信息，使自己的代码始终保持简洁、优美和健壮的特性。

(3) 编译时加-Werror 选项。在处理警告方面，另一个常用的编译选项是-Werror，它要求 GCC 将所有的警告当成错误进行处理，这在使用自动编译工具(如 Make 等)时非常有用。如果编译时带上-Werror 选项，那么 GCC 会在所有产生警告的地方停止编译，迫使程序员对自己的代码进行修改。只有当相应的警告信息消除时，才可能将编译过程继续朝前推进。执行情况如下：

```
gcc -Wall -Werror illcode.c -o illcode
cc1:warnings being treated as errors
```

```
illcode.c:3:warning:return type of 'main' is not 'int'
illcode.c:In function 'main':
illcode.c:4:warning:unused variable 'var'
```

对 Linux 程序员来讲，GCC 给出的警告信息是很有价值的，它们不仅可以帮助程序员写出更加健壮的程序，而且还是跟踪和调试程序的有力工具。建议在用 GCC 编译源代码时始终带上-Wall 选项，并把它逐渐培养成为一种习惯，这对找出常见的隐式编程错误很有帮助。

3. 代码优化

代码优化指的是编译器通过分析源代码，找出其中尚未达到最优的部分，然后对其重新进行组合，目的是改善程序的执行性能。GCC 提供的代码优化功能非常强大，它通过编译选项-O*n* 来控制优化代码的生成，其中 *n* 是一个代表优化级别的整数。对于不同版本的 GCC 来讲，*n* 的取值范围及其对应的优化效果可能并不完全相同，比较典型的范围是从 0 变化到 2 或 3。

编译时使用选项-O 可以告诉 GCC 同时减小代码的长度和执行时间，其效果等价于-O1。在这一级别上能够进行的优化类型虽然取决于目标处理器，但一般都会包括线程跳转(Thread Jump)和延迟退栈(Deferred Stack Pops)两种优化。选项-O2 告诉 GCC 除了完成所有-O1 级别的优化之外，同时还要进行一些额外的调整工作，如处理器指令调度等。选项-O3 则除了完成所有-O2 级别的优化之外，还包括循环展开和其他一些与处理器特性相关的优化工作。通常来说，数字越大优化的等级越高，同时也就意味着程序的运行速度越快。许多 Linux 程序员都喜欢使用-O2 选项，因为它在优化长度、编译时间和代码大小之间，取得了一个比较理想的平衡点。

例 2.30 对下列所列的程序 optimize.c 进行代码优化演示。

optimize.c 程序如下。

```
#include<stdio.h>
int main(void)
{
double counter;
double result;
double temp;
for(counter=0;
counter<2000.0 * 2000.0 * 2000.0/20.0+2020;
counter+=(5-1)/4){
temp=counter/1979;
result=counter;
}
printf("Result is %lf\n",result);
return 0;
}
```

(1) 不加任何优化选项进行编译：

```
gcc -Wall optimize.c -o optimize
```

(2) 借助 Linux 提供的 time 命令，统计出该程序在运行时所需要的时间：

```
time ./optimize
Result is 400002019.000000
real 0m6.261s
user 0m6.250s
sys 0m0.000s
```

(3) 使用优化选项来对代码进行优化处理：

```
gcc -Wall -O optimize.c -o optimize
```

(4) 在同样的条件下再次测试一下运行时间：

```
time ./optimize
Result is 400002019.000000
real 0m1.964s
user 0m1.960s
sys 0m0.000s
```

对比两次执行的输出结果不难看出，程序的性能的确得到了很大幅度的改善，由原来的 6 秒缩短到了 1 秒。这个例子是专门针对 GCC 的优化功能而设计的，因此优化前后程序的执行速度发生了很大的改变。尽管 GCC 的代码优化功能非常强大，但作为一名优秀的 Linux 程序员，首先还是要力求能够手工编写出高质量的代码。如果编写的代码简短，并且逻辑性强，编译器就不会做更多的工作，甚至根本用不着优化。

优化虽然能够给程序带来更好的执行性能，但在如下一些场合中应该避免优化代码：

- 程序开发时　优化等级越高，消耗在编译上的时间就越长，因此在开发的时候最好不要使用优化选项，只有到软件发行或开发结束的时候，才考虑对最终生成的代码进行优化。
- 资源受限时　一些优化选项会增加可执行代码的体积，如果程序在运行时能够申请到的内存资源非常紧张(如一些实时嵌入式设备)，那就不要对代码进行优化，因为由这带来的负面影响可能会产生非常严重的后果。
- 跟踪调试时　在对代码进行优化的时候，某些代码可能会被删除或改写，或者为了取得更佳的性能而进行重组，从而使跟踪和调试变得异常困难。

2.2.9 Gdb 调试器

Linux 包含了一个叫 Gdb 的 GNU 调试程序，Gdb 是一个用来调试 C 和 C++程序的强力调试器。它使程序员能在程序运行时观察程序的内部结构和内存的使用情况。以下是 Gdb 所提供的一些功能：

- 它使程序员能监视程序中变量的值。

• 它使程序员能设置断点以使程序在指定的代码行上停止执行。
• 它使程序员能一行行地执行代码。

为了使 Gdb 正常工作,你必须使你的程序在编译时包含调试信息。在编译时用-g 选项打开调试选项。调试信息包含程序里的每个变量的类型和在可执行文件里的地址映射以及源代码的行号。Gdb 利用这些信息使源代码和机器码相关联。

Gdb 支持很多的命令。这些命令从简单的文件装入到允许程序员检查所调用的堆栈内容的复杂命令,表 2.6 列出了在使用 Gdb 调试时常用到的一些命令。

表 2.6 基本 Gdb 命令

命　令	描　述
file	装入想要调试的可执行文件
kill	终止正在调试的程序
list	列出产生执行文件的源代码的一部分
next	执行一行源代码但不进入函数内部
step	执行一行源代码而且进入函数内部
run	执行当前被调试的程序
quit	终止 Gdb
watch	监视一个变量的值而不管它何时被改变
break	在代码里设置断点,这将使程序执行到这里时被挂起
make	不退出 Gdb 可重新产生可执行文件
shell	不离开 Gdb 可执行 UNIX Shell 命令

Gdb 支持很多与 UNIX Shell 程序一样的命令编辑特征。用户能像在 bash 或 tcsh 里那样,按 Tab 键让 Gdb 补齐一个唯一的命令。如果不唯一,Gdb 会列出所有匹配的命令。例如,输入 run 命令的第一个字母 r,按 Tab 键,Gdb 即可补齐 run 命令。你也能用光标键上下翻动历史命令。

本小节用一个实例教读者一步步地用 Gdb 调试程序。被调试的程序相当简单,但它展示了 Gdb 的典型应用。

例 2.31 使用 Gdb 调试程序 greeting. c。greeting. c 显示一个简单的问候 hello there,再将问候语反序列出。

程序 greeting. c 内容如下

```
#include <stdio.h>

main()
{
  char my_string[]="hello there";

  my_print(my_string);
  my_print2(my_string);
}
```

```
void my_print(char * string)
{
  printf("The string is %s\n",string);
}

void my_print2(char * string)
{
  char * string2;
  int size,i;

  size=strlen(string);
  string2=(char *)malloc(size+1);
  for(i=0;i<size;i++)
  string2[size -i]=string[i];
  string2[size+1]='\0';
  printf("The string printed backward is %s\n",string2);
}
```

(1) 编译程序

此时应把调试选项打开。

```
gcc -g greeting.c -o greeting        //出现警告信息
```

(2) 执行程序显示如下结果

```
The string is hello there
The string printed backward is
```

输出的第1行是正确的,但第2行打印出的东西并不是人们所期望的。该程序所设想的输出应该是:

```
The string printed backward is ereht olleh
```

由于某些原因,my_print2 函数没有正常工作。

(3) 用 Gdb 查看问题所在。

① 输入如下命令:

```
gdb greeting
```

如果在输入命令时忘了把要调试的程序作为参数传给 Gdb,还可以在 Gdb 提示符下用 file 命令来载入它:

```
(gdb)file greeting
```

这个命令将载入 greeting 可执行文件就像在 Gdb 命令行里装入它一样。

② 用 Gdb 的 run 命令来运行 greeting。

```
(gdb)run
Starting program:/root/greeting
```

```
The string is hello there
The string printed backward is
Program exited with code 041
```

这个输出结果和在 Gdb 外面运行的结果一样，那么为什么反序打印没有工作？为了找出症结所在，可在 my_print2 函数的 for 语句后设一个断点。

③ 使用 list 命令列出源代码。

由于断点设置必须知道具体的行号，因此要在 Gdb 提示符下输入 list 命令 3 次，列出源代码：

```
(gdb)list
(gdb)list
(gdb)list
```

技巧：在 Gdb 提示符下按 Enter 键将重复上一个命令。

第 1 次输入 list 命令的输出如下：

```
1       #include  <stdio.h>
2
3       main()
4       {
5         char my_string[]="hello there";
6
7         my_print(my_string);
8         my_print2(my_string);
9       }
10
```

如果按下 Enter 键，Gdb 将再执行一次 list 命令，给出下列输出：

```
11       my_print(char * string)
12       {
13         printf("The string is %s\n",string);
14       }
15
16       my_print2(char * string)
17       {
18       char * string2;
19       int size,i;
20
```

再按一次 Enter 键，将列出程序的剩余部分：

```
21       size=strlen(string);
22       string2=(char *)malloc(size+1);
23       for(i=0;i<size;i++)
24         string2[size -i]=string[i];
```

```
25      string2[size+1]='\0';
26      printf("The string printed backward is %s\n",string2);
27    }
```

根据列出的源程序,知道要设断点的地方在第 24 行。

④ 在 Gdb 命令行提示符下输入如下命令设置断点:

```
(gdb)break 24
```

Gdb 将作出如下的响应:

```
Breakpoint 1 at 0x804842e:file greeting. c,line 24
(gdb)
```

⑤ 现在再输入 run 命令,将产生如下的输出:

```
Starting program:/root/greeting
The string is hello there
Breakpoint 1,my_print2(string=0xbfffeb00 "hello there")at greeting. c:24
24   string2[size-i]=string[i]
```

⑥ 设置一个观察 string2[size -i]变量的值的观察点来检查错误产生的原因,输入 watch 命令:

```
(gdb)watch string2[size -i]
```

Gdb 将作出如下回应:

```
Watchpoint 2:string2[size -i]
```

⑦ 用 next 命令来单步执行 for 循环体:

```
(gdb)next
```

经过第 1 次循环后,Gdb 显示 string2[size -i]的值是 h。

```
Watchpoint 2,string2[size -i]
Old value=0 '\0'
New value=104 'h'
my_print2(string=0xbfffeb00 "hello there")at greeting. c:23
23 for(i=0;i<size;i++)
```

这个值正是期望的,后来的数次循环的结果都是正确的。当 i=10 时,表达式 string2[size -i]的值等于 e,size -i 的值等于 1,最后一个字符已经拷到新串里了。

如果继续循环,会看到已经没有值分配给 string2[0]了,而它是新串的第 1 个字符,因为 malloc 函数在分配内存时把它们初始化为空(null)字符,所以 string2 的第 1 个字符是空字符,这解释了为什么在打印 string2 时没有任何输出了。

现在总结一下常用 Gdb 命令,它们可以使用命令的缩略形式,如 l 代表 list,b 代表 breakpoint 等,下面列出常用命令的缩写形式。

```
(gdb)l          //查看载入的文件,l代表 list
```

```
(gdb)b 6        //在第 6 行设置断点
(gdb)info b     //查看断点情况
(gdb)p  j       //查看变量 j 的值
(gdb)c          //查看变量后恢复程序的正常运行
(gdb)n          //若有函数调用,不进入函数的单步运行
(gdb)s          //若有函数调用,进入函数的单步运行
```

调试时可能会需要用到编译器产生的中间结果,这时可以使用-save-temps 选项,让 GCC 将预处理代码、汇编代码和目标代码都作为文件保存起来。如果想检查生成的代码是否能够通过手工调整的办法来提高执行性能,在编译过程中生成的中间文件将会很有帮助,具体情况如下:

```
# gcc -save-temps foo.c -o foo
# ls foo*
foo foo.c foo.i foo.s
```

2.2.10 编写包含多文件的 Makefile

1. 概述

什么是 Makefile? 或许很多 Winodws 的程序员都不知道这个东西,因为那些 Windows 的 IDE 都为你做了这个工作,但要做一个好的和专业的程序员,Makefile 还是要懂。这就好像现在有这么多的 HTML 的编辑器,但如果你想成为一个专业人士,你还是要了解 HTML 的标识的含义。特别在 UNIX/Linux 下的软件编译,程序员就不能不自己写 Makefile 了,会不会写 Makefile,从一个侧面说明了一个人是否具备完成大型工程的能力。

因为 Makefile 关系到了整个工程的编译规则。一个工程中的源文件不计数,其按类型、功能、模块分别放在若干个目录中,Makefile 定义了一系列的规则来指定,哪些文件需要先编译,哪些文件需要后编译,哪些文件需要重新编译,甚至于进行更复杂的功能操作,因为 Makefile 就像一个 Shell 脚本一样,其中也可以执行操作系统的命令。

Makefile 带来的好处就是——"自动化编译",一旦写好,只需要一个 make 命令,整个工程完全自动编译,极大地提高了软件开发的效率。make 是一个命令工具,是一个解释 Makefile 中指令的命令工具,一般来说,大多数的 IDE 都有这个命令,比如:Delphi 的 make、Visual C++的 nmake、Linux 下 GNU 的 make。可见,Makefile 成为了一种在工程方面的编译方法。

make 命令执行时,需要一个 Makefile 文件,告诉 make 命令需要怎样去编译和连接程序。

规则是:

(1) 如果这个工程没有编译过,那么所有 C 语言的文件都要编译并被连接。

(2) 如果这个工程的某几个 C 文件被修改,那么只编译被修改的 C 文件,并连接目标程序。

(3) 如果这个工程的头文件被改变了，那么需要编译引用了这几个头文件的C文件，并连接目标程序。

只要Makefile写得够好，所有的这一切，我们只用一个make命令就可以完成，make命令会自动智能地根据当前的文件修改情况来确定哪些文件需要重编译，从而自己编译所需要的文件和连接目标程序。

2. Makefile的规则

在介绍Makefile之前，需要先了解一些Makefile的规则。

```
target ... :prerequisites ...
    command
        ...
```

其中：

(1) target是一个目标文件，可以是Object File，也可以是执行文件。

(2) prerequisites是生成指定的target文件所需要的文件或是目标。

(3) command是make需要执行的命令(任意的Shell命令)。

这说明了一个文件的依赖关系，即target这一个或多个的目标文件依赖于prerequisites中的文件，其生成规则定义在command中。更准确地说，prerequisites中如果有一个以上的文件比target文件要新的话，command所定义的命令就会被执行。这就是Makefile的规则，也就是Makefile中最核心的内容。

2.3 实验内容

2.3.1 Linux基本操作练习

1. 实验2.1：自己设计系列指令，要求实现文件的建立、复制、移动、删除、压缩和解压；目录(目录名用姓名的拼音缩写)的建立、删除；其他命令任选。

2. 实验2.2：用vi编写一个sum.c程序，求1+2+3+…+10的和，练习vi的使用，并且编译运行。

3. 实验2.3：编译前面提到的sum.c程序时，加入-g调试参数，练习常用的gdb命令，写出调试过程。

2.3.2 Makefile的应用

例2.32 编辑Makefile文件。

(1) 用vi在同一目录下编辑两个简单的Hello程序hello.c和hello.h，如下所示：

hello.c内容如下

```
#include  "hello.h"
```

```
int main()
{
  printf("hello  everyone! \n");
}
```

hello.h 内容如下

```
# include<stdio.h>
```

(2) 编译 Hello 程序

```
gcc296  hello.c -o hello
```

运行 hello 可执行文件,查看运行结果,最后删除可执行文件。

(3) 用 vi 编辑 Makefile,如下所示:

```
hello:hello.c  hello.h          //目标体(目标文件或可执行文件):依赖文件
      gcc296 hello.c -o hello   //前面空白是 TAB 符,创建目标体时需要运行的命令
```

(4) 退出保存,在 Shell 中输入:

```
make
```

执行

```
./hello
```

实验任务:查看结果。

(5) 再次用 vi 打开 Makefile,用变量进行替换,如下所示:

```
OBJS :=hello.o
CC :=gcc296
hello: $(OBJS)
      $(CC) $^ -o $@      //$^指所有不重复的依赖文件,$@指目标文件的完整名称
```

(6) 退出保存,在 Shell 中输入:make,执行./hello,make 工程管理器根据文件的时间戳自动发现更新过的文件而减少编译的工作量,它通过读入 Makefile 文件来执行编译工作。

实验任务:查看结果。

(7) 用 vi 编辑 Makefile1,如下所示:

```
hello:hello.o
     gcc296 hello.o -o hello
hello.o:hello.c  hello.h
     gcc296 -c hello.c -o hello.o
```

(8) 退出保存,在 Shell 中输入:

```
make  -f  Makefile1
```

执行

```
./hello
```

实验任务：查看结果。

(9) 再次用 vi 编辑 Makefile1，如下所示：

```
OBJS1 :=hello.o
OBJS2=hello.c   hello.h
CC :=gcc296
hello: $(OBJS1)
        $(CC) $^   -o   $@
$(OBJS1): $(OBJS2)
        $(CC)   -c   $<   -o   $@        //$<指第一个依赖文件的名称
```

(10) 退出保存，在 Shell 中输入：

```
make   -f   Makefile1
```

执行

```
./hello
```

实验任务：查看结果。

第3章 Shell 编程

3.1 实验目的

1. 了解 UNIX/Linux Shell 的作用和主要分类。
2. 了解 Shell(简称 sh)的一般语法规则。
3. 能编写简单的 Shell 程序。

3.2 预备知识

3.2.1 Shell 概述

Shell 是 UNIX/Linux 系统中一个重要的层次,它是用户与系统交互作用的界面。在前面的章节中介绍 UNIX 命令时,Shell 都作为命令解释程序出现:它接收用户打入的命令,进行分析,创建子进程实现命令所规定的功能,等子进程终止工作后,发出提示符。这是 Shell 最常见的使用方式。

UNIX/Linux Shell 除了作为命令解释程序以外,还是一种高级程序设计语言,它有变量,关键字,有各种控制语句,如 if,case,while,for 等语句,有自己的语法结构。利用 Shell 程序设计语言可以编写出功能很强但代码简单的程序,特别是它把相关的 UNIX/Linux 命令有机地组合在一起,可大大提高编程的效率,充分利用 UNIX/Linux 系统的开放性能,设计出适合自己要求的命令。

3.2.2 Shell 的特点和命令行书写规则

Shell 的功能是很强大的,为用户开发程序提供非常便捷的手段。Shell 具有如下突出特点。

(1) 把已有命令进行适当组合,构成新命令;而组合方式很简单。

(2) 可以进行交互式处理,用户和 UNIX 系统之间通过 Shell 进行交互式对话，实现通信。

(3) 灵活地利用位置参数传递参数值。

(4) 结构化的程序模块，提供了顺序流程控制、条件控制、循环控制等。

(5) 提供通配符、输入输出重定向、管道线等机制，方便了模式匹配、I/O 处理和数据传输。

(6) 便于用户开发新的命令，利用 Shell 脚本可把用户编写的可执行程序与 UNIX 命令结合在一起，当做新的命令使用。

Shell 的命令行书写规则如下。

(1) 多个命令可以在一个命令行上运行，使用"；"分隔命令。

(2) 长 Shell 命令可以使用"\"在命令行上扩充。

3.2.3 常用 Shell 类型

Linux 系统提供多种不同的 Shell 以供选择。常用的有 Bourne Shell(简称 sh)、C-Shell(简称 csh)、Korn Shell(简称 ksh)和 Bourne Again Shell(简称 bash)。

(1) Bourne Shell 是 AT&T Bell 实验室的 Steven Bourne 为 AT&T 的 UNIX 开发的，它是 UNIX 的默认 Shell，也是其他 Shell 的开发基础。Bourne Shell 在编程方面相当优秀，但在处理与用户的交互方面不如其他几种 Shell。

(2) C Shell 是加州伯克利大学的 Bill Joy 为 BSD UNIX 开发的，与 sh 不同，它的语法与 C 语言很相似。它提供了 Bourne Shell 所不能处理的用户交互特征，如命令补全、命令别名、历史命令替换等。但是，C Shell 与 Bourne Shell 并不兼容。

(3) Korn Shell 是 AT&T Bell 实验室的 David Korn 开发的，它集合了 C Shell 和 Bourne Shell 的优点，并且与 Bourne Shell 向下完全兼容。Korn Shell 的效率很高，其命令交互界面和编程交互界面都很好。

(4) Bourne Again Shell(即 bash)是自由软件基金会(GNU)开发的一个 Shell，它是 Linux 系统中一个默认的 Shell。bash 不但与 Bourne Shell 兼容，还继承了 C Shell、Korn Shell 等优点。

3.3 实验内容

3.3.1 简单 Shell 程序设计

Shell 程序也可存放在文件上(利用 vi)，通常称为 Shell 脚本(script)。下面是两个 Shell 程序示例。

实验 3.1 由以下 3 条简单命令组成 Shell 程序 zk1。执行这个 Shell 程序时，依次执行其中各条命令：先显示出日期，接着显示当前工作目录，最后把工作目录改到当前目录的父目录。其中＃表示注释。

```
date  #显示日期
pwd  #显示当前工作目录
cd  ..
```

执行命令如下：

```
sh zk1
```

实验任务：写出执行结果。

实验 3.2 带有控制结构的 Shell 程序 zk2。

```
echo "Is it morning Please answer yes or no"
read timeofday
if  [   "$timeofday"="yes"   ]
then
  echo "Good morning"
elif [   "$timeofday"="no"   ];then
  echo "Good afternoon"
else
  echo "Sorry, $timeofday not recognized. Enter yes or no"
  exit 1
fi
```

执行命令如下：

```
sh zk2
```

实验任务：写出执行结果。

3.3.2 Shell 脚本的建立和执行

Shell 程序可以存放在文件中，这种被 Shell 解释执行的命令文件称为 Shell 脚本(Shellscript)，也称做 Shell 文件或者 Shell 过程。Shell 脚本可以包含任意从键盘输入的 UNIX/Linux 命令。

1. Shell 脚本的建立

建立 Shell 脚本的方法同建立普通文本文件的方法相同，利用编辑器(如 vi)进行程序录入和编辑加工。例如，要建立一个名为 ex1 的 Shell 的脚本，可以在提示符后打入命令：

```
vi ex1
```

2. 执行 Shell 脚本的方式

执行 Shell 脚本的方式基本上有以下 3 种。

(1) 输入定向到 Shell

这种方式是用输入重定向方式让 Shell 从给定文件中读入命令行并进行相应处理。其一般形式如下：

```
sh<脚本名
```

例如：

```
sh<ex1
```

(2) 以脚本名作为 Shell 参数

其一般形式如下：

```
sh 脚本名 [参数]
```

例如：

```
sh  ex2  /usr/mengqc/usr/liuzhy
```

(3) 将 Shell 脚本改为有执行权限的文件

由正文编辑器(如 vi)建立的 Shell 脚本，用户通常是不能直接执行的，需要利用命令 chmod 修改执行权限。例如：

```
chmod  +x  ex2
./ex2
```

实验 3.3 编写一个 Shell 程序 example，功能是：显示 root 下的文件信息，然后建立一个 kk 文件夹，在此文件夹下新建一个文件 aa，修改此文件权限为可执行。最后回到 root 目录。

3.3.3 Shell 变量

像高级程序设计语言一样，Shell 也提供说明和使用变量的功能。对 Shell 来讲，所有变量的取值都是一个字串，Shell 程序采用 $ var 的形式来引用名为 var 的变量的值。Shell 有以下几种基本类型的变量。

1. Shell 定义的环境变量

Shell 在开始执行时就已经定义了一些和系统的工作环境有关的变量，用户还可以重新定义这些变量，常用的 Shell 环境变量如下：

- HOME　用于保存登录目录的完全路径名。
- PATH　用于保存用冒号分隔的目录路径名，Shell 将按 PATH 变量中给出的顺序搜索这些目录，找到的第一个与命令名称一致的可执行文件将被执行。
- TERM　终端的类型。
- UID　当前用户的识别字，取值是由数位构成的字串。
- PWD　当前工作目录的绝对路径名，该变量的取值随 cd 命令的使用而变化。
- PS1　主提示符，在特权用户下，默认的主提示符是 #，在普通用户下，默认的主提示符是 $ 。
- PS2　在 Shell 接收用户输入命令的过程中，如果用户在输入行的末尾输入“\”然后按 Enter 键，或者当用户按 Enter 键时 Shell 判断出用户输入的命令没有结束时，就显示这个辅助提示符，提示用户继续输入命令的其余部分，默认的辅助提示符是“>”。

2. 预定义变量

预定义变量和环境变量相类似，也是在 Shell 一开始时就定义了的变量。所不同的是，用户只能根据 Shell 的定义来使用这些变量，而不能重定义它。所有预定义变量都是由 $ 符和另一个符号组成的，常用的 Shell 预定义变量如下：

- $ #　位置参数的数量。
- $ *　所有位置参数的内容。
- $?　命令执行后返回的状态。
- $ $　当前进程的进程号。
- $!　后台运行的最后一个进程号。
- $0　当前执行的进程名。

其中，$? 用于检查上一个命令执行是否正确(在 Linux 中，命令退出状态为 0 表示该命令正确执行，任何非 0 值表示命令出错)。

$ $ 变量最常见的用途是用做暂存文件的名字以保证暂存文件不会重复。

3. 用户定义的变量

用户定义的变量是最普遍的 Shell 变量，变量名是以字母或下划线打头的字母、数字和下划线序列，并且大小写字母意义不同。变量名的长度不受限制。定义变量并赋值的一般形式如下：

```
变量名=字符串
```

当给变量赋值时，等号两边一定不能留空格，若变量中本身就包含了空格，则整个字串都要用双引号括起来。例如，myfile=/usr/meng/ff/m1.c。在程序中使用变量的值时，要在变量名前面加上一个符号“$”。这个符号告诉 Shell，要读取该变量的值。

(1) 定义并显示变量的值

例 3.1

```
dir=/usr/mengqc/file1
echo $dir
```

结果显示为：/usr/mengqc/file1

例 3.2

```
echo dir
```

结果显示为：dir

例 3.3

```
today=Sunday
echo $today  $Today
```

结果显示为：Sunday

例 3.4

```
str="Happy New Year！"
echo  "Wish You $str"
```

结果显示：Wish You Happy New Year!

(2) read 命令

作为交互式输入手段，可以利用 read 命令由标准输入(即键盘)上读取数据，然后赋给指定的变量。其一般格式如下：

```
read 变量 1 [变量 2...]
```

例 3.5

read name ——输入 read 命令

mengqc ——输入 name 的值

echo "Your Name is $name."

Your Name is mengqc ——显示输出的结果

read a b c ——read 命令有 3 个参数

crtvu cn edu ——输入 3 个字符串，中间以空格隔开

echo "Email：$a. $c. $b"

Email：crtvu. edu. cn ——显示输出结果

利用 read 命令可交互式的为变量赋值。输入数据时，数据间以空格或制表符作为分隔符。

注意：

(1) 若变量个数与给定数据个数相同，则依次对应赋值，如例 3.5 所示。

(2) 若变量数少于数据个数，则从左至右依次给变量赋值，而最后一个变量取得所有余下数据的值。

(3) 若变量个数多余给定数据个数，则从左到右依次给变量赋值，后面的变量没有输入数据与之对应时，其值就为空串。

实验 3.4 编写一个 Shell 程序 test，程序执行时从键盘读入一个目录名，然后显示这个目录下所有文件的信息。

4. 位置参数

执行 Shell 脚本时可以使用参数。由出现命令行上的位置确定的参数称做位置参数。在 sh 中总共有 10 个位置参数，其对应的名称依次是 $0，$1，$2，... $9。其中 $0 始终表示命令名或 Shell 脚本名，对于一个命令行，必然有命令名，也就必定有 $0；而其他位置参数依据实际需求，可有可无。

例 3.6 位置参数的作用。

(1) 在计算机上建立以下 3 个文件(设建立在目录/usr/username 之下，其中 username 表示主目录名)：

文件 m1. c：

```
main( )
{
printf("Begin \n");
}
```

文件 m2. c：

```
# include<stdio. h>
{
printf("OK! \n");
}
```

文件 ex3：合并文件并计算合并后的行数

```
cat $1 $2 $3 $4 $5 $6 $7 $8 $9 | wc -l
```

(2) 将 ex3 改为具有执行权限：

```
$chmod+x  ex3
```

(3) 执行脚本 ex3：

```
$./ex3 m1.c m2.c
```

实验任务：写出执行结果。

3.3.4 Shell 中的特殊字符

1. 通配符

通配符有以下 3 种：

(1) *　星号。它匹配任意字符的 0 次或多次出现。但注意，文件名前面的圆点(.)和路径名中的斜线(/)必须显示匹配。例如，ls　-l　*.c。

(2) ?　问号。它匹配任意一个字符。例如，ls　-l　ex?.c。

(3) []　一对方括号。其中有一个字符组。其作用是匹配该字符组所限定的任意一个字符。

注意：

(1) 字符 * 和 ? 在一对方括号外面是通配符，若出现在其内部，它们就失去通配符的作用。

(2) ! 叹号，若它紧跟在一对方括号的左方括号[之后，则表示不在一对方括号中所列出的字符。

2. 引号

在 Shell 中引号分为单引号、双引号和倒引号 3 种。

(1) 双引号。由双引号括起来的字符，除 $、倒引号和反斜线(\)仍保留其功能外，其余字符通常作为普通字符对待。

(2) 单引号。由单引号括起来的字符都作为普通字符出现。

(3) 倒引号。倒引号括起来的字符串被 Shell 解释为命令行，在执行时，Shell 会先执行该命令行，并以它的标准输出结果取代整个倒引号部分。

例 3.7

```
today=`date`
echo Today is $today
```

实验任务：写出执行结果。

(4) 反斜线。转义字符，若想在字符串中使用反斜线本身，则必须采用(\\)的形式，其中第 1 个反斜线作为转义字符，而把第 2 个反斜线变为普通字符。

例 3.8 建立以下文件 ex4。

```
echo  "\\current directory is`pwd`"
echo  "home directory is $HOME"
echo  "file * . ?"
echo  " directory  ' $HOME ' "
```

实验任务：写出执行结果，分析单引号、双引号和倒引号的用法。

3.3.5 表达式的比较

在 Shell 程序中，通常使用表达式比较来完成逻辑任务。表达式所代表的操作符有字符串操作符、数字操作符、逻辑操作符和文件操作符。

1. 字符串比较

作用：测试字符串是否相等、长度是否为 0、字符串是否为 NULL。

常用的字符串操作符如下。

(1) =　　　比较两个字符串是否相同，相同则为真。

(2) !=　　　比较两个字符串是否相同，不同则为真。

(3) -n　　　比较字符串长度是否大于 0，大于 0 则为真。

(4) -z　　　比较字符串长度是否等于 0，等于 0 则为真。

2. 数字比较

作用：用 test 命令比较大小。

常用的数字比较运算符如下。

(1) -eq　相等。

(2) -ge　大于等于。

(3) -le　小于等于。

(4) -ne　不等于。

(5) -gt　大于。

(6) -lt　小于。

例 3.9　比较两个数字是否相等。

```
read  x  y
if  test  $x  -eq   $y
  then
    echo  "$x==$y"
  else
    echo  "$x!=$y"
```

3. 逻辑操作

作用：进行逻辑运算。

常用的逻辑操作运算符如下。

(1) !　取反。

(2) -a　与。

(3) -o　或。

例 3.10　分别给两个字符变量赋值，一个变量赋予一定的值，另一个变量为空，求两者的与操作。

```
p1="1111"
p2=" "
[  "$p1"  -a   "$p2"  ]
echo $?
```

4. 文件操作

作用：测试文件的信息。

常用的文件测试操作符如下。

(1) -d　对象存在且为目录。

(2) -f　对象存在且为文件。

(3) -L　对象存在且为符号连接。

(4) -r　对象存在且可读。

(5) -s　对象存在且长度非0。

(6) -w　对象存在且可写。

(7) -x　对象存在且可执行。

例 3.11　判断 zk 目录是否存在于/root 下。

```
[  -d   /root/zk  ]
echo $?
```

$? 显示前一个命令的返回码，结果为1表示目录不存在，0表示存在。

3.3.6 控制结构

1. if 语句

if 语句用于条件控制结构中,其一般格式如下。

```
if  测试条件
then  命令 1
else  命令 2
fi
```

注意:if 语句中 else 部分可以省略。另外,if 语句的 else 部分还可以是 else-if 结构,此时可以用关键字"elif"代替"else if"。

通常,if 的测试部分是利用 test 命令实现的。其实,条件测试可以利用一般命令执行成功与否来作判断。如果命令正常结束,则表示执行成功,其返回值为 0,条件测试为真;如果命令执行不成功,其返回值不等于 0,条件测试就为假。所以 if 的语句的更一般形式如下。

```
if  命令表 1
then  命令表 2
else  命令表 3
fi
```

例 3.12 建立脚本 ex5。

```
echo "The current directory is `pwd`"
if  test  -f  "$1"
then echo  "$1 is an ordinary file."
else echo  "$1 is not anordinary file."
fi
```

实验任务:写出执行结果。

if 语句的 else 部分还可以是 else-if 结构。

```
if test -f  "$1"
then cat $1
else if test -d  "$1"
then( cd $1;ls * )
else echo "$1 is neither a file nor a directory."
fi
fi
```

如例 3.12 改写成为:

```
if test -f  "$1"
then cat $1
```

```
elif test -d  "$1"
then( cd $1;ls  * )
else echo " $1 is neither afile nor adirectory. "
fi
fi
```

2. 测试语句

有两种常用形式：一种是用 test 命令，如前面例子所示。另一种是用一对方括号将测试条件括起来。两种形式完全等价。例如，测试位置参数 $1 是否是已存在的普通文件，可写成：

```
test -f  "$1"
```

也完全可写成：

```
[ -f $1 ]
```

注意：如果在 test 语句中使用 Shell 变量，为表示完整、避免造成歧异，最好用双引号将变量括起来。利用一对方括号表示条件测试时，在左方括号[之后、右方括号]之前应各有空格。

test 命令可以和前面提到的多种运算符一起使用。这些运算符有：文件测试运算符（文件的属性及权限等）、字符串测试运算符（两个串是否相同及是否为空）、数值测试运算符（大小关系）和逻辑运算符（逻辑与、或、非）。

例 3.13 建立脚本文件 ex6。

```
echo  "Enter your filename"
read filename
if [ -f  "$filename"  ]
then cat  $filename
else if [ -d  "$filename"  ]
then cd  $filename
ls  -l  *
else echo "$filename: bad filename"
fi
fi
```

实验任务：设计 3 种输入数据：已经存在的文件名；已经存在的目录名（如不存在，则建立该目录和目录下的文件）；不存在的文件或目录名。写出执行结果。

3. case 语句

case 语句允许进行多重条件选择。其一般语法形式如下。

```
case    字符串  in
模式字符串 1)   命令
                ...
```

```
                命令;;
模式字符串 2)   命令
                …
                命令;;
        …
模式字符串 n)   命令
                …
                命令;;
esac
```

其执行过程是用"字符串"的值依次与各模式字符串进行比较,如果发现同某一个匹配,那么就执行该模式字符串之后的各个命令,直至遇到两个分号为止。如果没有任何模式字符串与该字符串的值相符合,则不执行任何命令。

在使用 case 语句时需注意如下几点:

(1) 每个模式字符串后面可有一条或多条命令,其最后一条命令必须以两个分号(即;;)结束。

(2) 模式字符串中可以使用通配符。

(3) 如果一个模式字符串中包含多个模式,那么各模式之间应以竖线(|)隔开,表示各模式是"或"的关系,即只要给定字符串与其中一个模式相配,就会执行其后的命令表。

(4) 各模式字符串应是唯一的,不应重复出现。并且要合理安排它们的出现顺序。例如,不应将"*"作为头一个模式字符串,因为"*"可以与任何字符串匹配,它若第一个出现,就不会再检查其他模式了。

(5) case 语句以关键字 case 开头,以关键字 esac(是 case 倒过来写!)结束。

(6) case 的退出(返回)值是整个结构中最后执行的那个命令的退出值。若没有执行任何命令,则退出值为零。

4. while 语句

Shell 中有 3 种用于循环的语句,它们是 while 语句、for 语句和 until 语句。

while 语句的一般形式如下。

```
while  测试条件
do
命令表
done
```

其执行过程是,先进行条件测试,如果结果为真,则进入循环体(do-done 之间部分),执行其中命令;然后再做条件测试,直至测试条件为假时才终止 while 语句的执行。

利用 shift 命令可以循环处理每个位置参数。

例 3.14 建立脚本 ex7。

```
while  [ $1 ]
do
if [ -f  $1 ]
```

```
then echo  "display:$1"
cat $1
else echo  "$1 is not a file name."
fi
shift
done
```

执行 ex7

```
sh ex7 ex1 ex2 ex3 aaa        //aaa是一个不存在的文件名
```

实验任务：写出执行结果。

例 3.15 建立脚本 ex8。

```
echo  "key in file->\c"
read filename
echo  "key in data:"
while [  \n $x  ]
do
read x
echo $x>>$filename
done
cat $filename
```

实验任务：执行 ex8，并分析结果。

5. for 语句

for 语句是最常用的建立循环结构的语句。其使用格式主要有 3 种，取决于循环变量的取值方式。

格式 1：

```
for  变量  in  值表
do
    命令表
done
```

例 3.16

```
for  day  in  Monday  Wednesday  Friday  Sunday
do
    echo  $day
done
```

其执行过程是，变量 day 依次取值表中各字符串，即第 1 次将“Monday”赋给 day，然后进入循环体，执行其中的命令，显示出 Monday。第 2 次将“Wednesday”赋给 day，然后执行循环体中命令，显示出 Wednesday。依次处理，当 day 把值表中各字符串都取过一次之后，下面 day 的值就变为空串，从而结束 for 循环。因此，值表中字符串的个数就决定了

for 循环执行的次数。在格式上,值表中各字符串之间以空格隔开。

格式 2:

```
for  变量  in  文件正则表达式
do
    命令表
done
```

其执行过程是,变量的值依次取当前目录下(或给定目录下)与正则表达式相匹配的文件名,每取值一次,就进入循环体执行命令表,直至所有匹配的文件名取完为止,退出 for 循环。

例 3.17 显示所有 m 开头的 c 文件。

```
for file in m*.c
do
cat $file | more
done
```

例 3.18 删除垃圾箱中的所有文件。垃圾箱的位置在 $HOME/.Trash 中。

```
for  i  in  $HOME/.Trash/*
do
 rm $i
 echo "$i has been deleted!"
done
```

格式 3:

```
for  i  in  $*  或者    for  i
do                      do
    命令表                  命令表
done                    done
```

这两种形式是等价的。其执行过程是,变量 i 依次取位置参数的值,然后执行循环体中的命令表,直至所有位置参数取完为止。

break 命令可以使程序从循环体中退出来。其语法格式如下。

```
break  [ n ]
```

其中,n 表示要跳出几层循环。默认值是 1,表示只跳出一层循环。

continue 命令跳过循环体中在它之后的语句,回到本层循环的开头,进行下一次循环。其语法格式如下。

```
continue  [ n ]
```

其中,n 表示从包含 continue 语句的最内层循环体向外跳到第几层循环。默认值为 1。循环层数是由内向外编号。

例 3.19 建立脚本 ex9,显示给定目录下的文件,第 1 个参数是目录名。

```
dir=$1;shift
if [ -d   $dir  ]
then
cd $dir
for name
do
if [ -f   $name ]
then cat $name
echo "End of ${dir}/$name"
else echo "Invalid file name: ${dir}/$name"
fi
done
else echo "Bad directory name: $dir"
fi
```

实验任务：执行 ex9，并分析结果。

6. 函数

在 Shell 脚本中可以定义并使用函数。其定义格式如下。

```
[function]函数名( )
{
   命令表
}
```

其中，关键字 function 可以省略。

函数应先定义，后使用。调用函数时，直接利用函数名，如 showfile，不必带圆括号，就像一般命令那样使用。Shell 脚本与函数间的参数传递可利用位置参数和变量直接传递。变量的值可以由 Shell 脚本传递给被调用的函数，而函数中所用的位置参数 $1、$2 等对应于函数调用语句中的实参，这一点是与普通命令不同的。

例 3.20 使用函数的示例。

```
func( )
{
    echo   "Let's begin now. "
    echo   $a   $b   $c
    echo   $1   $2   $3
    echo   "The end. "
}
a=" Working directory "
b="is"
c=`pwd`
func   Welcome   You   Byby
echo   "Today   is  `date`"
```

Shell 中的函数把若干命令集合在一起，通过一个函数名加以调用。如果需要，还可被多次调用。执行函数并不创建新的进程，是通过 Shell 进程执行。

通常，函数中的最后一个命令执行之后，就退出被调函数。也可利用 return 命令立即退出函数，其语法格式如下。

```
return  [ n ]
```

其中，n 值是退出函数时的退出值（退出状态），即 $? 的值。当 n 值默认时，则退出值是最后一个命令执行后的退回值。

3.3.7 综合应用

实验 3.5 编写 Shell 程序，使用菜单界面，实现以下 5 个功能：

- 加载 U 盘。
- 卸载 U 盘。
- 查看加载后的 U 盘信息。
- 从 Linux 分区的硬盘中拷贝文件到 U 盘中。
- 从 U 盘中拷贝文件到 Linux 分区的硬盘指定位置上。

参考程序如下：

```
quit()
{
 clear
 echo  "***************"
 echo  "* Thank you,goodbye **"
 echo  "****************"
 exit 0
}
mountusb()
{
 clear
 mkdir  /mnt/usb
 mount  /dev/sda1/mnt/usb
}

umountusb()
{
 clear
umount  /mnt/usb
}

display()
{
 clear
 ls  -l  /mnt/usb
```

```
}

cpdisktousb()
{
 clear
 echo -e  "please Enter the filename to be Copied(under Current directory):\c"
 read FILE
 echo  "Copying,please wait!..."
 cp $FILE  /mnt/usb
}

cpusbtodisk()
{
 clear
echo -e  "please Enter the filename to be Copied in USB:\c"
read FILE
echo  "Copying,please wait!..."
cp  /mnt/usb/$FILE .
}

clear
while true
do
  echo  "=================================================================="
  echo  "***    UNIX USB MANGE PROGRAM       ***"
  echo  "=================================================================="
  echo  "       1-MOUNT USB                              "
  echo  "       2-UMOUNT USB                             "
  echo  "       3-DISPLAY USB INFORMATION                "
  echo  "       4-COPY FILE IN DISK TO USB               "
  echo  "       5-COPY FILE IN USB TO DISK               "
  echo  "       0-EXIT                                   "
  echo  "=================================================================="
  echo  -e  "please Enter a choice(0--5):\c"
  read  CHOICE
  case  $CHOICE  in
  1)mountusb;;
  2)umountusb;;
  3)display;;
  4)cpdisktousb;;
  5)cpusbtodisk;;
  0)quit;;
  *)echo "Invalid Choice! Correct Choice is(0--5)"
  sleep 4
  clear;;
  esac
  done
```

第4章 进程管理

4.1 实验目的

1. 加深对进程概念的理解，明确进程和程序的区别。进一步认识并发执行的实质。

2. 分析进程竞争资源现象，学习解决进程互斥的方法。

3. 用高级语言编写和调试一个进程调度程序，以加深对进程的概念及进程调度算法的理解。

4.2 预备知识

4.2.1 进程相关基本概念

1. 进程的定义

进程的概念首先是在20世纪60年代初期引入的，进程就是执行中的程序。在40多年的发展过程中，人们对进程有过各种各样的定义。例如：

(1) 进程是一个独立的可调度的活动。

(2) 进程是一个抽象实体，当它执行某个任务时，将要分配和释放各种资源。

(3) 进程是可以并行执行的计算部分。

以上进程的概念都不相同，但其本质是一样的。它指出了进程是一个程序的一次执行过程。它和程序是有本质区别的，程序是一些能保存在磁盘上的指令的有序集合，没有任何执行的概念；而进程是程序执行的过程，包括了创建、调度和消亡的整个过程。它是程序执行和资源管理的最小单位。因此，对系统而言，当用户在系统中输入命令执行一个程序时，它将启动一个进程。

2. 进程控制块

进程是 Linux 系统的基本调度单位，那么从系统的角度应如何描述并表示它的变化呢？答案是采用进程控制块来描述。进程控制块包含了进程的描述信息、控制信息及资源信息，它是进程的一个静态描述。在 Linux 中，进程控制块中的每一项都是一个 task_struct 结构，它是在 include/linux/sched.h 中定义的。

3. 进程运行的状态

根据进程的生命周期可以划分为 3 种状态：

- 执行态　该进程正在占用 CPU。
- 就绪态　进程已经具备执行的一切条件，正在等待分配 CPU 的处理时间片。
- 等待态　进程不能使用 CPU，若等待事件发生则可将其唤醒。

4. Linux 的进程结构

Linux 是一个多进程的系统，它的进程之间具有并行性、互不干扰等特点。每个进程运行在各自独立的虚拟空间，因此，即使一个进程发生异常，它不会影响到系统中的其他进程。

Linux 中进程包含 3 个段，分别为数据段、代码段、堆栈段。

- 数据段　存放的是全局变量、常数及动态数据分配的数据空间。
- 代码段　存放的是程序代码。
- 堆栈段　存放的是子程序的返回地址、子程序的参数及子程序的局部变量。

5. Linux 下进程的模式和类型

在 Linux 系统中，进程的执行模式分为用户模式和内核模式。如果当前运行的是用户程序、应用程序或者内核之外的系统程序，那么对应进程就在用户模式下运行；如果在用户程序执行过程中出现系统调用或发生中断事件，那么就要运行操作系统程序，进程模式就变成内核模式。在内核模式下可以执行机器的特权指令，而且此时该进程的运行不受用户的干扰，即使是 root 用户也不能干扰内核模式下进程的运行。

4.2.2 Linux 下系统调用

所谓系统调用是指操作系统提供给用户程序调用的一组特殊接口，用户程序可以通过这组特殊接口来获得操作系统内核提供的服务。例如用户可以通过进程控制块相关的系统调用来创建进程、实行进程管理等。

为什么用户程序不能直接访问系统内核提供的服务呢？这是由于在 Linux 中，为了更好地保护内核空间，将程序的运行空间分为内核空间和用户空间(也就是常称的内核态和用户态)，它们运行在不同的级别上，在逻辑上是相互分离的。因此，用户进程在通常情况下不允许访问内核数据，也无法使用内核函数，它们只能在用户空间操作用户数据，调用用户空间的函数。

但是，在有些情况下，用户空间的进程需要获得一定的系统服务（调用内核空间程序），因此操作系统必须利用系统提供给用户的特殊接口——系统调用来规定用户进程进入内核空间的具体位置。进行系统调用时，程序运行空间需要从用户空间进入内核空间，处理完后再返回用户空间。

Linux 系统调用部分是非常精简的系统调用（只有 250 个左右），它继承了 UNIX 系统调用中最基本和最有用的部分。这些系统调用按照功能逻辑大致可分为进程控制、进程间通信、文件系统控制、存储管理、网络管理、用户管理等几类。

下面介绍将在实验中用到的系统调用。在 Linux 中 fork( )是一个非常有用的系统调用，但在 UNIX/Linux 中建立进程除了 fork( )之外，也可用与 fork( )配合使用的 exec( )。

1. fork( )

创建一个新进程。

系统调用格式：

```
pid=fork( )
```

参数定义：

```
int  fork(  )
```

fork( )返回值意义如下：

- 0　在子进程中，pid 变量保存的 fork( )返回值为 0，表示当前进程是子进程。
- >0　在父进程中，pid 变量保存的 fork( )返回值为子进程的 id 值（进程唯一标识符）。
- −1　创建失败。

如果 fork( )调用成功，它向父进程返回子进程的 PID，并向子进程返回 0，即 fork( )被调用了一次，但返回了两次。此时 OS 在内存中建立一个新进程，所建的新进程是调用 fork( )父进程（parent process）的副本，称为子进程（child process）。子进程继承了父进程的许多特性，并具有与父进程完全相同的用户级上下文。父进程与子进程并发执行。

2. exec( )系列

系统调用 exec( )系列，也可用于新程序的运行。fork( )只是将父进程的用户级上下文拷贝到新进程中，而 exec( )系列可以将一个可执行的二进制文件覆盖在新进程的用户级上下文的存储空间上，以更改新进程的用户级上下文。exec( )系列中的系统调用都完成相同的功能，它们把一个新程序装入内存，来改变调用进程的执行代码，从而形成新进程。如果 exec( )调用成功，调用进程将被覆盖，然后从新程序的入口开始执行，这样就产生了一个新进程，新进程的进程标识符 id 与调用进程相同。

exec( )没有建立一个与调用进程并发的子进程，而是用新进程取代了原来进程。所以 exec( )调用成功后，没有任何数据返回，这与 fork( )不同。exec( )系列系统调用在 UNIX 系统库 unistd. h 中，共有 execl、execlp、execle、execv、execvp、execve 六个，其基本功能相同,只是以不同的方式来给出参数。

一种是直接给出参数的指针,如:

```
int   execl(path,arg0[,arg1,... argn],0);
char  * path, * arg0, * arg1,..., * argn;
```

另一种是给出指向参数表的指针,如:

```
int execv(path,argv);
char * path, * argv[ ];
```

具体使用可参考有关书。

3. exec( )和 fork( )联合使用

系统调用 exec 和 fork( )联合使用能为程序开发提供有力支持。用 fork( )建立子进程,然后在子进程中使用 exec( ),这样就实现了父进程和一个与它完全不同子进程的并发执行。

一般,wait、exec 联合使用的模型为:

```
int status;
  ...
if(fork( )==0)
  {
      ...;
      execl(...);
      ...;
  }
wait(&status);
```

4. wait( )

等待子进程运行结束。如果子进程没有完成,父进程一直等待。wait( )将调用进程挂起,直至其子进程因暂停或终止而发来软中断信号为止。如果在 wait( )前已有子进程暂停或终止,则调用进程做适当处理后便返回。

系统调用格式:

```
int   wait(status)
int    * status;
```

5. exit( )

终止进程的执行。

系统调用格式:

```
void exit(status)
int status;
```

其中，status是返回给父进程的一个整数，0表示正常结束，其他的数值表示出现了错误。

为了及时回收进程所占用的资源并减少父进程的干预，UNIX/Linux利用exit( )来实现进程的自我终止，通常父进程在创建子进程时，应在进程的末尾安排一条exit( )，使子进程自我终止。exit(0)表示进程正常终止，exit(1)表示进程运行有错，异常终止。

6. lockf(files,function,size)

用作锁定文件的某些段或者整个文件。

本函数的头文件为：

```
#include "unistd.h"
```

系统调用格式：

```
int   lockf(files,function,size)
int   files,function;
long   size;
```

其中，files是文件描述符；function是锁定和解锁：1表示锁定，0表示解锁。size是锁定或解锁的字节数，为0，表示从文件的当前位置到文件尾。

7. getpid( )

本函数的头文件为：

```
#include <SYS/types.h>        /* 提供类型pid-t的定义 */
#include <unistd.h>           /* 提供函数的定义 */
```

用来得到进程唯一的pid号。

系统调用格式：

```
pid-t   getpid(void)
```

4.2.3 Windows下的系统调用

Windows所创建的每个进程都从调用CreateProcess()API函数开始，该函数的任务是在对象管理器子系统内初始化进程对象。每一进程都以调用ExitProcess( )或TerminateProcess( )API函数终止。通常应用程序的框架负责调用ExitProcess( )函数。对于C++运行库来说，这一调用发生在应用程序的main( )函数返回之后。

1. 创建进程

CreateProcess( )调用的核心参数是可执行文件运行时的文件名及其命令行。表4.1详细地列出了每个参数的类型和名称。

表 4.1 CreateProcess( )函数的参数

参数名称	使用目的
LPCTSTR lpApplivationName	全部或部分地指明包括可执行代码的 exe 文件的文件名
LPCTSTR lpCommandLine	向可执行文件发送的参数
LPSECURIITY_ATTRIBUTES lpProcessAttributes	返回进程句柄的安全属性。主要指明这一句柄是否应该由其他子进程所继承
LPSECURIITY_ATTRIBUTES lpThreadAttributes	返回进程的主线程的句柄的安全属性
BOOL bInheritHandle	一种标志,告诉系统允许新进程继承创建者进程的句柄
DWORD dwCreationFlage	特殊的创建标志(如 CREATE_SUSPENDED)的位标记
LPVOID lpEnvironment	向新进程发送的一套环境变量;如为 null 值则发送调用者环境
LPCTSTR lpCurrentDirectory	新进程的启动目录
STARTUPINFO lpStartupInfo	STARTUPINFO 结构,包括新进程的输入和输出配置的详情
LPPROCESS_INFORMATION lpProcessInformation	调用的结果块;发送新应用程序的进程和主线程的句柄和 ID

可以指定第 1 个参数,即应用程序的名称,其中包括相对于当前进程的当前目录的全路径或者利用搜索方法找到的路径;lpCommandLine 参数允许调用者向新应用程序发送数据;接下来的 3 个参数与进程和它的主线程以及返回的指向该对象的句柄的安全性有关。

然后是标志参数,用以在 dwCreationFlags 参数中指明系统应该给予新进程什么行为。经常使用的标志是 CREATE_SUSPNDED,告诉主线程立刻暂停。当准备好时,应该使用 ResumeThread( )API 来启动进程。另一个常用的标志是 CREATE_NEW_CONSOLE,告诉新进程启动自己的控制台窗口,而不是利用父窗口。这一参数还允许设置进程的优先级,用以向系统指明,相对于系统中所有其他的活动进程来说,给此进程多少 CPU 时间。

接着是 CreateProcess( )函数调用所需要的 3 个通常使用默认值的参数。第 1 个参数是 lpEnvironment 参数,指明为新进程提供的环境;第 2 个参数是 lpCurrentDirectory,可用于向主创进程发送与默认目录不同的新进程使用的特殊的当前目录;第 3 个参数是 STARTUPINFO 数据结构所必需的,用于在必要时指明新应用程序的主窗口的外观。

CreateProcess( )的最后一个参数是用于新进程对象及其主线程的句柄和 ID 的返回值缓冲区。以 PROCESS_INFORMATION 结构中返回的句柄调用 CloseHandle( )API 函数是重要的,因为如果不将这些句柄关闭的话,有可能危及主创进程终止之前的任何未释放的资源。

2. 正在运行的进程

如果一个进程拥有至少一个执行线程,则为正在系统中运行的进程。通常,这种进程使用主线程来指示它的存在。当主线程结束时,调用 ExitProcess( )API 函数,通知系统终止它所拥有的所有正在运行、准备运行或正在挂起的其他线程。当进程正在运行时,可以查看它的许多特性,其中少数特性也允许加以修改。

首先可查看的进程特性是系统进程标识符(PID),可利用 GetCurrentProcessId( ) API 函数来查看,与 GetCurrentProcess( )相似,对该函数的调用不能失败,但返回的 PID 在整个系统中都可使用。其他的可显示当前进程信息的 API 函数还有 GetStartupInfo( )和 GetProcessShutdownParameters( ),可给出进程存活期内的配置详情。

通常,一个进程需要它的运行期环境的信息。例如 API 函数 GetModuleFileName( )和 GetCommandLine( )可以给出用在 CreateProcess( )中的参数以启动应用程序。在创建应用程序时可使用的另一个 API 函数是 IsDebuggerPresent( )。

可利用 API 函数 GetGuiResources( )来查看进程的 GUI 资源。此函数既可返回指定进程中的打开的 GUI 对象的数目,也可返回指定进程中打开的 USER 对象的数目。进程的其他性能信息可通过 GetProcessIoCounters( )、GetProcessPriorityBoost( )、GetProcessTimes( )和 GetProcessWorkingSetSize( )API 得到。以上这几个 API 函数都只需要具有 PROCESS_QUERY_INFORMATION 访问权限的指向所感兴趣进程的句柄。

另一个可用于进程信息查询的 API 函数是 GetProcessVersion( )。此函数只需感兴趣进程的 PID(进程标识号)。这一 API 函数与 GetVersionEx( )共同作用,可确定运行进程的系统的版本号。

3. 终止进程

所有进程都是以调用 ExitProcess( )或者 TerminateProcess( )函数结束的。但最好使用前者而不要使用后者,因为进程是在完成了它的所有的关闭"职责"之后以正常的终止方式来调用前者的。而外部进程通常调用后者即突然终止进程的进行,由于关闭时的途径不太正常,有可能引起错误的行为。

TerminateProcess( )API 函数只要打开带有 PROCESS_TERMINATE 访问权的进程对象,就可以终止进程,并向系统返回指定的代码。这是一种"野蛮"的终止进程的方式,但是有时却是需要的。

如果开发人员确实有机会来设计"谋杀"(终止别的进程的进程)和"受害"进程(被终止的进程)时,应该创建一个进程间通信的内核对象——如一个互斥程序——这样一来,"受害"进程只在等待或周期性地测试它是否应该终止。

4. 同步函数

使用等待函数既可以保证线程的同步,又可以提高程序的运行效率。最常用的等待函数是 WaitForSingleObject,该函数的声明如下。

```
DWORD WaitForSingleObject(HANDLE hHandle,DWORD dwMilliseconds);
```

参数 hHandle 是同步对象的句柄。参数 dwMilliseconds 是以毫秒为单位的超时间隔,如果该参数为 0,那么函数就测试同步对象的状态并立即返回,如果该参数为 INFINITE,则超时间隔是无限的。

WaitForSingleObject 的返回值如表 4.2 所示。

表 4.2 WaitForSingleObject 返回值

返回值	含义
WAIT_FAILED	函数失败
WAIT_OBJECT_0	指定的同步对象处于有信号的状态
WAIT_ABANDONED	拥有一个 mutex 的线程已经中断了，但未释放该 mutex
WAIT_TIMEOUT	超时返回，并且同步对象无信号

4.2.4 进程调度算法

调度程序从内存中就绪可执行的进程里选择一个，并为其中之一分配 CPU。调度决策可以发生如下 4 种情况。

- 当一个进程从运行状态切换到等待状态。
- 当一个进程从运行状态切换到就绪状态。
- 当一个进程从等待状态切换到就绪状态。
- 当一个进程终止时。

当调度只能发生在第 1 和第 4 两种情况时，称调度方法是非抢占的(nonpreemptive)，否则调度方案就是可抢占(preemptive)的。

常用的调度算法有先来先服务、最短作业优先、优先权调度、轮转法调度、多级队列调度、多级反馈队列调度等。

4.3 实验内容

4.3.1 进程的创建

实验 4.1 阅读下面源程序，完成实验任务。利用系统调用 fork()创建两个子进程，当此程序运行时，在系统中有一个父进程和两个子进程活动。让每一个进程在屏幕上显示一个字符：父进程显示字符“a”；子进程分别显示字符“b”和字符“c”。

```
#include<stdio.h>
main( )
{
    int p1,p2;
    while((p1=fork( ))==-1);              /*创建子进程 p1*/
    if(p1==0)   putchar('b');
    else
        {
            while((p2=fork( ))==-1);   /*创建子进程 p2*/
            if(p2==0)   putchar('c');
            else   putchar('a');
```

```
        }
}
```

实验任务：①多次运行程序，分析为什么有不同的执行结果。②模仿上述程序，编程使用 fork( )创建一个子进程，要求在父、子进程中显示出 fork( )的返回值及父、子进程的唯一 pid 值。

4.3.2 进程的控制

实验 4.2 修改已编写的程序，将每个进程输出一个字符改为每个进程输出一句话。阅读源程序，完成实验任务。

```
#include<stdio.h>
main( )
{
    int p1,p2,i;
    while((p1=fork( ))==-1);                /* 创建子进程 p1 */
    if(p1==0)
        for(i=0;i<10;i++)
            printf("daughter  %d\n",i);
    else
      {
          while((p2=fork( ))==-1);      /* 创建子进程 p2 */
          if(p2==0)
            for(i=0;i<10;i++)
                printf("son  %d\n",i);
          else
            for(i=0;i<10;i++)
                printf("parent  %d\n",i);
      }
}
```

实验任务：①多次运行程序，分析为什么有不同的执行结果。②将 for(i=0; i<10; i++)改为 for(i=0; i<100; i++)并分析执行结果的变化。

实验 4.3 下面的程序演示 fork( )和 exec( )联合使用的情况。阅读源程序，完成实验任务。

```
#include<stdio.h>
#include<unistd.h>
main( )
{
    int pid;
    pid=fork( );                              /* 创建子进程 */
    switch(pid)
```

```
        {
            case  -1:                          /* 创建失败 */
                        printf("fork fail! \n");
                        exit(1);
            case  0:                           /* 子进程 */
                        if(execl("/bin/ls","ls","-1","-color",NULL)<0 )
                         {printf("exec fail! \n");
                          exit(1);
                         }

            default:                           /* 父进程 */
                         wait(NULL);           /* 同步 */
                         printf("ls completed ! \n");
                         exit(0);
        }
}
```

实验任务:①写出执行结果第 1 行:(按倒序)列出当前目录下所有文件和子目录;②写出 ls -l 的结果最后一行,与①中执行结果的第 1 行比较。

4.3.3 文件的加锁、解锁

实验 4.4 下面的程序演示了系统调用 lockf( )的使用。阅读源程序,完成实验任务。

```
#include<stdio.h>
#include<unistd.h>
main()
{
int p1,p2,i;
FILE *fp;
fp=fopen("to_be_locked.txt","w+");
if(fp==NULL)
 {
  printf("Fail to create file");
  exit(-1);
 }
      while((p1=fork( ))==-1);         /* 创建子进程 p1 */
if(p1==0)
 {
  lockf((int)fp,1,0);                  /* 加锁 */
  for(i=0;i<10;i++)
  fprintf(fp,"daughter %d\n",i);
  lockf((int)fp,0,0);                  /* 解锁 */
```

```
 }
else
 {
        while((p2=fork( ))==-1);            /*创建子进程 p2*/
  if(p2==0)
  {
  lockf((int)fp,1,0);                       /*加锁*/
  for(i=0;i<10;i++)
  fprintf(fp,"son %d\n",i);
  lockf((int)fp,0,0);                       /*解锁*/
  }
else
 {
  wait(NULL);
  lockf((int)fp,1,0);                       /*加锁*/
  for(i=0;i<10;i++)
  fprintf(fp,"parent %d\n",i);
  lockf((int)fp,0,0);                       /*解锁*/
  }
}
fclose(fp);
}
```

程序编译、运行后执行下面的 cat 命令:

```
cat  to_be_locked.txt
```

实验任务：写出 cat 命令的执行结果。

4.3.4 Windows 下的进程管理

1. 简单的控制台应用程序

实验 4.5 参考下面的操作步骤，创建一个名为“Hello,World”的应用程序，阅读该程序并完成实验任务。

“Hello,World”应用程序如下：

```
#include<iostream>

void main()
{
    std::cout<<"Hello,Windows"<<std::endl;
}
```

实验参考：① 在“开始”菜单中单击“程序”→“附件”→“记事本”命令，将“Hello，World”源程序输入到“记事本”中，并把代码保存为 Hello.cpp 文件。

② 在"开始"菜单中单击"程序"→"附件"→"命令提示符"命令，进入 Windows"命令提示符"窗口，利用简单的标准命令行创建可执行程序 Hello.exe：

```
C:\>CL Hello.cpp
```

③ 输入下列命令运行程序：

```
C:\>Hello
```

实验任务：写出程序的运行结果。

2. GUI 应用程序

在下面的实验 4.6 中，C++编译器创建一个 GUI 应用程序，代码中包括了 WinMain( ) 方法，这是 GUI 类型的应用程序的标准入口点。

实验 4.6 以下给出了一个 GUI 应用程序，阅读该程序并完成实验任务。

Windows 的 GUI 应用程序如下：

```
#include<windows.h>                          //标准的include

//告诉连接器与包括 MessageBox API 函数的 user32 库进行连接
#pragma comment(lib,"user32.lib")

//这是一个可以弹出信息框然后退出的简单的应用程序
int APIENTRY WinMain(HINSTANCE              /* hInstance */,
                     HINSTANCE              /* hPrevInstance */,
                     LPSTR                  /* lpCmdLine */,
                     int                    /* nCmdShow */)
{
    ::MessageBox(
      NULL,                                 //没有父窗口
      "Hello,Windows 2000",                 //消息框中的文本
      "Greetings",                          //消息框标题
      MB_OK);                               //其中只有一个 OK 按钮

    //返回 0 以便通知系统不进入消息循环
    return(0);
}
```

分析：在 GUI 应用程序中，首先需要 Windows.h 头文件，以便获得传送给 WinMain( ) 和 MessageBox( )API 函数的数据类型定义。

接着的 pragma 指令指示编译器/连接器找到 User32.lib 库文件并将其与产生的 EXE 文件连接起来。这样就可以运行简单的命令行命令 CL MsgBox.cpp 来创建这一应用程序，如果没有 pragma 指令，则 MessageBox( )API 函数就成为未定义的了。这一指令是 Visual Studio C++编译器特有的。

接下来是 WinMain( ) 方法。其中有 4 个由实际的低级入口点传递来的参数。

hInstance参数用来装入与代码相连的图标或位图一类的资源，无论何时，都可用GetModuleHandle() API函数将这些资源提取出来。系统利用实例句柄来指明代码和初始的数据装在内存的何处。句柄的数值实际上是EXE文件映像的基地址，通常为0x00400000。下一个参数hPrevInstance是为向后兼容而设的，现在系统将其设为NULL。应用程序的命令行(不包括程序的名称)是lpCmdLine参数。另外，系统利用nCmdShow参数告诉应用程序如何显示它的主窗口(选项包括最小化、最大化和正常)。

实验参考：① 在"开始"菜单中单击"程序"→"附件"→"记事本"命令，将清GUI应用程序输入到"记事本"中，并把代码保存为4-2.cpp文件。

② 在"命令提示符"窗口执行CL命令，产生可执行程序4-2.exe：

```
C:\>CL 4-2.cpp
```

③ 程序调用MessageBox( ) API函数并退出。如果在进入消息循环之前就结束运行，最后必须返回0。

实验任务：写出程序的运行结果。

3. 进程对象

操作系统将当前运行的应用程序看作是进程对象。利用系统提供的唯一的称为句柄(HANDLE)的号码，就可与进程对象交互。这一号码只对当前进程有效。

在系统中运行的任何进程都可调用GetCurrentProcess() API函数，此函数可返回标识进程本身的句柄。然后就可在Windows需要该进程的有关情况时，利用这一句柄来提供。

实验4.7 下面的源程序给出了一个简单的进程句柄的应用。将该程序输入到"记事本"中，并把代码保存为4-3.cpp文件。阅读该程序并完成实验任务。

```
#include<windows.h>
#include<iostream>

//确定自己的优先权的简单应用程序
void main()
{
  //从当前进程中提取句柄
  HANDLE hProcessThis=::GetCurrentProcess();

  //请求内核提供该进程所属的优先权类
  DWORD dwPriority=::GetPriorityClass(hProcessThis);

  //发出消息,为用户描述该类
  std::cout<<"Current process priority:";
  switch(dwPriority)
  {
    case HIGH_PRIORITY_CLASS:
      std::cout<<"High";
      break;
    case NORMAL_PRIORITY_CLASS:
```

```
            std::cout<<"Normal";
            break;
        case IDLE_PRIORITY_CLASS:
            std ::cout<<"Idle";
            break;
        case REALTIME_PRIORITY_CLASS:
            std ::cout<<"Realtime";
            break;
        default:
            std ::cout<<"<unknown>";
            break;
    }
    std ::cout<<std ::endl;
}
```

分析：上面源程序列出的是一种获得进程句柄的方法。对于进程句柄可进行的唯一有用的操作是在 API 调用时，将其作为参数传送给系统，正如程序中对 GetPriorityClass( ) API 函数的调用那样。在这种情况下，系统向进程对象内“窥视”，以决定其优先级，然后将此优先级返回给应用程序。

OpenProcess( )和 CreateProcess( )API 函数也可以用于提取进程句柄。前者提取的是已经存在的进程的句柄，而后者创建一个新进程，并将其句柄提供出来。

在“命令提示符”窗口运行 CL 命令，产生可执行程序 4-3.exe：

```
C:\>CL 4-3.cpp
```

实验任务：写出程序的运行结果。

实验 4.8 利用 CreateProcess( )函数创建一个子进程并且装入画图程序(mspaint.exe)。阅读该程序，完成实验任务。源程序如下：

```
#include <stdio.h>
#include <windows.h>
  int main(VOID)
  {  STARTUPINFO si;
     PROCESS_INFORMATION pi;
     ZeroMemory(&si,sizeof(si));
     si.cb=sizeof(si);
     ZeroMemory(&pi,sizeof(pi));
     if (!CreateProcess(NULL,
           "c:\WINDOWS\system32\mspaint.exe",
           NULL,
           NULL,
           FALSE,
           0,
           NULL,
           NULL,
```

```
        &si,&pi))
    { fprintf(stderr,"Creat Process Failed");
     return -1;
    }
    WaitForSingleObject(pi.hProcess,INFINITE);
    printf("child Complete");
    CloseHandle(pi.hProcess);
    CloseHandle(pi.hThread);
}
```

在"命令提示符"窗口运行 CL 命令产生可执行程序 4-4.exe：

```
C:\>CL 4-4.cpp
```

实验任务：写出程序的运行结果。

4. 正在运行的进程

实验 4.9 下面给出了一个使用进程和操作系统版本信息应用程序（文件名为 4-5.cpp），它利用进程信息查询的 API 函数 GetProcessVersion( )与 GetVersionEx( )的共同作用，确定运行进程的操作系统版本号。阅读该程序并完成实验任务。

```
# include<windows.h>
# include<iostream>

//利用进程和操作系统的版本信息的简单示例
void main()
{
    //提取这个进程的 ID 号
    DWORD dwIdThis=::GetCurrentProcessId();

    //获得这一进程和报告所需的版本，也可以发送 0 以便指明这一进程
    DWORD dwVerReq=::GetProcessVersion(dwIdThis);
    WORD wMajorReq=(WORD)dwVerReq>16);
    WORD wMinorReq=(WORD)dwVerReq & 0xffff);
    std::cout<<"Process ID:"<<dwIdThis
        <<",requires OS:"<<wMajorReq<<wMinorReq<<std::endl;

    //设置版本信息的数据结构，以便保存操作系统的版本信息
    OSVERSIONINFOEX osvix;
    ::ZeroMemory(&osvix,sizeof(osvix));
    osvix.dwOSVersionInfoSize=sizeof(osvix);

    //提取版本信息和报告
    ::GetVersionEx(reinterpret_cast<LPOSVERSIONINFO>(&osvix));
    std::cout<<"Running on OS:"<<osvix.dwMajorVersion<<"."
```

```
        <<osvix.dwMinorVersion<<std ::endl;

    //如果是 NTS(Windows 2000)系统,则提高其优先权
    if(osvix.dwPlatformld==VER_PLATFORM_WIN32_NT &&
      osvix.dwMajorVersion>=5)
    {
      //改变优先级
      ::SetPriorityClass(
          ::GetCurrentProcess(),                    //利用这一进程
          HIGH_PRIORITY_CLASS);                     //改变为 high

      //报告给用户
      std ::cout<<"Task Manager should now now indicate this"
          "process is high priority. "<<std ::endl;
    }
}
```

实验参考: ① 在 Visual C++窗口的工具栏中单击"打开"按钮,在"打开"对话框中找到并打开 4-5. cpp 源程序。

② 单击 Build 菜单中的 Compile 4-5. cpp 命令,再单击"是"按钮确认。系统对 4-5. cpp 源程序进行编译。

③ 编译完成后,单击 Build 菜单中的 Build 4-5. exe 命令,建立 4-5. exe 可执行文件。

④ 在工具栏单击 Execute Program(执行程序)按钮,执行 4-5. exe 程序。

实验任务: 写出程序运行后的以下几项结果。

当前 PID 信息________。

当前操作系统版本________。

系统提示信息________。

5. 终止进程

实验 4.10 下面给出了一个终止进程的应用程序(文件名为 4-6. cpp),它先创建一个子进程,然后命令它发出"自杀弹"互斥体去终止自身的运行。阅读该程序并完成实验任务。

```
# include<windows. h>
# include<iostream>
# include<stdio. h>
static LPCTSTR g_szMutexName="w2kdg. ProcTerm. mutex. Suicide";

//创建当前进程的克隆进程的简单方法
void StartClone()
{
    //提取当前可执行文件的文件名
    TCHAR szFilename [MAX_PATH];
    ::GetModuleFileName(NULL,szFilename,MAX_PATH);
```

```
    //格式化用于子进程的命令行,指明它是一个 EXE 文件和子进程
    TCHAR szCmdLine[MAX_PATH];
    ::sprintf(szCmdLine,"\"%s\"child",szFilename);

    //子进程的启动信息结构
    STARTUPINFO si;
    ::ZeroMemory(reinterpret_cast<void *>(&si),sizeof(si));
    si.cb=sizeof(si);                    //应当是此结构的大小

    //返回的用于子进程的进程信息
    PROCESS_INFORMATION pi;

    //用同样的可执行文件名和命令行创建进程,并指明它是一个子进程
    BOOL bCreateOK=::CreateProcess(
        szFilename,                      //产生的应用程序名称(本 EXE 文件)
        szCmdLine,                       //告诉人们这是一个子进程的标志
        NULL,                            //用于进程的默认的安全性
        NULL,                            //用于线程的默认安全性
        FALSE,                           //不继承句柄
        CREATE_NEW_CONSOLE,              //创建新窗口,使输出更直观
        NULL,                            //新环境
        NULL,                            //当前目录
        &si,                             //启动信息结构
        &pi );                           //返回的进程信息

    //释放指向子进程的引用
    if(bCreateOK)
    {
        ::CloseHandle(pi.hProcess);
        ::CloseHandle(pi.hThread);
    }
}
void Parent()
{
    //创建"自杀"互斥程序体
    HANDLE hMutexSuicide=::CreateMutex(
        NULL,                            //默认的安全性
        TRUE,                            //最初拥有的
        g_szMutexName);                  //为其命名
    if(hMutexSuicide !=NULL)
    {
        //创建子进程
        std::cout<<"Creating the child process."<<std::endl;
        ::StartClone();

        //暂停
```

```
            ::sleep(5000);

            //指令子进程“杀”掉自身
            std::cout<<"Telling the child process to quit. "<<std::endl;
            ::ReleaseMutex(hMutexSuicide);

            //消除句柄
            ::CloseHandle(hMutexSuicide);
        }
    }

    void Child()
    {
        //打开“自杀”互斥体
        HANDLE hMutexSuicide=::OpenMutex(
            SYNCHRONIZE,                //打开用于同步
            FALSE,                      //不需要向下传递
            g_szMutexName);             //名称
        if (hMutexSuicide !=NULL)
        {
            //报告正在等待指令
            std::cout<<"Child waiting for suicide instructions. "<<std::endl;
            ::WaitForSingleObject(hMutexSuicide,INFINITE);

            //准备好终止,清除句柄
            std::cout<<"Child quiting. "<<std::endl;
            ::CloseHandle(hMutexSuicide); ::sleep(1000);
        }
    }

    int main(int arqc,char * argv[] )
    {
        //决定其行为是父进程还是子进程
        if(argc>1 && ::strcmp(argv[1],"child")==0)
        {
            Child();
        }
        else
        {
            Parent();
        }
        return 0;
    }
```

分析：程序 4-6.cpp 说明了一个进程从“生”到“死”的整个一生。第一次执行时，它创建一个子进程，其行为如同“父亲”。在创建子进程之前，先创建一个互斥的内核对象，

其行为对于子进程来说，如同一个“自杀弹”。当创建子进程时，就打开了互斥体并在其他线程中进行别的处理工作，同时等待着父进程使用 ReleaseMutex( )API 发出“死亡”信号。然后用 Sleep( )API 调用来模拟父进程处理其他工作，等完成时，指令子进程终止。

当调用 ExitProcess( )时要小心，进程中的所有线程都被立刻通知停止。在设计应用程序时，必须让主线程在正常的 C++运行期关闭(这是由编译器提供的默认行为)之后来调用这一函数。当它转向受信状态时，通常可创建一个每个活动线程都可等待和停止的终止事件。

在正常的终止操作中，进程的每个工作线程都要终止，由主线程调用 ExitProcess( )。接着，管理层对进程增加的所有对象释放引用，并将用 GetExitCodeProcess( )建立的退出代码从 STILL_ACTIVE 改变为在 ExitProcess( )调用中返回的值。最后，主线程对象也如同进程对象一样转变为受信状态。

等到所有打开的句柄都关闭之后，管理层的对象管理器才销毁进程对象本身。还没有一种函数可取得终止后的进程对象为其参数，从而使其“复活”。当进程对象引用一个终止了的对象时，有好几个 API 函数仍然是有用的。进程可使用退出代码将终止方式通知给调用 GetExitCodeProcess( )的其他进程。同时，GetProcessTimes( )API 函数可向主调者显示进程的终止时间。

实验参考：① 在 Visual C++窗口的工具栏中单击“打开”按钮，在“打开”对话框中找到并打开 4-6. cpp 源程序。

② 单击 Build 菜单中的 Compile 4-6. cpp 命令，再单击“是”按钮确认。系统对 4-6. cpp 源程序进行编译。

③ 编译完成后，单击 Build 菜单中的 Build 4-6. exe 命令，建立 4-6. exe 可执行文件。

实验任务：写出程序的运行结果。

4.3.5 进程调度模拟算法

实验 4.11 设计一个有 N 个进程并行的进程调度程序。进程调度算法：采用最高优先数优先的调度算法(即把处理机分配给优先数最高的进程)。每个进程由一个进程控制块(PCB)表示。进程控制块可以包含如下信息：进程名、优先数、到达时间、需要运行时间、已用 CPU 时间、进程状态等。

分析：进程的优先数及需要的运行时间可以事先人为地指定(也可以由随机数产生)。进程的到达时间为进程输入的时间。

进程的运行时间以时间片为单位进行计算。

每个进程的状态可以是就绪 W(wait)、运行 R(run)或完成 F(finish)3 种状态之一。

就绪进程获得 CPU 后都只能运行一个时间片。用已占用 CPU 时间加 1 来表示。

如果运行一个时间片后，进程的已占用 CPU 时间已达到所需要的运行时间，则撤销该进程；如果运行一个时间片后进程的已占用 CPU 时间还未达所需要的运行时间，也就是进程还需要继续运行，此时应将进程的优先数减 1(即降低一级)，然后把它插入就绪队列等待 CPU。

每进行一次调度程序都打印一次运行进程、就绪队列以及各个进程的 PCB,以便进行检查。重复以上过程,直到所要进程都完成为止。

调度算法的流程图如图 4.1 所示。

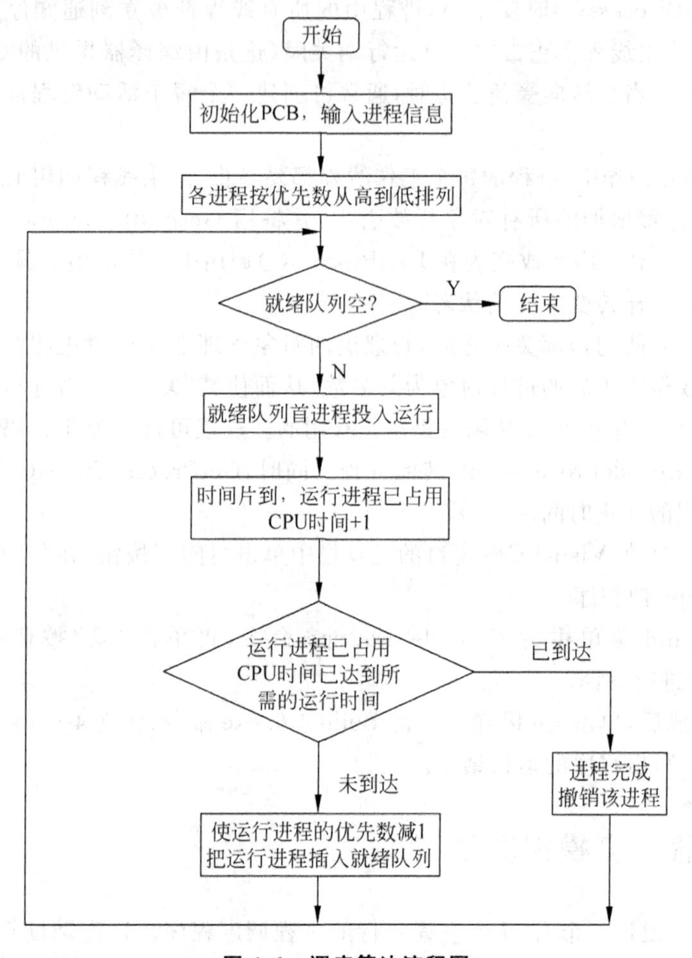

图 4.1 调度算法流程图

进程调度源程序如下(本程序在 VC++ 下运行)。阅读源程序,完成实验任务。

```
#include "stdio.h"
#include<stdlib.h>
#include<conio.h>
#define getpch(type)(type*)malloc(sizeof(type))
#define NULL 0
struct pcb {  /*定义进程控制块 PCB*/
char name[10];
char state;
int super;
int ntime;
int rtime;
```

```
struct pcb * link;
} * ready=NULL, * p;
typedef struct pcb PCB;

void sort()  /* 建立对进程进行优先级排列函数 */
{
PCB * first, * second;
int insert=0;
if((ready==NULL)||((p->super)>(ready->super)))  /* 优先级最大者,插入队首 */
{
p->link=ready;
ready=p;
}
else  /* 进程比较优先级,插入适当的位置中 */
{
first=ready;
second=first->link;
while(second!=NULL)
{
if((p->super)>(second->super))  /* 若插入进程比当前进程优先数大, */
{  /* 插入到当前进程前面 */
p->link=second;
first->link=p;
second=NULL;
insert=1;
}
else  /* 插入进程优先数最低,则插入到队尾 */
{
first=first->link;
second=second->link;
}
}
if(insert==0) first->link=p;  /* 插入进程优先数最低,则插入到队尾 */
}
}

void input()  /* 建立进程控制块函数 */
{
int i,num;
printf("\n 请输入进程个数");
scanf("%d",&num);
for(i=0;i<num;i++)
{
printf("\n 进程号 No. %d:\n",i);
p=getpch(PCB);
```

```
printf("\n 输入进程名:");
scanf("%s",p->name);
printf("\n 输入进程优先数:");
scanf("%d",&p->super);
printf("\n 输入进程运行时间:");
scanf("%d",&p->ntime);
printf("\n");
p->rtime=0;p->state='w';
p->link=NULL;
sort();  /*调用 sort 函数*/
}
}
int space()
{
int l=0;PCB* pr=ready;
while(pr!=NULL)
{
l++;
pr=pr->link;
}
return(l);
}
void disp(PCB * pr)  /*建立进程显示函数,用于显示当前进程*/
{
printf("\n qname \t state \t super \t ndtime \t runtime \n");
printf("|%s\t",pr->name);
printf("|%c\t",pr->state);
printf("|%d\t",pr->super);
printf("|%d\t",pr->ntime);
printf("|%d\t",pr->rtime);
printf("\n");
}
void check()  /*建立进程查看函数*/
{
PCB* pr;
printf("\n **** 当前正在运行的进程是:%s",p->name);  /*显示当前运行进程*/
disp(p);
pr=ready;
printf("\n **** 当前就绪队列状态为:\n");  /*显示就绪队列状态*/
while(pr!=NULL)
{
disp(pr);
pr=pr->link;
}
}
```

```
destroy()  /*建立进程撤销函数(进程运行结束,撤销进程)*/
{
printf("\n 进程 [%s] 已完成.\n",p->name);
free(p);
}
void running()  /*建立进程就绪函数(进程运行时间到,置就绪状态*/
{
(p->rtime)++;
if(p->rtime==p->ntime)
destroy();  /*调用 destroy 函数*/
else
{
(p->super)--;
p->state='w';
sort();  /*调用 sort 函数*/
}
}
void main()  /*主函数*/
{
int len,h=0;
char ch;
input();
len=space();
while((len!=0)&&(ready!=NULL))
{
ch=getchar();
h++;
printf("\n The execute number:%d \n",h);
p=ready;
ready=p->link;
p->link=NULL;
p->state='R';
check();
running();
printf("\n 按任一键继续......");
ch=getchar();
}
printf("\n\n 进程已经完成.\n");
ch=getchar();
}
```

实验任务:分析该程序,设计输入数入数据,写出程序的执行结果,如3个进程,分别为a33、b22、c11。

第5章 进程间通信

5.1 实验目的

1. 了解 Linux 系统中进程通信的基本原理。

2. 了解和熟悉 Linux 支持的管道通信、消息传送机制及共享存储机制。

5.2 预备知识

5.2.1 管道

UNIX 系统在 OS 的发展史上，最重要的贡献之一是首创了管道(pipe)。这也是 UNIX 系统的一大特色。

所谓管道，是指能够连接一个写进程和一个读进程的，并允许它们以生产者-消费者方式进行通信的一个共享文件，又称为 pipe 文件。由写进程从管道的写入端(fd[1])将数据写入管道，而读进程则从管道的读出端(fd[0])读出数据，如图 5.1 所示。

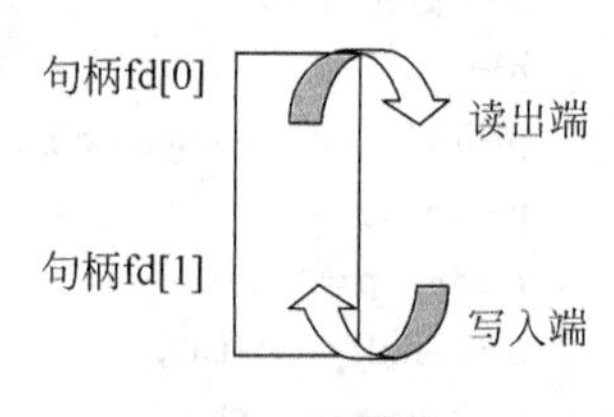

图 5.1 管道

5.2.2 消息

消息(message)是一个格式化的可变长的信息单元。消息机制允许由一个进程给其他任意的进程发送一个消息。当一个进程收到多个消息时，可将它们排成一个消息队列。消息使用两种重要的数据结构：一是消息首部，其中记录了一些与消息有关的信息，如消息数据的字节数；二是消息队列头表，其每一表项是作为一个消息队列的消息头，记录了消息队列的有关信息。

1. 消息机制的数据结构

(1) 消息首部

记录一些与消息有关的信息，如消息的类型、大小、指向消息数据区的指针、消息队列的链接指针等。

(2) 消息队列头表

每一项作为一个消息队列的消息头，记录了消息队列的有关信息如指向消息队列中第1个消息和指向最后一个消息的指针、队列中消息的数目、队列中消息数据的总字节数、队列所允许消息数据的最大字节总数，还有最近一次执行发送操作的进程标识符和时间、最近一次执行接收操作的进程标识符和时间等。

2. 消息队列的描述符

UNIX中，每一个消息队列都有一个称为关键字(key)的名字，是由用户指定的；消息队列有一消息队列描述符，其作用与用户文件描述符一样，也是为了方便用户和系统对消息队列的访问。

3. 涉及的系统调用

(1) msgget( )

创建一个消息，获得一个消息的描述符。操作系统内核是搜索消息队列头表，确定是否有指定名字的消息队列。若无，操作系统内核将分配一新的消息队列头，并对它进行初始化，然后给用户返回一个消息队列描述符，否则它只是检查消息队列的许可权便返回。

系统调用格式如下。

```
msgqid=msgget(key,flag)
```

该函数使用头文件如下。

```
#include<sys/types.h>
#include<sys/ipc.h>
#include<sys/msg.h>
```

参数定义如下。

```
int msgget(key,flag)
key_t key;
int flag;
```

其中：

- key是用户指定的消息队列的名字。
- flag是用户设置的标志和访问方式。

例如：

```
IPC_CREAT |0400      是否该队列已被创建，无则创建，是则打开；
IPC_EXCL |0400       是否该队列的创建应是互斥的。
```

• msgqid 是该系统调用返回的描述符,失败则返回－1。

(2) msgsnd( )

发送一消息。向指定的消息队列发送一个消息,并将该消息链接到该消息队列的尾部。

系统调用格式如下。

```
msgsnd(msgqid,msgp,size,flag)
```

该函数使用头文件如下。

```
#include<sys/types.h>
#include<sys/ipc.h>
#include<sys/msg.h>
```

参数定义如下。

```
int msgsnd(msgqid,msgp,size,flag)
int msgqid,size,flag;
struct msgbuf * msgp;
```

其中：msgqid 是返回消息队列的描述符；msgp 是指向用户消息缓冲区的一个结构体指针。缓冲区中包括消息类型和消息正文,即：

```
{
    long mtype;            /* 消息类型 */
    char mtext[];          /* 消息的文本 */
}
```

size 指示由 msgp 指向的数据结构中字符数组的长度；即消息的长度。这个数组的最大值由 MSG-MAX( )系统可调用参数来确定。flag 规定当操作系统内核用尽内部缓冲空间时应执行的动作：进程是等待还是立即返回。若在标志 flag 中未设置 IPC_NOWAIT 位,则当该消息队列中的字节数超过最大值时,或系统范围的消息数超过某一最大值时,调用 msgsnd 进程睡眠；若是设置 IPC_NOWAIT,则在此情况下,msgsnd 立即返回。

对于 msgsnd( ),操作系统内核须完成以下工作：

① 对消息队列的描述符和许可权及消息长度等进行检查。若合法才继续执行,否则返回。

② 操作系统内核为消息分配消息数据区。将用户消息缓冲区中的消息正文复制到消息数据区。

③ 分配消息首部,并将它链入消息队列的末尾。在消息首部中须填写消息类型、消息大小和指向消息数据区的指针等数据。

④ 修改消息队列头中的数据,如队列中的消息数、字节总数等。最后,唤醒等待消息的进程。

(3) msgrcv( )

接受一消息。从指定的消息队列中接收指定类型的消息。

系统调用格式如下。

```
msgrcv(msgqid,msgp,size,type,flag)
```

本函数使用的头文件如下。

```
#include<sys/types.h>
#include<sys/ipc.h>
#include<sys/msg.h>
```

参数定义如下。

```
int msgrcv(msgqid,msgp,size,type,flag)
int msgqid,size,flag;
struct msgbuf * msgp;
long type;
```

其中：msgqid、msgp、size、flag 与 msgsnd 中的对应参数相似，type 是规定要读的消息类型，flag 规定倘若该队列无消息，操作系统内核应做的操作。如此时设置了 IPC_NOWAIT 标志，则立即返回；若在 flag 中设置了 MS_NOERROR，且所接收的消息大于 size，则核心截断所接收的消息。

对于 msgrcv 系统调用，操作系统内核须完成下述工作：

① 对消息队列的描述符和许可权等进行检查。若合法，就往下执行；否则返回；

② 根据 type 的不同分成以下 3 种情况处理。

- type=0　接收该队列的第 1 个消息，并将它返回给调用者。
- type 为正整数　接收类型 type 的第 1 个消息。
- type 为负整数　接收小于等于 type 绝对值的最低类型的第 1 个消息。

③ 当所返回消息大小等于或小于用户的请求时，操作系统内核便将消息正文拷贝到用户区，并从消息队列中删除此消息，然后唤醒睡眠的发送进程。但如果消息长度比用户要求的大时，则做出错返回。

(4) msgctl( )

消息队列的操纵。读取消息队列的状态信息并进行修改，如查询消息队列描述符、修改它的许可权及删除该队列等。

系统调用格式如下。

```
msgctl(msgqid,cmd,buf)
```

本函数使用的头文件如下。

```
#include<sys/types.h>
#include<sys/ipc.h>
#include<sys/msg.h>
```

参数定义如下

```
int msgctl(msgqid,cmd,buf);
int msgqid,cmd;
struct msgqid_ds * buf;
```

其中：函数调用成功时返回 0，不成功则返回−1。buf 是用户缓冲区地址，供用户存放控制参数和查询结果；cmd 是规定的命令。命令可分 3 类：

- IPC_STAT　查询有关消息队列情况的命令。如查询队列中的消息数目、队列中的最大字节数、最后一个发送消息的进程标识符、发送时间等。
- IPC_SET　按 buf 指向的结构中的值，设置和改变有关消息队列属性的命令。如改变消息队列的用户标识符、消息队列的许可权等。
- IPC_RMID　删除消息队列的标识符。

msgqid_ds　结构定义如下。

```
struct msgqid_ds
   { struct ipc_perm msg_perm;         /* 许可权结构 */
     short   pad1[7];                  /* 由系统使用 */
     ushort msg_qnum;                  /* 队列上消息数 */
     ushort msg_qbytes;                /* 队列上最大字节数 */
     ushort msg_lspid;                 /* 最后发送消息的 PID */
     ushort msg_lrpid;                 /* 最后接收消息的 PID */
     time_t msg_stime;                 /* 最后发送消息的时间 */
     time_t msg_rtime;                 /* 最后接收消息的时间 */
     time_t msg_ctime;                 /* 最后更改时间 */
   };
struct   ipc_perm
  {   ushort uid;                      /* 当前用户 */
      ushort gid;                      /* 当前进程组 */
      ushort cuid;                     /* 创建用户 */
      ushort cgid;                     /* 创建进程组 */
      ushort mode;                     /* 存取许可权 */
      { short pid1;long pad2;}         /* 由系统使用 */
  }
```

5.2.3　共享内存

1. 共享内存

共享内存是 UNIX/Linux 系统中通信速度最高的一种通信机制。该机制可使若干进程共享主存中的某一个区域，且使该区域出现(映射)在多个进程的虚地址空间中。另一方面，一个进程的虚地址空间中又可链接多个共享存储区，每个共享存储区都有自己的名字。当进程间欲利用共享存储区进行通信时，必须先在主存中建立一共享存储区，然后将它附接到自己的虚地址空间上。此后，进程对该区的访问操作，与对其虚地址空间的其他部分的操作完全相同。进程之间便可通过对共享存储区中数据的读、写来进行直接通信。图 5.2 列出两个进程通过共享一个共享存储区来进行通信的例子。其中，进程 A 将建立的共享存储区附接到自己的 AA′区域，进程 B 将它附接到自己的 BB′区域。

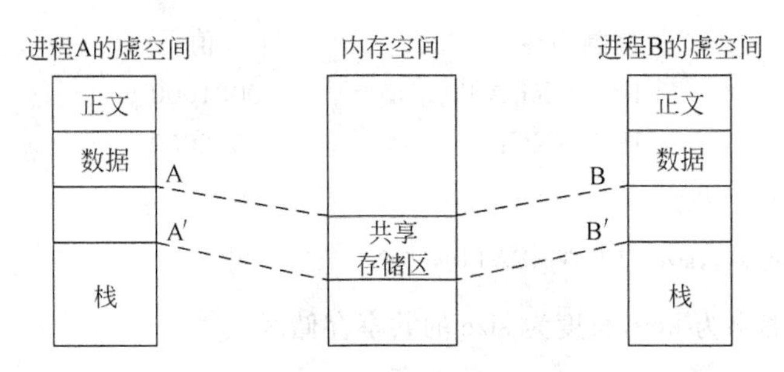

图 5.2 两个进程共享一个共享存储区

应当指出，共享存储区机制只为进程提供了用于实现通信的共享存储区和对共享存储区进行操作的手段，然而并未提供对该区进行互斥访问及进程同步的措施。因而当用户需要使用该机制时，必须自己设置同步和互斥措施才能保证实现正确的通信。

2. 涉及的系统调用

(1) shmget( )

创建、获得一个共享存储区。

系统调用格式如下。

```
shmid=shmget(key,size,flag)
```

该函数使用头文件如下。

```
#include<sys/types.h>
#include<sys/ipc.h>
#include<sys/shm.h>
```

参数定义如下。

```
int shmget(key,size,flag);
key_t key;
int size,flag;
```

其中：key 是共享存储区的名字；size 是其大小(以字节计)；flag 是用户设置的标志，如 IPC_CREAT。IPC_CREAT 表示若系统中尚无指名的共享存储区，则由操作系统内核建立一个共享存储区；若系统中已有共享存储区，便忽略 IPC_CREAT。

flag 取值如下：

操作允许权	八进制数
用户可读	00400
用户可写	00200
小组可读	00040
小组可写	00020
其他可读	00004
其他可写	00002

控制命令	值
IPC_CREAT	0001000
IPC_EXCL	0002000

例 5.1

```
shmid=shmget(key,size,(IPC_CREAT|0400))
```

创建一个关键字为 key,长度为 size 的共享存储区。

(2) shmat( )

共享存储区的附接。从逻辑上将一个共享存储区附接到进程的虚拟地址空间上。

系统调用格式如下。

```
virtaddr=shmat(shmid,addr,flag)
```

该函数使用头文件如下。

```
#include<sys/types.h>
#include<sys/ipc.h>
#include<sys/shm.h>
```

参数定义如下。

```
char * shmat(shmid,addr,flag);
int shmid,flag;
char * addr;
```

其中：shmid 是共享存储区的标识符；addr 是用户给定的,将共享存储区附接到进程的虚地址空间；flag 规定共享存储区的读、写权限,以及系统是否应对用户规定的地址做舍入操作。其值为 SHM_RDONLY 时,表示只能读；其值为 0 时,表示可读、可写；其值为 SHM_RND(取整)时,表示操作系统在必要时舍去这个地址。该系统调用的返回值是共享存储区所附接到的进程虚地址 viraddr。

(3) shmdt( )

把一个共享存储区从指定进程的虚地址空间断开。

系统调用格式如下。

```
shmdt(addr)
```

该函数使用头文件如下。

```
#include<sys/types.h>
#include<sys/ipc.h>
#include<sys/shm.h>
```

参数定义如下。

```
int shmdt(addr);
char addr;
```

其中：addr 是要断开连接的虚地址,亦即以前由连接的系统调用 shmat( )所返回的虚地址。调用成功时，返回0值，调用不成功，返回－1。

(4) shmctl( )

共享存储区的控制，对其状态信息进行读取和修改。

系统调用格式如下。

```
shmctl(shmid,cmd,buf)
```

该函数使用头文件如下。

```
#include<sys/types.h>
#include<sys/ipc.h>
#include<sys/shm.h>
```

参数定义如下。

```
int shmctl(shmid,cmd,buf);
int shmid,cmd;
struct shmid_ds *buf;
```

其中：buf是用户缓冲区地址，cmd是操作命令。命令可分为多种类型：

- 用于查询有关共享存储区的情况。如其长度、当前连接的进程数、共享区的创建者标识符等；
- 用于设置或改变共享存储区的属性。如共享存储区的许可权、当前连接的进程计数等；
- 对共享存储区的加锁和解锁命令；
- 删除共享存储区标识符等。

上述的查询是将shmid所指示的数据结构中的有关成员，放入所指示的缓冲区中；而设置是用由buf所指示的缓冲区内容来设置由shmid所指示的数据结构中的相应成员。

5.2.4 信号机制

1. 信号的基本概念

每个信号都对应一个正整数常量(称为signal number，即信号编号。定义在系统头文件<signal.h>中)，代表同一用户的诸进程之间传送事先约定的信息的类型，用于通知某进程发生了某异常事件。每个进程在运行时，都要通过信号机制来检查是否有信号到达。若有，便中断正在执行的程序，转向与该信号相对应的处理程序，以完成对该事件的处理；处理结束后再返回到原来的断点继续执行。实质上，信号机制是对中断机制的一种模拟，故在早期的UNIX版本中又把它称为软中断。

信号与中断的相似点如下。

(1) 采用了相同的异步通信方式。

(2) 当检测出有信号或中断请求时，都暂停正在执行的程序而转去执行相应的处理程序。

(3) 都在处理完毕后返回到原来的断点。

(4) 对信号或中断都可进行屏蔽。

信号与中断的区别如下。

(1) 中断有优先级,而信号没有优先级,所有的信号都是平等的。

(2) 信号处理程序是在用户态下运行的,而中断处理程序是在核心态下运行。

(3) 中断响应是及时的,而信号响应通常都有较大的时间延迟。

信号机制具有以下3方面的功能。

(1) 发送信号。发送信号的程序用系统调用 kill( )实现。

(2) 预置对信号的处理方式。接收信号的程序用 signal( )来实现对处理方式的预置。

(3) 收受信号的进程按事先的规定完成对相应事件的处理。

2. 信号的发送

信号的发送,是指由发送进程把信号送到指定进程的信号域的某一位上。如果目标进程正在一个可被中断的优先级上睡眠,核心便将它唤醒,发送进程就此结束。一个进程可能在其信号域中有多个位被置位,代表有多种类型的信号到达,但对于一类信号,进程却只能记住其中的某一个。

进程用 kill( )向一个进程或一组进程发送一个信号。

3. 对信号的处理

当一个进程要进入或退出一个低优先级睡眠状态时,或一个进程即将从核心态返回用户态时,核心都要检查该进程是否已收到软中断。当进程处于核心态时,即使收到软中断也不予理睬;只有当它返回到用户态后,才处理软中断信号。对软中断信号的处理分三种情况进行:

(1) 如果进程收到的软中断是一个已决定要忽略的信号(function=1),进程不做任何处理便立即返回。

(2) 进程收到软中断后便退出(function=0)。

(3) 执行用户设置的软中断处理程序。

4. 所涉及的中断调用

(1) kill( )

系统调用格式如下。

```
int kill(pid,sig)
```

参数定义如下。

```
int pid,sig;
```

其中:pid 是一个或一组进程的标识符,参数 sig 是要发送的软中断信号。

pid>0 时，核心将信号发送给进程 pid。

pid=0 时，核心将信号发送给与发送进程同组的所有进程。

pid=-1 时，核心将信号发送给除了进程 1 和自身以外的所有进程。

(2) signal( )

预置对信号的处理方式，允许调用进程控制软中断信号。

系统调用格式如下。

```
signal(sig,function)
```

头文件如下。

```
#include<signal.h>
```

参数定义如下。

```
signal(sig,function)
int sig;
void ( * func) ( )
```

其中 sig 用于指定信号的类型，sig 为 0 则表示没有收到任何信号，余者如表 5.1 所示。

表 5.1 信号说明

值	名 字	说 明
01	SIGHUP	挂起(hangup)
02	SIGINT	中断，当用户从键盘按 Ctrl+C 键或 Ctrl+Break 键时
03	SIGQUIT	退出，当用户从键盘按 Ctrl+\键时
04	SIGILL	非法指令
05	SIGTRAP	跟踪陷阱(trace trap)，启动进程，跟踪代码的执行
06	SIGIOT	IOT 指令
07	SIGEMT	EMT 指令
08	SIGFPE	浮点运算溢出
09	SIGKILL	杀死、终止进程
10	SIGBUS	总线错误
11	SIGSEGV	段违例(segmentation violation)，进程试图去访问其虚地址空间以外的位置
12	SIGSYS	系统调用中参数错，如系统调用号非法
13	SIGPIPE	向某个非读管道中写入数据
14	SIGALRM	闹钟。当某进程希望在某时间后接收信号时发此信号
15	SIGTERM	软件终止(software termination)
16	SIGUSR1	用户自定义信号 1
17	SIGUSR2	用户自定义信号 2
18	SIGCLD	某个子进程死
19	SIGPWR	电源故障

其中：function 为在该进程中的一个函数地址。在操作系统内核返回用户态时，它以软中断信号的序号作为参数调用该函数，对除了信号 SIGKILL、SIGTRAP 和 SIGPWR 以

外的信号，操作系统内核自动地重新设置软中断信号处理程序的值为 SIG_DFL，一个进程不能捕获 SIGKILL 信号。

function 的解释如下：

- function＝1 时，进程对 sig 类信号不予理睬，亦即屏蔽了该类信号。
- function＝0 时，默认值，进程在收到 sig 信号后应终止自己。
- function 为非 0 且非 1 类整数时，function 的值即作为信号处理程序的指针。

5.3 实验内容

5.3.1 进程的管道通信

实验 5.1 下面程序实现进程的管道通信。使用系统调用 pipe( )建立一条管道线；两个子进程 P1 和 P2 分别向管道中写一句话：

Child 1 is sending a message!
Child 2 is sending a message!

而父进程则从管道中读出来自于两个子进程的信息，显示在屏幕上。阅读源程序，完成实验任务。

```
#include<unistd.h>
#include<signal.h>
#include<stdio.h>
int pid1,pid2;

main( )
{
int fd[2];
char outpipe[100],inpipe[100];
pipe(fd);                          /* 创建一个管道 */
while ((pid1=fork( ))==-1);
if(pid1==0)
  {
  lockf(fd[1],1,0);
    sprintf(outpipe,"child 1 process is sending message!");
    /* 把串放入数组 outpipe 中 */
    write(fd[1],outpipe,50);       /* 向管道写长为 50 字节的串 */
    sleep(5);                      /* 自我阻塞 5 秒 */
    lockf(fd[1],0,0);
    exit(0);
  }
else
  {
```

```
    while((pid2=fork())==-1);
    if(pid2==0)
      { lockf(fd[1],1,0);              /*互斥*/
        sprintf(outpipe,"child 2 process is sending message!");
        write(fd[1],outpipe,50);
        sleep(5);
        lockf(fd[1],0,0);
        exit(0);
      }
     else
      {  wait(0);                     /*同步*/
         read(fd[0],inpipe,50);       /*从管道中读长为50字节的串*/
         printf("%s\n",inpipe);
         wait(0);
         read(fd[0],inpipe,50);
         printf("%s\n",inpipe);
         exit(0);
      }
  }
}
```

实验任务：解释程序中 sleep(5)语句的作用。

5.3.2 消息的创建、发送和接收

实验 5.2 使用系统调用 msgget( )、msgsnd( )、msgrev( )及 msgctl( )编制一长度为 1KB 的消息的发送和接收程序。阅读源程序，完成实验任务。

```
#include<stdio.h>
#include<sys/types.h>
#include<sys/msg.h>
#include<sys/ipc.h>
#define MSGKEY 75                             /*定义关键词 MEGKEY*/
struct msgform                                /*消息结构*/
{
    long mtype;
    char mtext[1030];                         /*文本长度*/
}msg;
int msgqid,i;

void CLIENT( )
{
    msgqid=msgget(MSGKEY,0777);
    for(i=10;i>=1;i--)
```

```
    {
        msg.mtype=i;
        printf("(client)sent\n");
        msgsnd(msgqid,&msg,1024,0);           /*发送消息 msg 入 msgid 消息队列*/
    }
    exit(0);
}


void SERVER( )
{
  msgqid=msgget(MSGKEY,0777|IPC_CREAT);   /*由关键字获得消息队列*/
  do
  {
     msgrcv(msgqid,&msg,1030,0,0);         /*从队列 msgid 接收消息 msg*/
     printf("(server)receive\n");
  }while(msg.mtype!=1);                    /*消息类型为1时,释放队列*/
   msgctl(msgqid,IPC_RMID,0);              /*删除消息队列,归还资源*/
   exit(0);
}


main()
{
  if(fork()) SERVER();
  if(fork()) CLIENT( );
  wait(0);
  wait(0);
}
```

实验任务:写出并分析程序运行结果。

5.3.3 共享存储区的创建、附接和段接

实验 5.3 使用系统调用 shmget( )、shmat( )、shmdt( )和 shmctl( ),编制一个与实验 5.2 功能相同的程序。

参考程序如下:

```
#include<sys/types.h>
#include<sys/msg.h>
#include<sys/ipc.h>
#define SHMKEY 75                          /*定义共享区关键词*/
int shmid,i;
int *addr;
```

```
CLIENT()
{
    int i;
    shmid=shmget(SHMKEY,1024,0777); /* 打开共享存储区,长度1024,关键词SHMKEY */
    addr=(int *)shmat(shmid,0,0);   /* 将共享内存映射到调用进程的地址空间,共享区
                                       起始地址为addr */
    for(i=9;i>=0;i--)
    {
        while(*addr!=-1);           /* 取得-1时,server空闲,可发送请求。等待
                                       server端再次空闲 */
        printf("(client)sent\n");   /* 打印(client)sent */
        *addr=i;                    /* 把i赋给addr */
    }
    exit(0);
}

SERVER()
{
    shmid=shmget(SHMKEY,1024,0777|IPC_CREAT); /* 创建共享区,返回共享区标识
                                                 符 */
    addr=(int *)shmat(shmid,0,0);   /* 共享区起始地址为addr */

    do
    {
        *addr=-1;                   /* 第1个字节置为-1,作为数据空的标志 */
        while(*addr==-1);           /* 等待其他进程发来消息,该值变化时,表示收到
                                       了消息 */
        printf("(server)received\n"); /* 服务进程使用共享区 */
    }
    while(*addr);                   /* 值为0,则循环结束 */
    shmctl(shmid,IPC_RMID,0);       /* 删除共享区标识符,撤销共享区,归还资源 */
    exit(0);
    }

main()
{
    if(fork())SERVER();
    system("ipcs -m");              /* 查看共享区的情况 */
    if(fork())CLIENT();
    wait(0);
    wait(0);
}
```

实验任务：写出并分析程序运行结果。

5.3.4 消息队列和共享存储区性能比较

由于两种机制实现的机理和用途都不一样，难以直接进行时间上的比较。如果比较其性能，应更加全面的分析。

(1) 消息队列的建立比共享区的设立消耗的资源少。前者只是一个软件上设定的问题；后者需要对硬件的操作来实现内存的映像，当然控制起来比前者复杂。如果每次都重新进行队列或共享的建立，共享区的设立没有什么优势。

(2) 当消息队列和共享区建立好后，共享区的数据传输，受到了系统硬件的支持，不耗费多余的资源；而消息传递，由软件进行控制和实现，需要消耗一定的CPU的资源。从这个意义上讲，共享区更适合频繁和大量的数据传输。

(3) 消息的传递自身就带有同步的控制。当等待消息的时候，进程进入睡眠状态，不再消耗CPU资源。而共享队列如果不借助其他机制进行同步，接收数据的一方必须进行不断的查询，白白浪费了大量的CPU资源。可见，消息方式的使用更加灵活。

5.3.5 信号机制举例

实验 5.4 编写程序：用 fork( )创建两个子进程，再用系统调用 signal( )让父进程捕捉键盘上来的中断信号(即按 Ctrl+C 键)；捕捉到中断信号后，父进程用系统调用 kill( )向 2 个子进程发出信号，子进程捕捉到信号后分别输出下列信息后终止：

```
Child process1 is killed by parent!
Child process2 is killed by parent!
```

父进程等待两个子进程终止后，输出如下的信息后终止：

```
Parent process is killed!
```

参考程序如下：

```
#include<stdio.h>
#include<signal.h>
#include<unistd.h>
void waiting( ),stop( );
int wait_mark;
main( )
  {
      int p1,p2,stdout;
      while((p1=fork( ))==-1);          /*创建子进程 p1*/
      if (p1>0)
        {
            while((p2=fork( ))==-1); /*创建子进程 p2*/
            if(p2>0)
              {
```

```
                wait_mark=1;
                signal(SIGINT,stop);        /* 接收到 Ctrl+C 信号,转 stop */
                waiting( );
                kill(p1,16);                /* 向 p1 发软中断信号 16 */
                kill(p2,17);                /* 向 p2 发软中断信号 17 */
                wait(0);                    /* 同步 */
                wait(0);
                printf("Parent process is killed! \n");
                exit(0);
            }
        else
            {
                wait_mark=1;
                signal(17,stop);            /* 接收到软中断信号 17,转 stop */
                signal(SIGINT,stop);
                waiting( );
                lockf(1,1,0);
                printf("Child process 2 is killed by parent! \n");
                lockf(1,0,0);
                exit(0);
            }
    }
else
    {
        wait_mark=1;
        signal(16,stop);
        signal(SIGINT,stop);                /* 接收到软中断信号 16,转 stop */
        waiting( );
        lockf(1,1,0);
        printf("Child process 1 is killed by parent! \n");
        lockf(1,0,0);
        exit(0);
    }
}

void waiting( )
{
    while(wait_mark!=0);
}

void stop( )
  {
    wait_mark=0;
  }
```

实验任务：写出并分析程序运行结果。

第6章 进程(或线程)同步与多线程编程

6.1 实验目的

1. 了解 Linux 系统中进程(或线程)同步的基本原理。
2. 了解和熟悉 Linux 多线程编程及线程访问控制。

6.2 预备知识

6.2.1 进程(或线程)同步概述

1. 信号量

多进程的系统中避免不了进程间的相互关系。本节介绍进程间的两种主要关系——同步与互斥,然后着重讲解解决进程同步的机制。

进程互斥是进程之间发生的一种间接性作用,通常的情况是两个或两个以上的进程需要同时访问某个共享变量。所谓临界区就是访问和操作共享数据的代码段。两个进程不能同时进入临界区,否则就会导致数据的不一致,产生与时间有关的错误。解决互斥问题应该满足互斥和公平两个原则,即任意时刻只能允许一个进程处于同一共享变量的临界区,而且不能让任一进程无限期地等待。

进程同步是进程之间直接的相互作用,是合作进程间有意识的行为。典型的例子是公共汽车上司机与售票员的合作,如图 6.1 所示。

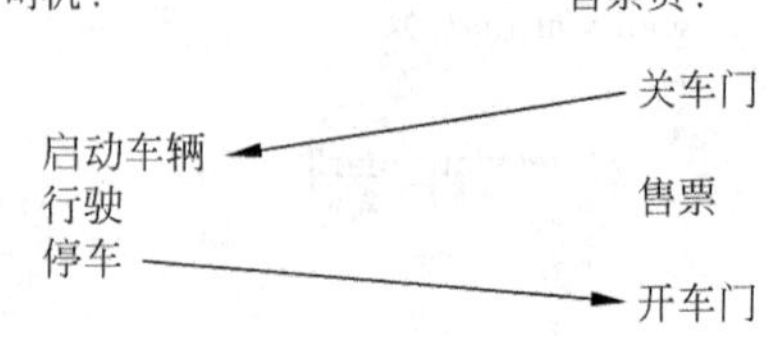

图 6.1　司机与售票员的合作

只有当售票员关门之后司机才能启动车辆,只有司机停车之后售票员才能开车门。司机和售票员的行动需要一定的协调。同样地,两个进程之间有时也有这样的依赖关系,因此也需要有一定的同步机制保证它们的执行次序。

下面详细介绍用信号量解决进程同步问题。为了实现这样的信号量,将信号量定义如下:

```
typedef struct
{ int value;
  struct process * L;
} semaphore;
```

每个信号量都有一个整数值和一个进程链表。当一个进程必须等待信号量时,就加入到进程链表上。

信号量只能通过两个原子操作 wait(P 操作)和 signal(V 操作)来访问。

wait 操作定义如下:

```
void wait(semaphore S)
{ S.value --;
  if (S.value<0)
   {add this process to S.L;
     block();
     }
}
```

signal 操作定义如下:

```
void signal(semaphore S)
{ S.value ++;
  if (S.value<=0)
   {remove a process from S.L;
     wakeup(P);
     }
}
```

当一个进程执行 wait 操作时,发现信号量值不为正,则它必须等待。然而,该进程不是忙等而是阻塞自己。阻塞操作将进程放入到与信号量相关的等待队列中,且该进程的状态被切换成等待状态。接着,控制被转到 CPU 调度程序,以选择另一个进程来执行。

一个进程阻塞且等待信号量 S,可以在其他进程执行 signal 操作之后被重新执行。该进程的重新执行是通过 wakeup 操作来进行的,该操作将进程从等待状态切换到就绪状态。接着,该进程被放入到就绪队列中(根据 CPU 调度算法的不同,CPU 有可能会或不会从运行进程切换到刚刚就绪的进程)。

信号量的关键之处是它们原子地执行。必须确保没有两个进程同时对同一信号量执行操作 wait 和 signal。

当信号量用于互斥操作时,几个进程往往只设置一个信号量。

当信号量用于同步操作时,会设置多个信号量,并安排不同的初始值来实现它们之间的顺序执行。

2. Linux 中信号量的函数说明

Linux 实现了 POSIX 的无名信号量，主要用于线程之间的互斥同步。以下是几个常用函数。

(1) sem_init( )

用于创建一个信号量，并能初始化它的值。

函数调用格式如下。

```
int sem_init(sem_t * sem,int pshared,unsigned int value)
```

该函数使用头文件如下。

```
#include<semaphore.h>
```

参数定义如下。

- sem　信号量。
- pshared　决定信号量能否在几个进程间共享。由于目前 Linux 还没有实现进程间共享信号量，所以这个值只能够取 0。
- value　信号量初始化值。

函数返回值如下。

- 0　成功。
- −1　出错。

(2) sem_wait( )等

函数调用格式如下。

```
int sem_wait(sem_t * sem)   相当于 wait 操作
int sem_post(sem_t * sem)   相当于 signal 操作
int sem_getvalue(sem_t * sem)   用于得到信号量的值
int sem_destroy(sem_t * sem)   用于删除信号量
```

该函数使用头文件如下。

```
#include<pthread.h>
```

参数定义如下。

- sem　信号量。

函数返回值如下。

- 0　成功。
- −1　出错。

6.2.2 线程概述

1. 线程

进程是系统中程序执行和资源分配的基本单位。每个进程都拥有自己的数据段、代码段和堆栈段，为了减少进程在上下文切换时的开销，进程在演化中出现了另一个概念——线程。它是一个进程内的基本调度单位，也可以称为轻量级进程。线程是在共享内存空间中并发的多道执行路径，它们共享一个进程的资源，大大减少了上下文切换时的开销。

一个进程可以有多个线程，也就是有多个线程控制表和堆栈寄存器，但却共享一个用户地址空间。要注意的是，由于线程共享了进程的资源和地址空间，因此，任何线程对系统资源的操作都会给其他线程带来影响。

2. 线程分类

线程按其调度者可以分为用户级线程和内核级线程。

(1) 用户级线程

用户级线程主要解决的是上下文切换的问题，它的调度算法和调度过程全部由用户选择决定，在运行时不需要特定的内核支持。在这里，操作系统往往会提供一个用户空间的线程库，该线程库提供了线程的创建、调度、撤销等功能，而内核仍然仅对进程进行管理。如果一个进程中的某一个线程调用了一个阻塞的系统调用，那么该进程包括该进程中的其他所有线程也同时被阻塞。这种用户级线程的主要缺点是在一个进程中的多个线程的调度中无法发挥多处理器的优势。

(2) 核心级线程

这种线程允许不同进程中的线程按照同一相对优先级方法进行调度，这样就可以发挥对处理器的并发优势。

现在大多数系统都采用用户级线程和核心级线程并存的方法。用户级线程可以对应一个或几个核心级线程，也就是"一对一"、"一对多"、"多对多"模型。

3. Linux 线程技术的发展

在 Linux 中，线程技术也经过了一代代的发展过程。

在 Linux2.2 内核中，并不存在真正意义上的线程。当时 Linux 中常用的线程 pthread 实际上是通过进程来模拟的，也就是说 Linux 中的线程也是通过 fork 创建的"轻"进程，并且线程的个数也很有限，最多只能有 4096 个进程/线程同时运行。

Linux2.4 内核消除了这个线程个数的限制，并且允许在系统运行中动态地调整进程数上限。当时采用的是 Linux Thread 线程库，它对应的线程模型是"一对一"模型，也就是一个用户级线程对应一个内核线程，而线程之间的管理在内核外函数库中实现。这种线程模型得到了广泛应用。但是，Linux Thread 也由于 Linux 内核的限制以及实现难度等原因，并不是完全与 POSIX 兼容。另外，它的进程 ID、信号处理、线程总数、同步等各方面都还有诸多的问题。

为了解决以上问题，在 Linux2.6 内核中，进程调度通过重新编写，删除了以前版本中效率不高的算法。内核线程框架也被重新编写，开始使用 NPTL(Native POSIX Thread Library)线程库。这个线程库有以下几点设计目标：POSIX 兼容性、多处理器结构的应用、低启动开销、低链接开销、与 Linux Thread 应用的二进制兼容性、软硬件的可扩展能力、与 C++集成等。这一切都使得 Linux2.6 内核的线程机制更加完备,能够更好地完成其设计目标。与此不同,NPTL 没有使用管理线程,核心线程的管理直接放在内核进行,这也带来了性能的优化。由于 NPTL 仍然采用 1∶1 的线程模型,NPTL 仍然不是 POSIX 完全兼容的,但就性能而言相对 Linux Thread 已经有很大程度上的改进。

4. Linux 线程函数实现

这里的线程操作都是用户空间线程的操作。在 Linux 中,一般 pthread 线程库是一套通用的线程库,是由 POSIX 提出的,因此具有很好的可移植性。

(1) pthread_create

用于创建一个线程,即确定调用该线程函数的入口点。

函数调用格式如下。

```
int pthread_create (pthread_t * thread,pthread_attr_t * attr,void * (* start_routine),void * arg)
```

该函数使用头文件如下。

```
#include<pthread.h>
```

参数定义如下。

- thread　线程标识符。
- attr　线程属性设置。
- start_routine　线程函数起始地址。
- arg　传递给 start_routine 的参数。

函数返回值:

- 0　成功。
- −1　出错。

(2) pthread_exit

用于退出线程。

函数调用格式如下。

```
void pthread_exit (void * retval)
```

该函数使用头文件如下。

```
#include<pthread.h>
```

(3) pthread_join

用于将当前线程挂起,等待线程的结束。

函数调用格式如下。

```
int pthread_join (pthread_t th,void ** thread_return)
```

该函数使用头文件如下。

```
#include<pthread.h>
```

参数定义如下。

- th　被等待线程的标识符。
- thread_return　被等待线程的返回值。

函数返回值如下。

- 0　成功。
- −1　出错。

6.3 实验内容

6.3.1 生产者-消费者问题

实验 6.1　用信号量实现生产者-消费者问题。阅读源程序,完成实验任务。

分析:信号量的考虑

这里使用 3 个信号量,其中两个信号量 empty 和 full 分别用于解决生产者和消费者线程之间的同步问题,mutex 是用于这两个线程之间的互斥问题。其中 empty 初始化为 N(缓冲区的空单元数),mutex 初始化为 1,full 初始化为 0。

程序流程如下。

① 开始→建立有名管道→打开有名管道→初始化 3 个信号量→创建消费者和生产者两个线程。

② 生产者线程。wait 操作(empty)→wait 操作(mutex)→写管道→signal 操作(full)→signal 操作(mutex)。

③ 消费者线程。wait 操作(full)→wait 操作(mutex)→读管道→signal 操作(empty)→signal 操作(mutex)。

程序清单如下:

```
#include<stdio.h>
#include<stdlib.h>
#include<unistd.h>
#include<pthread.h>
#include<errno.h>
#include<sys/ipc.h>
#include<semaphore.h>
#include<fcntl.h>
#define FIFO "myfifo"
#define N 5
int lock_var;
time_t end_time;
char buf_r[100];
sem_t mutex,full,empty;
int fd;
```

```
void productor (void * arg);
void consumer (void * arg);

int main(int argc,char * argv[])
{
    pthread_t id1,id2;
    pthread_t mon_th_id;
    int ret;
    end_time=time(NULL)+30;
/* 创建有名管道 */
    if((mkfifo(FIFO,O_CREAT|O_EXCL)<0 )&&(errno!=EEXIST))
        printf("cannot creat fifoserver\n");
    printf("Preparing for reading bytes \n");
    memset(buf_r,0,sizeof(buf_r));/* 内存初始化为 0,字节数为 sizeof(buf_r) */
/* 打开管道 */
    fd=open(FIFO,O_RDWR|O_NONBLOCK,0);
    if (fd==-1)
    {   perror("open");
        exit(1);
    }
/* 初始化互斥信号量为 1 */
    ret=sem_init(&mutex,0,1);
/* 初始化 empty 信号量为 N */
    ret=sem_init(&empty,0,N);
/* 初始化 full 信号量为 0 */
    ret=sem_init(&full,0,0);
    if (ret!=0)
    {
     perror("sem_init");
    }
/* 创建两个线程 */
    ret=pthread_create(&id1,NULL,(void *)productor,NULL);
    if(ret!=0)
       perror("pthread cread1");
    ret=pthread_create(&id2,NULL,(void *)consumer,NULL);
    if(ret!=0)
       perror("pthread cread2");
     pthread_join(id1,NULL);
     pthread_join(id2,NULL);
     exit(0);
}
/* 生产者线程 */
    void  productor(void * arg)
{   int i,nwrite;
```

```
    while(time(NULL)<end_time)
  /* P操作信号量empty和mutex */
    { sem_wait(&empty);
      sem_wait(&mutex);
  /* 生产者写入数据 */
      if ((nwrite=write(fd,"hello",5))==-1)
      { if(errno==EAGAIN)
      printf("The FIFO has not been read yet,please try later\n ");
    }
    else
      printf("write hello to the FIFO\n");
  /* V操作信号量full和mutex */
      sem_post(&full);
      sem_post(&mutex);
      sleep(1);
      }
  }
  /* 消费者线程 */
  void consumer(void *arg)
  {  int nolock=0;
    int ret,nread;
    while(time(NULL)<end_time)
  /* P操作信号量full和mutex */
    { sem_wait(&full);
      sem_wait(&mutex);
      memset(buf_r,0,sizeof(buf_r));
      if ((nread=read(fd,buf_r,100))==-1)
    { if(errno==EAGAIN)
      printf("no data yet\n ");
  }
  else
    printf("read %s from FIFO\n",buf_r);
  /* V操作信号量empty和mutex */
    sem_post(&empty);
    sem_post(&mutex);
    sleep(1);
    }
  }
```

④ 编译并运行：

```
gcc296  1.c  -o  1  -lpthread
./1
```

实验任务：(1)写出程序的执行结果。(2)将“ret=pthread_create(&id2,NULL,(void *)consumer,NULL);”修改为“ret=pthread_create(&id2,NULL,(void *) productor,NULL);”。写出执行结果并分析原因。

6.3.2 进程、线程综合应用

实验 6.2 下面程序是一个进程和线程的综合应用实例。阅读源程序,完成实验任务。

```
# include<pthread.h>
# include<stdio.h>
int value=0
void * runner(void * param);
int main(int argc,char * argv[])
{
int pid;
pthread_t   tid;
pthread_attr_t   attr;

pid=fork();
if (pid==0)
 { pthread_attr_init(&attr);
   pthrad_create(&tid,&attr,runner,NULL);
   pthread_join(tid,NULL);
   printf("CHILD:value=%d",value);
 }
else if (pid>0)
 { wait(NULL);
   printf("PARENT:value=%d",value);
 }
}
void * runner(void * param)
{ value=5;
  pthread_exit(0);
}
```

实验任务:写出并分析程序运行结果。

第7章 死锁避免——银行家算法

7.1 实验目的

1. 调试一个银行家算法程序。

2. 加深了解有关资源申请、避免死锁等概念，并体会和了解死锁和避免死锁的具体实施方法。

7.2 预备知识

7.2.1 死锁的概念

死锁是一组阻塞进程分别占有一定的资源并等待获取另外一些已经被同组其他进程所占有的资源。

例 7.1 系统拥有两个磁带驱动器。进程 P1 和 P2 分别占有其中的一台，而且相互需要另外的一台。

例 7.2 信号量 A 和 B，初始值都为 1。

进程 P0	进程 P1
wait(A)；	wait(B)
wait(B)；	wait(A)

形成 P0 和 P1 互相等待的死锁状态。

7.2.2 死锁预防

出现死锁有 4 个必要条件，只要确保至少一个必要条件不成立，就能预防死锁发生。

(1) 互斥。通常不能通过否定互斥条件来预防死锁。有些资源本身是非共享的。

(2) 占有并等待。当一个进程申请一个资源时，它不能占有其他资源。执行前申请并获得所有资源申请其他资源之前，必须释放其现在已分配的所有资源,缺点是资源利用率可能比较低,可能发生饥饿。

(3) 非抢占。如果一个进程占有资源并申请另一个不能立即分配的资源,那么其现已分配的资源都被抢占。通常应用于其状态可以保存和恢复的资源,如CPU寄存器和内存空间,不能适用于其他资源如打印机和磁带驱动器。

(4) 循环等待。对所有资源进行完全排序,且要求每个进程按递增顺序来申请资源。

7.2.3 死锁避免

死锁避免的最简单且有效的模型是要求每个进程事先声明它所需要的每种资源的最大数量,死锁避免算法动态检查资源分配状态,以保证不存在循环等待的条件。资源分配状态通过可用资源数量、已分配资源数量及进程最大申请数量来定义。

银行家算法是每种资源类型有多个实例时的死锁避免算法。

7.3 实验内容

实验 7.1 编写 Windows 操作系统下实现银行家算法的 c++程序。

7.3.1 实现银行家算法所用的数据结构

假设有 M 个进程 N 类资源,则有如下数据结构:

- MAX[M * N] M 个进程对 N 类资源的最大需求量。
- AVAILABLE[N] 系统可用资源数。
- ALLOCATION[M * N] M 个进程已经得到 N 类资源的资源量。
- NEED[M * N] M 个进程还需要 N 类资源的资源量。

7.3.2 银行家算法

设进程 I 提出请求 Request[N],则银行家算法按如下规则进行判断。

(1) 如果 Request[N]<=NEED[I,N],则转(2);否则,出错。

(2) 如果 Request[N]<=AVAILABLE,则转(3);否则,出错。

(3) 系统试探分配资源,修改相关数据:

- AVAILABLE=AVAILABLE-REQUEST
- ALLOCATION=ALLOCATION+REQUEST
- NEED=NEED-REQUEST

(4) 系统执行安全性检查,如安全,则分配成立;否则试探险性分配作废,系统恢复原状,进程等待。

安全性检查:

(1) 设置两个工作向量 WORK=AVAILABLE;FINISH[M]=FALSE。

(2) 从进程集合中找到一个满足下述条件的进程，

```
FINISH[i]=FALSE
NEED<=WORK
```

如找到，执行(3)；否则，执行(4)。

(3) 设进程获得资源，可顺利执行，直至完成，从而释放资源。

```
WORK=WORK+ALLOCATION
FINISH[i]=TRUE
GOTO(2)
```

(4) 如所有的进程 FINISH[M]=TRUE，则表示安全；否则系统不安全。

7.3.3 源程序清单

```
#include"string.h"
#include"iostream.h"
#define M 5             //总进程数
#define N 3             //总资源数
#define FALSE 0
#define TRUE 1

//M个进程对N类资源最大资源需求量
int MAX[M][N]={{7,5,3},{3,2,2},{9,0,2},{2,2,2},{4,3,3}};
//系统可用资源数
int AVAILABLE[N]={3,3,2};
//M个进程已经得到N类资源的资源量
int ALLOCATION[M][N]={{0,1,0},{2,0,0},{3,0,2},{2,1,1},{0,0,2}};
//M个进程还需要N类资源的资源量
int NEED[M][N]={{7,4,3},{1,2,2},{6,0,0},{0,1,1},{4,3,1}};

int Request[N]={0,0,0};

void main()
{
int i=0,j=0;
char flag='Y';
void showdata();
void changdata(int);
void rstordata(int);
int chkerr(int);

showdata();
while(flag=='Y'||flag=='y')
```

```
{
  i=-1;
  while(i<0||i>=M)
  {
   cout<<" 请输入需申请资源的进程号(从0到"<<M-1<<",否则重输入!):";
   cin>>i;
   if(i<0||i>=M)cout<<" 输入的进程号不存在,重新输入!"<<endl;
  }
  cout<<" 请输入进程"<<i<<"申请的资源数"<<endl;
  for (j=0;j<N;j++)
  {
   cout<<" 资源"<<j<<": ";
   cin>>Request[j];
   if(Request[j]>NEED[i][j])
   {
     cout<<" 进程"<<i<<"申请的资源数大于进程"<<i<<"还需要"<<j<<"类资源
的资源量!";
     cout<<"申请不合理,出错! 请重新选择!"<<endl<<endl;
     flag='N';
     break;
   }
   else
   {
     if(Request[j]>AVAILABLE[j])
     {
      cout<<" 进程"<<i<<"申请的资源数大于系统可用"<<j<<"类资源的资源量!";
      cout<<"申请不合理,出错! 请重新选择!"<<endl<<endl;
      flag='N';
      break;
     }
   }
  }
  if(flag=='Y'||flag=='y')
  {
   changdata(i);
   if(chkerr(0))
   {
     rstordata(i);
     showdata();
   }
   else
     showdata();
  }
  else
```

```
  showdata();
  cout<<endl;
  cout<<"  是否继续银行家算法演示,按'Y'或'y'键继续,按'N'或'n'键退出演示:";
  cin>>flag;
}
}

void showdata()
{
int i,j;
    cout<<"          系统可用的资源数为:"<<endl<<endl;
cout<<"        ";
for (j=0;j<N;j++)cout<<"  资源"<<j<<":  "<<AVAILABLE[j];
    cout<<endl;
    cout<<endl;
cout<<"          各进程资源的最大需求量:"<<endl<<endl;
for (i=0;i<M;i++)
{
  cout<<"进程"<<i<<":";
  for (j=0;j<N;j++)cout<<"  资源"<<j<<":  "<<MAX[i][j];
        cout<<endl;
}
    cout<<endl;
cout<<"          各进程还需要的资源量:"<<endl<<endl;
for (i=0;i<M;i++)
{
  cout<<"进程"<<i<<":";
  for (j=0;j<N;j++)cout<<"  资源"<<j<<":  "<<NEED[i][j];
        cout<<endl;
}
    cout<<endl;
cout<<"          各进程已经得到的资源量:  "<<endl<<endl;
for (i=0;i<M;i++)
{
  cout<<"进程"<<i<<":";
  for (j=0;j<N;j++)cout<<"  资源"<<j<<":  "<<ALLOCATION[i][j];
        cout<<endl;
}
    cout<<endl;
}
void changdata(int k)
{
int j;
for (j=0;j<N;j++)
```

```
{
  AVAILABLE[j]=AVAILABLE[j]-Request[j];
  ALLOCATION[k][j]=ALLOCATION[k][j]+Request[j];
  NEED[k][j]=NEED[k][j]-Request[j];
}

}

void rstordata(int k)
{
int j;
for (j=0;j<N;j++)
{
  AVAILABLE[j]=AVAILABLE[j]+Request[j];
  ALLOCATION[k][j]=ALLOCATION[k][j]-Request[j];
  NEED[k][j]=NEED[k][j]+Request[j];
}

}

int chkerr(int s)
{
int WORK[N],FINISH[M],temp[M];
int i,j,flag,k=0;
for(i=0;i<M;i++)FINISH[i]=FALSE;
for(j=0;j<N;j++)
WORK[j]=AVAILABLE[j];
i=s;
while(i<M)
{ flag=0;

  if (FINISH[i]==FALSE&&NEED[i][j]<=WORK)
  {
   WORK=WORK+ALLOCATION[i][j];
   FINISH[i]=TRUE;
   temp[k]=i;
   k++;
   i=0;
  }
  else
  {
   i++;
  }
}
```

```
for(i=0;i<M;i++)
  if(FINISH[i]==FALSE)
  {
   cout<<endl;
   cout<<"  系统不安全!!! 本次资源申请不成功!!!"<<endl;
   cout<<endl;
   return 1;
  }
}
cout<<endl;
cout<<"  经安全性检查,系统安全,本次分配成功。"<<endl;
cout<<endl;
cout<<"  本次安全序列:";
for(i=0;i<M;i++)cout<<"进程"<<temp[i]<<"->";
cout<<endl<<endl;;
return 0;
}
```

7.3.4 设计输入数据、验证银行家算法

实验任务:分析源程序,按下面的要求设计输入数据(进程号、申请的各类资源数):

(1) 申请成功,得到安全序列,写出运行结果。如,进程 1 申请(1,0,2)。

(2) 在步骤(1)的基础上继续申请资源,申请数据满足下列条件。

① 如果 Request[N]>NEED[I,N],出错。

② 如果 Request[N]>AVAILABLE,出错。

(3) 在步骤(1)的基础上继续申请,出现“系统不安全!!! 本次资源申请不成功”的提示信息。例如,进程 0 申请(0,2,0)。

第8章　存储管理

8.1　实验目的

1. 理解可变分区管理方式下采用最优适应算法实现主存分配和回收。

2. 通过请求页式存储管理中页面置换算法模拟设计，了解虚拟存储技术的技术特点，掌握请求页式存储管理的页面置换算法。

8.2　预备知识

1. 连续内存分配：可变分区主存分配与回收

(1) 可变分区方式是按作业需要的主存空间大小来分割分区的。当要装入一个作业时，根据作业需要的主存量查看是否有足够的空闲空间，若有，则按需要量分割一个分区分配给该作业；若无，则作业不能装入。随着作业的装入、撤离，主存空间被分成许多个分区，有的分区被作业占用，而有的分区是空闲的，如图8.1所示。为了说明哪些区是空闲的，可以用来装入新作业，必须要有一张空闲区说明表，格式如表8.1所示。

0	操作系统
5K	空闲区
10K	作业 3
14K	空闲区
26K	作业 2
32K	作业 1
128K	

图 8.1　主存分配示意图

表 8.1　空闲区表

	起　址	长　度	状　态
第1栏	5K	5KB	未分配
第2栏	14K	12KB	未分配
			空表目
			空表目

其中：

- 起址　指出一个空闲区的主存起始地址。
- 长度　指出从起始地址开始的一个连续空闲的长度。

- 状态　有两种状态,一种是"未分配"状态,指出对应的由起址指出的某个长度的区域是空闲区;另一种是"空表目"状态,表示表中对应的登记项目是空白(无效),可用来登记新的空闲区(例如,作业撤离后,它所占的区域就成了空闲区,应找一个"空表目"栏登记归还区的起址和长度且修改状态)。由于分区的个数不定,所以空闲区说明表中应有适量的状态为"空表目"的登记栏目,否则造成表格"溢出"无法登记。

为了说明哪些区是已分配的,还要有一张已分配区说明表,格式如表 8.2 所示。

表 8.2　已分配区表

	起　址	长　度	状　态
第 1 栏	32K	96KB	1
第 2 栏	26K	6KB	2
第 3 栏	10K	4KB	3
			空表目

其中:

- 起址　指出一个已分配区的主存起始地址。
- 长度　指出从起始地址开始的一个连续分配的长度。
- 标志　有两种状态,一种是已分配作业的作业名;另一种是"空表目"状态,表示表中对应的登记项目是空白(无效),可用来登记新的已分配区。由于分区的个数不定,所以已分配区说明表中应有适量的状态为"空表目"的登记栏目,否则造成表格"溢出"无法登记。

表 8.1 和表 8.2 的登记情况是按图 8.1 所装入的 3 个作业占用的主存区域后填写的。

(2) 当有一个新作业要求装入主存时,必须查空闲区说明表,从中找出一个足够大的空闲区。有时找到的空闲区可能大于作业需要量,这时应把原来的空闲区变成两部分:一部分分给作业占用;另一部分又成为一个较小的空闲区。为了方便查找,还可使表格"紧缩",总是让"空表目"栏集中在表格的后部。

(3) 采用最优分配算法分配主存空间。

按照作业的需要量,检查空闲区表,顺序查看登记栏,找到最接近要求的空闲区。当空闲区大于需要量时,一部分用来装入作业,另一部分仍为空闲区登记在空闲区说明表中。

由于本实验是模拟主存的分配,所以把主存区分配给作业后并不实际启动装入程序装入作业,而用输出"分配情况"来代替。

(4) 当一个作业执行结束撤离时,作业所占的区域应该归还,归还的区域如果与其他空闲区相邻,则应合成一个较大的空闲区,登记在空闲区说明表中。例如,在提示(1)中列举的情况下,如果作业 2 撤离,归还所占主存区域时,应与上、下相邻的空闲区一起合成一个大的空闲区登记在空闲区说明表中。归还主存时的回收算法如图 8.2 所示。

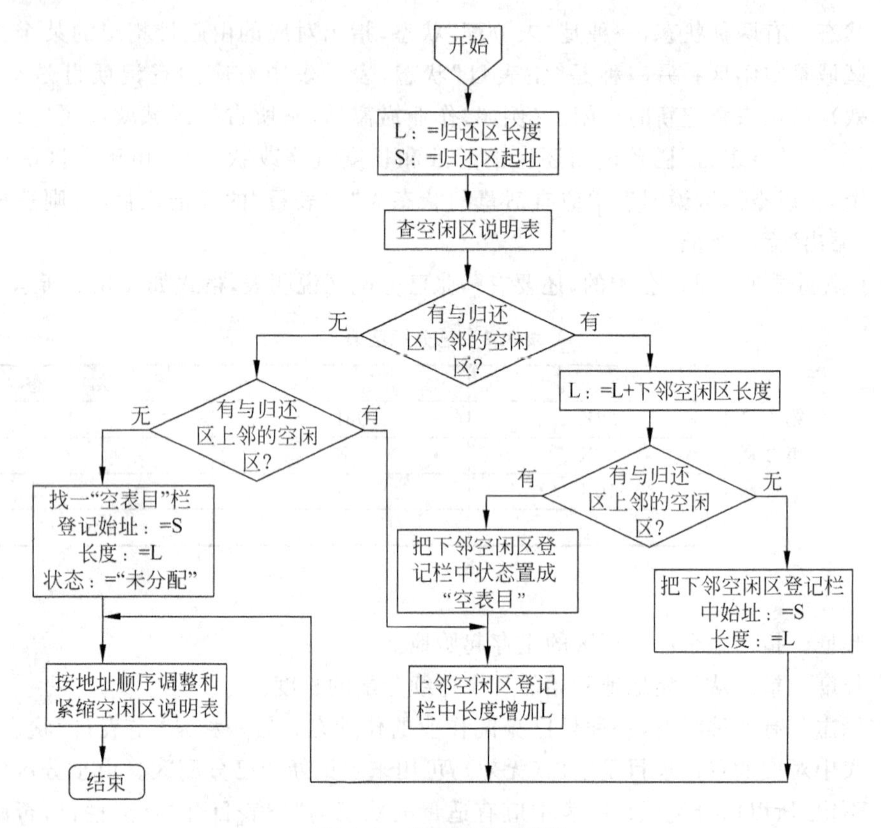

图 8.2　主存回收示意图

2. 虚拟内存管理

虚拟内存将内存抽象成一个巨大的、统一的存储数组，进而将用户看到的逻辑内存与物理内存分开。

- 只要部分程序需要放在内存中就能使程序执行。
- 逻辑地址空间可以比物理地址空间大。
- 允许地址空间被多个进程共享。
- 允许更多进程被创建。

虚拟内存可以用请求页式调度和请求段式调度方式来实现。

Linux 系统的内存主要采用称为请求页式管理的存储管理方法。当某一个程序开始运行时，一个新的进程创建，整个可执行文件映像和该程序引用的所有相关共享库同时装入进程的虚拟地址空间中。Linux 在建立进程的时候，整个执行文件映像并没有装入物理内存，只是链接到进程的虚拟地址空间中，进程只分配到极少的内存页面，占用很少的物理空间。在整个进程生命周期中，进程所拥有的内存页面总是动态变化的。管理好内存页面和外部存储器，正确地模拟内存特殊区域的工作，保证系统有足够的内存，让尽可能多的进程并发执行，是 Linux 交换调度的主要任务。

8.3 实验内容

8.3.1 可变分区主存分配和回收

实验 8.1 下面是可变分区主存分配和回收的模拟算法,阅读源程序,完成实验任务。

本程序在 VC++下运行。

```
#include<stdio.h>
#include<stdlib.h>
#include<string.h>
#define n 10 /* 假定系统允许的最大作业为 n,假定模拟实验中 n 值为 10 */
#define m 10 /* 假定系统允许的空闲区表最大为 m,假定模拟实验中 m 值为 10 */
#define minisize 100

struct
{
float address;/* 已分配分区起始地址 */
float length;/* 已分配分区长度,单位为字节 */
int flag;/* 已分配区表登记栏标志,用"0"表示空栏目 */
}used_table[n];/* 已分配区表 */

struct
{
float address;/* 空闲区起始地址 */
float length;/* 空闲区长度,单位为字节 */
int flag;/* 空闲区表登记栏标志,用"0"表示空栏目,用"1"表示未分配 */
}free_table[m];/* 空闲区表 */

void allocate(char J,float xk)

/* 采用最优分配算法分配 xk 大小的空间 */
{
int i,k;
float ad;
k=-1;
for(i=0;i<m;i++) /* 寻找空间大于 xk 的最小空闲区登记项 k */
if(free_table[i].length>=xk&&free_table[i].flag==1)
if(k==-1||free_table[i].length<free_table[k].length)
k=i;
if(k==-1)/* 未找到可用空闲区,返回 */
{
```

```
printf("无可用空闲区\n");
return;
}
/*找到可用空闲区,开始分配:若空闲区大小与要求分配的空间差小于msize大小,则空闲区全部分配;若空闲区大小与要求分配的空间差大于minisize大小,则从空闲区划出一部分分配*/
if(free_table[k].length-xk<=minisize)
{
free_table[k].flag=0;
ad=free_table[k].address;
xk=free_table[k].length;
}
else
{
free_table[k].length=free_table[k].length-xk;
ad=free_table[k].address+free_table[k].length;
}
/*修改已分配区表*/
i=0;
while(used_table[i].flag!=0&&i<n) /*寻找空表目*/
i++;
if(i>=n) /*无表目填写已分分区*/
{
printf("无表目填写已分分区,错误\n");
/*修正空闲区表*/
if(free_table[k].flag==0)
/*前面找到的是整个空闲分区*/
free_table[k].flag=1;
else
{/*前面找到的是某个空闲分区的一部分*/
free_table[k].length=free_table[k].length+xk;
return;
}
}
else
{/*修改已分配表*/
used_table[i].address=ad;
used_table[i].length=xk;
used_table[i].flag=J;
}
return;
}/*主存分配函数结束*/

void reclaim(char J)
```

```
/*回收作业名为J的作业所占主存空间*/
{
int i,k,j,s,t;
float S,L;
/*寻找已分配表中对应登记项*/
s=0;
while((used_table[s].flag!=J||used_table[s].flag==0)&&s<n)
s++;
if(s>=n)/*在已分配表中找不到名字为J的作业*/
{
printf("找不到该作业\n");
return;
}
/*修改已分配表*/
used_table[s].flag=0;
/*取得归还分区的起始地址S和长度L*/
S=used_table[s].address;
L=used_table[s].length;
j=-1;k=-1;i=0;
/*寻找回收分区的空闲上下邻,上邻表目k,下邻表目j*/
while(i<m&&(j==-1||k==-1))
{
if(free_table[i].flag==1)
{
if(free_table[i].address+free_table[i].length==S)k=i;/*找到上邻*/
if(free_table[i].address==S+L)j=i;/*找到下邻*/
}
i++;
}
if(k!=-1)
if(j!=-1)
/*上邻空闲区,下邻空闲区,3项合并*/
{
free_table[k].length=free_table[j].length+free_table[k].length+L;
free_table[j].flag=0;
}
else
/*上邻空闲区,下邻非空闲区,与上邻合并*/
free_table[k].length=free_table[k].length+L;
else
if(j!=-1)
/*上邻非空闲区,下邻为空闲区,与下邻合并*/
{
free_table[j].address=S;
```

```
free_table[j].length=free_table[j].length+L;
}
else
/*上下邻均为非空闲区,回收区域直接填入*/
{
/*在空闲区表中寻找空栏目*/
t=0;
while(free_table[t].flag==1&&t<m)
t++;
if(t>=m)/*空闲区表满,回收空间失败,将已分配表复原*/
{
printf("主存空闲表没有空间,回收空间失败\n");
used_table[s].flag=J;
return;
}
free_table[t].address=S;
free_table[t].length=L;
free_table[t].flag=1;
}
return;
}/*主存回收函数结束*/

void main( )
{
int i,a;
float xk;
char J;
/*空闲分区表初始化:*/
free_table[0].address=10240;
free_table[0].length=102400;
free_table[0].flag=1;
for(i=1;i<m;i++)
free_table[i].flag=0;
/*已分配表初始化:*/
for(i=0;i<n;i++)
used_table[i].flag=0;
while(1)
{
printf("选择功能项(0-退出,1-分配主存,2-回收主存,3-显示主存)\n");
printf("选择功项(0~3):");
scanf("%d",&a);
switch(a)
{
case 0:exit(0);/*a=0 程序结束*/
```

```
case 1:/ * a=1 分配主存空间 * /
printf("输入作业名 J 和作业所需长度 xk:");
scanf("% * c%c%f",&J,&xk);
allocate(J,xk);/ * 分配主存空间 * /
break;
case 2:/ * a=2 回收主存空间 * /
printf("输入要回收分区的作业名");
scanf("% * c%c",&J);
reclaim(J);/ * 回收主存空间 * /
break;
case 3:/ * a=3 显示主存情况 * /
/ * 输出空闲区表和已分配表的内容 * /
printf("输出空闲区表:\n起始地址 分区长度 标志\n");
for(i=0;i<m;i++)
printf("%6.0f%9.0f%6d\n",free_table[i].address,free_table[i].length,free_table[i].flag);
printf(" 按任意键,输出已分配区表\n");
//getchar();
printf(" 输出已分配区表:\n起始地址 分区长度 标志\n");
for(i=0;i<n;i++)
if(used_table[i].flag!=0)
printf("%6.0f%9.0f%6c\n",used_table[i].address,used_table[i].length,used_table[i].flag);
else
printf("%6.0f%9.0f%6d\n",used_table[i].address,used_table[i].length,used_table[i].flag);
break;
default:printf("没有该选项\n");
}/ * case * /
}/ * while * /
}/ * 主函数结束 * /
```

实验任务:假设主存中已装入四个作业,分别是 a 100; b 200; c 300; d 400。确定空闲区和已分配区的初值。然后先回收作业 a,再回收作业 b。

(1) 写出回收时只有下邻,只有上邻,上、下邻都有这 3 种情况下的空闲区表内容。

(2) 假设主存中已装入 3 个作业,分别是 a 100; b 200; c 300。然后先回收作业 a,再回收作业 b,这时形成了两个空闲区。现在有一个作业 d 大小分别为 250 和 100 这两种情况下申请主存。写出空闲区表内容并分析空闲区和已分配区表的变化。

8.3.2 请求页式存储管理

实验 8.2 下面程序实现请求页式调度的模拟算法,阅读源程序,完成实验任务。

本实验的描述及设计思想:在进程运行过程中,请求页式存储管理是指若其所要访问的页面不在内存,需把它们调入内存。但在内存已无空闲空间时,为了保证该进程能正常运行,系统必须从内存中调出一页程序或数据,送磁盘的对换区中。这时应将哪个页面调出,需要根据一定的调度算法来确定。有以下 3 个请求页式调度算法。

- OPTIMAL 最佳置换算法。其所选择的被淘汰页面,将是以后永不使用的,或是在最长(未来)时间内不再被访问的页面。这种算法难以实现,因为无法预测将来要访问的页。
- FIFO 先进先出置换算法。该算法总是淘汰最先进入内存的页面,即选择在内存中驻留时间最久的页面予以淘汰。
- LRU 最近最久未使用置换算法。置换最长时间没有使用的页。

下面是 Linux 下实现上述 FIFO 和 LRU 请求页式调度模拟算法的实验步骤:

(1) 通过随机数产生一个指令序列,共 320 条指令。指令的地址按下述原则生成:50%的指令是顺序执行的。具体的实施方法是:

① 在 [0,319] 的指令之间随即选取一起点 m;

② 顺序执行一条指令,即执行地址为 $m+1$ 的指令;

③ 直到执行 320 次指令为止。

(2) 将指令序列变换为页地址流。

设:① 页面大小为 1KB;

② 用户内存容量为 4 页到 32 页;

③ 用户虚存容量为 32KB。

在用户虚存中,按每 KB 存放 10 条指令排在虚存地址,则 320 条指令在虚存中的存放方式为:

第 0 条~第 9 条指令为第 0 页(对应虚存地址为[0,9]);

第 10 条~第 19 条指令为第一页(对应虚存地址为[10,19]);

……

第 310 条~第 319 条指令为第 31 页(对应虚地址为[310,319])。

按以上方式,用户指令可组成 32 页。

(3) 计算并输出下述各种算法在不同内存容量下的命中率。

① 先进先出的算法(FIFO);

② 最近最少使用算法(LRU);

命中率=1−页面失效次数/页地址流长度

在本实验中,页地址流长度为 320,页面失效次数为每次访问相应指令时,该指令所对应的页不在内存的次数。

程序清单如下:

```
#include<stdio.h>
#include<stdlib.h>
#include<unistd.h>

#define TRUE 1
#define FALSE 0
#define INVALID -1
#define NUL 0
```

```
#define total_instruction 320                /* 指令流长 */
#define total_vp 32                          /* 虚页长 */

typedef struct{                              /* 页面结构 */
    int pn,pfn,counter,time;
}pl_type;
pl_type pl[total_vp];                        /* 页面结构数组 */
struct pfc_struct{                           /* 页面控制结构 */
    int pn,pfn;
    struct pfc_struct *next;
};

typedef struct pfc_struct pfc_type;
pfc_type pfc[total_vp],*freepf_head,*busypf_head,*busypf_tail;
int diseffect,a[total_instruction];
int page[total_instruction],offset[total_instruction];
void initialize();
void FIFO();
void LRU();

int main()
{
    int S,i;
    srand((int)getpid());

    S=(int)rand()%320;

    for(i=0;i<total_instruction;i+=1)        /* 产生指令队列 */
    {
        a[i]=S;                              /* 任选一指令访问点 */
        a[i+1]=a[i]+1;                       /* 顺序执行一条指令 */
        a[i+2]=(int)rand()%320;
        a[i+3]=a[i+2]+1;
        S=(int)rand()%320;
    }
    for(i=0;i<total_instruction;i++)         /* 将指令序列变换成页地址流 */
    {
        page[i]=a[i]/10;
        offset[i]=a[i]%10;
    }
    for(i=4;i<=32;i++)                       /* 用户内存工作区从4个页面到32个页面 */
    {
        printf("%2d page frames",i);
        FIFO(i);
```

```
        LRU(i);

        printf("\n");
    }
    return 0;
}

void FIFO(total_pf)                             /* FIFO(First in First out)ALGORITHM */
int total_pf;                                   /* 用户进程的内存页面数 */
{
    int i;
    pfc_type *p, *t;
    initialize(total_pf);                       /* 初始化相关页面控制用数据结构 */
    busypf_head=busypf_tail=NUL;                /* 忙页面队列头,对列尾链接 */
    for(i=0;i<total_instruction;i++)
    {
        if(pl[page[i]].pfn==INVALID)            /* 页面失效 */
        {
            diseffect+=1;                       /* 失效次数 */
            if(freepf_head==NUL)                /* 无空闲页面 */
            {
                p=busypf_head->next;
                pl[busypf_head->pn].pfn=INVALID;   /* 释放忙页面队列中的第一个页
                                                      面 */
                freepf_head=busypf_head;
                freepf_head->next=NUL;
                busypf_head=p;
            }

            p=freepf_head->next;                /* 按方式调新页面入内存页面 */
            freepf_head->next=NUL;
            freepf_head->pn=page[i];
            pl[page[i]].pfn=freepf_head->pfn;
            if(busypf_tail==NUL)
                busypf_head=busypf_tail=freepf_head;
            else
            {
                busypf_tail->next=freepf_head;
                busypf_tail=freepf_head;
            }
            freepf_head=p;
        }
    }
    printf("FIFO:%6.4F",1-(float)diseffect/320);
```

```
}

void LRU(total_pf)
    int total_pf;
    {
        int min,minj,i,j,present_time;

        initialize(total_pf);present_time=0;
        for(i=0;i<total_instruction;i++)
        {
            if(pl[page[i]].pfn==INVALID)   /*页面失效*/
            {
                diseffect++;
                if(freepf_head==NUL)        /*无空闲页面*/
                {
                    min=32767;
                    for(j=0;j<total_vp;j++)
                        if(min>pl[j].time&&pl[j].pfn!=INVALID)
                        {
                            min=pl[j].time;
                            minj=j;
                        }
                        freepf_head=&pfc[pl[minj].pfn];
                        pl[minj].pfn=INVALID;
                        pl[minj].time=-1;
                        freepf_head->next=NUL;
                }
                pl[page[i]].pfn=freepf_head->pfn;
                pl[page[i]].time=present_time;
                freepf_head=freepf_head->next;
            }
            else
                pl[page[i]].time=present_time;
                present_time++;
        }
        printf("LRU:%6.4f",1-(float)diseffect/320);
    }


void initialize(total_pf)                    /*初始化相关数据结构*/
    int total_pf;                            /*用户进程的内存页面数*/
    {
        int i;
        diseffect=0;
```

```
    for(i=0;i<total_vp;i++)
    {
        pl[i].pn=i;pl[i].pfn=INVALID;        /*置页面控制结构中的页号,页面为空*/
        pl[i].counter=0;pl[i].time=-1;        /*页面控制结构中的访问次数为0,时间
                                                为-1*/
    }

    for(i=1;i<total_pf;i++)
    {
        pfc[i-1].next=&pfc[i];pfc[i-1].pfn=i-1;   /*建立pfc[i-1]和pfc[i]之间的连
                                                    接*/
    }
    pfc[total_pf-1].next=NUL;pfc[total_pf-1].pfn=total_pf-1;
    freepf_head=&pfc[0];                /*页面队列的头指针为pfc[0]*/
}
```

实验任务：写出程序执行结果并分析原因。

第9章 文件操作

9.1 实验目的

1. 理解文件的概念。

2. 通过文件操作算法模拟设计，了解文件存储的特点，掌握文件操作算法。

9.2 预备知识

文件系统实现了长期存储，它在一个有名字的对象中保存信息，这个对象称作文件。对程序员来说，文件是一个很方便的概念；对操作系统来说，文件是访问控制和保护的一个有用单元。

文件系统与用户的接口有两类。第一类是与文件有关的操作命令，这些构成了必不可少的文件系统的人机接口。第二类是提供给用户程序使用的文件类系统调用指令，构成了用户和文件系统的另一个接口，通过这些指令用户能获得文件系统的各种服务。

文件系统提供的基本的文件系统调用有建立、打开、关闭、删除、读、写和控制等操作。

- 创建文件　格式如下。

create(文件名，参数表)

- 打开文件　格式如下。

open(文件名，读写方式)

- 读文件　格式如下

read(文件名，键值，内存位置)

- 写文件　格式如下

write(文件名，键值，内存位置)

- 删除文件

- 在文件内重定位
- 修改文件
- 拷贝文件
- 移动文件
- 关闭文件

C 语言中常用的文件操作函数如下。

1. fopen

功能：打开一个文件

用法：int fopen(string filename,string mode)

其中：字符串参数 mode 可以是下列的情形。

- 'r' 打开文件方式为只读，文件指针指到开始处。
- 'r+' 打开文件方式为可读写，文件指针指到开始处。
- 'w' 打开文件方式为写入，文件指针指到开始处，并将原文件的长度设为 0。若文件不存在，则建立新文件。
- 'w+' 打开文件方式为可读写，文件指针指到开始处，并将原文件的长度设为 0。若文件不存在，则建立新文件。
- 'a' 打开文件方式为写入，文件指针指到文件最后。若文件不存在，则建立新文件。
- 'a+' 打开文件方式为可读写，文件指针指到文件最后。若文件不存在，则建立新文件。
- 'b' 若操作系统的文字与二进位文件不同，则可以用此参数，UNIX 系统不需要使用本参数。

2. access

功能：测试文件状态

用法：int access(const char * pathname,int mode)

其中：pathname 是文件名称，mode 是要判断的属性，可以取以下值或者是它们的组合。

- R_OK 文件可以读
- W_OK 文件可以写。
- X_OK 文件可以执行。
- F_OK 文件存在。

当测试成功时，函数返回 0，否则如果有一个条件不符时，返回 -1。如果想要获得文件的其他属性，可以使用函数 stat 或者 fstat。

3. unlink

功能：删掉一个文件

用法：int unlink(char * filename)

4. chmod

功能：更改指定文件的权限。

用法：int chmod(const char * path,mode_t mode)

其中参数 mode 有下列数种组合。

- S_ISUID 04000　文件的(set user-id on execution)位。
- S_ISGID 02000　文件的(set group-id on execution)位。
- S_ISVTX 01000　文件的 sticky 位。
- S_IRUSR(S_IREAD) 00400　文件所有者具可读取权限。
- S_IWUSR(S_IWRITE)00200　文件所有者具可写入权限。
- S_IXUSR(S_IEXEC) 00100　文件所有者具可执行权限。
- S_IRGRP 00040　用户组具可读取权限。
- S_IWGRP 00020　用户组具可写入权限。
- S_IXGRP 00010　用户组具可执行权限。
- S_IROTH 00004　其他用户具可读取权限。
- S_IWOTH 00002　其他用户具可写入权限。
- S_IXOTH 00001　其他用户具可执行权限。

只有该文件的所有者或有效用户识别码为 0,才可以修改该文件权限。基于系统安全,如果欲将数据写入一执行文件,而该执行文件具有 S_ISUID 或 S_ISGID 权限,则这两个位会被清除。如果一目录具有 S_ISUID 位权限,表示在此目录下只有该文件的所有者或 root 可以删除该文件。

返回值：权限改变成功返回 0,失败返回－1,错误原因存于 errno。

9.3 实验内容

实验 9.1 在 Windows C++下实现文件操作的模拟算法。阅读源程序,完成实验任务。

```
/************ 文 件 管 理 系 统 ************/
#include<stdio.h>
#include<stdlib.h>                    /* 不容易归类的标准函数库 */
#include<conio.h>
#include<string.h>
#include<sys\stat.h>
#include<fcntl.h>                     /* 非标准文件输入输出操作的代码符号属性 */
#include<dos.h>
#include<io.h>


int init()                            /* 初始化操作界面函数 */
```

```
{ int i;
 printf(" ************** \n");
 printf("FILE MANAGE SYSTEM\n");
 printf(" ************** \n");
 printf("NETWORK033 Cai Guiquan NO. 1\n");
 printf("1--Creat       File\n");
 printf("2--Delete       File\n");
 printf("3--OPen        File\n");
 printf("4--Write       File\n");
 printf("5--Locate       File\n");
 printf("6--Modify       File\n");
 printf("7--Copy        File\n");
 printf("8--Move        File\n");
 printf("9--Cataloge Manage\n");
 printf("10--Exit       File\n");
 printf("Please Choice:");
 scanf("%d",&i);
 return(i);                                  /* 选择相应的序号,执行相应的操作 */
}

main()
{int x,i,j,flag=1;
 char name[15],name1[15],name2[40];
 char choice,ch;
 int handle,status;                          /* 定义文件的指针和状态 */
 FILE * fp;
 while(flag)                                 /* 初始化系统界面 */
{ i=init();
 getchar();
 switch(i)
   { case 1:label1:                          /* 创建文件操作 */
     printf("CREAT      FILE\n");
     for(j=0;j<40;j++)
     printf("=");
     printf("\n\nPlease input the creating file name:\n");
     scanf("%s",name);
     getchar();
     fp=fopen(name,"w+");                    /* 按指定的文件方式创建文件 */
       if(! fp)
       { printf("\n creating fail");
          getchar();
          printf("\nInput again (Y or N)");
          scanf("%c",&choice);getchar();
          if(choice=='Y'||choice=='y')
```

```
        goto label1;
    }
    else { printf("\nThe file is created. ");
          printf("Do you now input content of the file? (Y or N):");
          while(1)                         /* 输入创建文件的内容 */
              { scanf("%c",&choice);
                if(choice=='y'||choice=='n'||choice=='Y'||choice=='N')
                    break;
                else
                    printf("\nError! Please input again!");
              }
          if(choice=='y'||choice=='Y')
              { printf("\nNow input content to the file(End with '#'):\n\n");
               fp=fopen(name,"w+");  /* 把内容存放到 fp 指向的文件中去 */
               ch=getchar();
               while(ch!='#')
               { fputc(ch,fp);
                 ch=getchar();
               }
               fclose(fp);getchar();       /* 关闭文件 */
              }
  }
  getchar();
  break;
  case 2:label2:                           /* 删除文件的操作 */
  printf("DELETE      FILE\n");
  for(j=0;j<40;j++)
     printf("=");
  printf("\n\nPlease input the deleting file name:\n");
  scanf("%s",name);                        /* 输入要删除的文件名 */
  getchar();
  printf("\n Are you sure (Y or N):");
  while(1)
     { scanf("%c",&choice);
      if(choice=='y'||choice=='n'||choice=='Y'||choice=='N')
          break;
      else
          printf("\nError! Please input again!");
     }
  if(choice=='y'||choice=='Y')
     {status=access(name,0);               /* 获取文件的状态,是否存在 */
       if(status!=0)
          {printf("\nSorry the file doesn't exist!");
           getchar();
```

```
            printf("\n\nInput again (Y or N)");
            scanf("%c",&choice);getchar();
            if(choice=='Y'||choice=='y')
                goto label2;
            }
        else
            { status=access(name,02);      /*获取文件的状态,是否存在并且是否只读*/
              if(status!=0)
               { printf("\nSorry the file is only read!");
                 getchar();
               }
              else
               {unlink(name);              /*从目录中删除一个文件函数,该函数在 dos.h 中*/
                 printf("\n\ndelete succefully!");
                 getchar();
                 }
            }
         }
getchar();
break;
case 3:label3:                             /*打开文件操作*/
printf("OPEN       FILE\n");
for(j=0;j<40;j++)
printf("=");
printf("\n\nPlease input the opening file name:\n");
scanf("%s",name);
status=access(name,0);                     /*获取文件的状态*/
if(status!=0)
 {printf("\nSorry the file doesn't exist!");
   getchar();
   printf("\n\nInput again (Y or N)");
   scanf("%c",&choice);getchar();
   if(choice=='Y'||choice=='y')
     goto label3;
   }
else
   { printf("\nNow begin to read the file:\n");
    fp=fopen(name,"r");
    ch=fgetc(fp);                          /*读出文件到内存*/
    while(ch!=EOF)
    {printf("%c",ch);
      ch=fgetc(fp);j++;
      }
    fclose(fp);getchar();                  /*关闭文件*/
```

```
  }
getchar();
break;
case 4:label4:                          /*写文件操作*/
printf("WRITE    FILE\n");
for(j=0;j<40;j++)
  printf("=");
printf("\n\nPlease input the writing file name and routine:\n");
scanf("%s",name);
status=access(name,0);                  /*获取 name 指向的文件状态*/
if(status!=0)
 {printf("\nSorry the file doesn't exist!");
  getchar();
  printf("\n\nInput again (Y or N)");
  scanf("%c",&choice);getchar();
  if(choice=='Y'||choice=='y')
  goto label4;
 }
   else
   {fp=fopen(name,"a");                 /*以写入方式打开 name 指向的文件*/
   printf("\nPlease input the information(end with '#'):\n");
   ch=getchar();                        /*重写文件*/
   while(ch!='#')
   { fputc(ch,fp);
     ch=getchar();
   }
   fclose(fp);getchar();/*关闭文件*/
  }
   getchar();
break;
case 5:label5:                    /*定位文件操作*/
printf("LOCATE     FILE\n");
for(j=0;j<40;j++)
printf("=");
printf("\n\nPlease input the locating file name and routine:\n");
scanf("%s",name);
status=access(name,0);/*获取 name 文件指向的文件的状态*/
if(status!=0)
{printf("\nSorry the file doesn't exist!");
 getchar();
 printf("\n\nInput again (Y or N)");
 scanf("%c",&choice);getchar();
 if(choice=='Y'||choice=='y')
 goto label5;
```

```
}
else
{printf("\nPlease input the location:");
 scanf("%d",&x);
 handle=open(name,O_CREAT|O_RDWR,S_IREAD|S_IWRITE);
/*打开由 name 指定的文件,name 既可以是简单的文件名,也可以是文件的路径名,O_CREAT 表示了打开文件的存取代码,若文件不存在,则建立,否则无效。O_RDWR 表示打开文件用于读写。S_IREAD|S_IWRITE 允许读写*/
 lseek(handle,x,SEEK_SET);
/*该函数把由 handle 指定的文件的文件指针,移到 SEEK SET(开始位置)再加上 x 偏移量的地方*/
 getchar();
}
getchar();
break;
case 6:label6:                    /*修改文件属性操作*/
printf("MODIFY      FILE\n");
for(j=0;j<80;j++)
  printf("=");
  printf("\n\nPlease input the modifying attribution file name and routine:\n");
  scanf("%s",name);
  status=access(name,0);     /*获取文件的状态*/
  if(status!=0)
  {printf("\nSorry the file doesn't exist!");
   getchar();
   printf("\n\nInput again (Y or N)");
   scanf("%c",&choice);getchar();
   if(choice=='Y'||choice=='y')
     goto label6;
  }
   else
  { printf("\nPlease choice:1--READ_ONLY      2--WRITE_ONLY");
   printf("\n\nPlease choice the attributione operation:");
   while(1)
     { scanf("%d",&x);
       if(x==1||x==2)
        break;
       else
          printf("\nError! Please input again!");
     }
   if(x==1)
     { status=chmod(name,S_IREAD);      /*修改文件为"只读"*/
       if(status)
       printf("\nSorry! Couldn't make the file read_only!");
```

```
        else
         printf("\n===Made<%s>read_only===",name);
        getchar();
      }
    else if(x==2)       /*修改文件为"只写"*/
     { status=chmod(name,S_IWRITE);
        if(status)
          printf("\nSorry! Couldn't make the file write_only!");
        else
          printf("\n===Made<%s>write_only===",name);
        getchar();
      }
    }
    getchar();
    break;
case 7:;                    /*复制文件的操作*/
printf("COPY      FILE\n");
for(j=0;j<40;j++)
    printf("=");
    printf("\n\nPlease input the copying file name:\n");
    scanf("%s",name);
    getchar();
    printf("\nPlease input the copyed file name:\n");
    scanf("%s",name1);
    getchar();
    strcpy(name2,"copy ");
    strcat(name2,name);
    strcat(name2," ");
    strcat(name2,name1);
    system(name2);              /*系统调用DOS指令*/
    getchar();
    break;
case 8:                     /*移动文件操作*/
    printf("MOVE      FILE\n");
    for(j=0;j<40;j++)
    printf("=");
    printf("\n\nPlease input the moving file name:\n");
    scanf("%s",name);
    getchar();
    printf("\nPlease input the moving file name:\n");
    scanf("%s",name1);
    getchar();
    strcpy(name2,"move ");
    strcat(name2,name);
```

```
        strcat(name2," ");
        strcat(name2,name1);
        system(name2);              /* 系统调用 DOS 指令 */
        getchar();
        break;
    case 9:label9:                  /* 目录管理操作 */
        printf("CATALOGUE     MANAGE\n");
        for(j=0;j<40;j++)
        printf("=");
        printf("Please input the moving file name and routine:\n");
        printf("1--display catalogue\n");
        printf("2--creat catalogue\n");
        printf("3--detele catalogue\n");
        printf("4--copy catalogue\n");
        printf("5--move catalogue\n");
        printf("6--exit catalogue\n");
        printf("Please choice:");
        scanf("%d",&x);
        while(x<1||x>6)
         {printf("\nError! Please input again! \n");
          scanf("%d",&x);
         }
        switch(x)
         { case 1:printf("\nPlease iuput the displaying catalogue:\n");
                  scanf("%s",name);      /* 先是目录操作 */
                  strcpy(name2,"dir ");     /* 复制 dir 命令 */
                  strcat(name2,name);
                  printf("%s",name2);
                  getchar();
                  system(name2);     /* 系统调用 */
                  getchar();
                  break;
           case 2:printf("\nPlease iuput the creating catalogue:\n");
                  scanf("%s",name);      /* 创建目录操作 */
                  strcpy(name2,"md   ");     /* 复制 md 命令 */
                  strcat(name2,name);
                  system(name2);     /* 系统调用 */
                  getchar();
                  break;
           case 3:printf("\nPlease iuput the deleting catalogue:\n");
                  scanf("%s",name);      /* 删除目录操作 */
                  strcpy(name2,"rd   ");     /* 复制 rd 命令 */
                  strcat(name2,name);
                  system(name2);
```

```
                getchar();
                break;
          case 4:printf("\nPlease iuput the copying catalogue:\n");
                scanf("%s",name);      /*复制目录操作*/
                printf("\nPlease iuput the displayed catalogue:\n");
                scanf("%s",name1);
                strcpy(name2,"xcopy ");      /*复制 xcopy 命令*/
                strcat(name2,name);
                strcat(name2," ");
                strcat(name2,name1);
                strcat(name2,"/e");
                system(name2);      /*系统调用*/
                getchar();break;
          case 5:printf("\nPlease iuput the moving catalogue from:\n");
                scanf("%s",name);      /*移动目录操作*/
                printf("\nPlease iuput the moving catalogue to:\n");
                scanf("%s",name1);
                 strcpy(name2,"move   ");      /*复制 move 命令*/
                 strcat(name2,name);
                 strcat(name2," ");
                 strcat(name2,name1);
                 system(name2);
                 getchar();break;
            case 6:goto tag;        /*退出目录管理操作*/
       }
    printf("Input again (Y or N)");
    scanf("%c",&choice);getchar();
    if(choice=='Y'||choice=='y')
         goto label9;
    tag:getchar();
    break;
    case 10:flag=0;exit(0);break;      /*退出文件管理系统程序*/
    default:
    printf("\n\n      Error! Please input again! \n");
    getchar();
    break;
   }
  }
}
```

实验任务：写出实验运行结果并分析。

第10章　磁盘调度

10.1　实验目的

1. 理解磁盘调度的概念。
2. 通过磁盘调度算法模拟设计，掌握各种磁盘调度算法的思想。

10.2　预备知识

操作系统的任务之一就是有效地使用硬件。对磁盘驱动器，满足这一要求意味着要有较快的访问速度和较宽的磁盘带宽。

磁盘带宽是指所传递的总字节数除以从服务请求开始到最后传递结束时的总时间。

访问时间有寻道时间和旋转延迟两个主要部分。

- 寻道时间　磁臂将磁头移动到包含目标扇区的柱面的时间。
- 旋转延迟　磁盘需要将目标扇区转动到磁头下的时间。

此外还有最小化寻道时间，它指寻道时间可以用寻道距离来表示。

磁盘是可被多个进程共享的设备，当有多个进程请求访问磁盘时，应采用一种适当的调度算法，使各进程对磁盘的平均访问时间（主要是寻道时间）最小。

常用的磁盘调度算法有以下几种。

(1) 先来先服务调度算法 FCFS (First-Come，First Served)。根据进程请求访问磁盘的先后次序进行调度，其优点是公平、简单且每个进程的请求都能依次得到处理，但寻道时间可能较长。

(2) 最短寻道时间优先调度算法 SSTF(shortest-seek-time-first)。选择所访问磁道与磁头当前所在磁道距离最近的进程优先调度，但不能保证平均寻道时间最短。该算法具有较好的寻道性能，但可能导致进程饥饿现象。

(3) 扫描算法（电梯调度算法）SCAN。磁臂从磁盘的一端向另一端移动，同时当磁头移过每个柱面时，处理位于该柱面上的服务请求。当到达另一端时，磁头改变移动方向，处理继续。磁头在磁盘上来回扫描。

(4) 循环扫描算法 C-SCAN。规定磁头单向移动，避免某些进程磁盘请求的严重延迟，是 SCAN 调度的变种，主要提供一个更为均匀的等待时间。与 SCAN 一样，C-SCAN 将磁头从磁盘一端移到磁盘的另一端，随着移动而不断地处理请求。不过，当磁头移到另一端时，它会马上返回到磁盘开始，返回时并不处理请求。C-SCAN 调度算法基本上将柱面当做一个环链，用于将最后柱面和第一柱面相连。

(5) LOOK 调度与 C-LOOK 调度。事实上，SCAN 与 C-SCAN 算法都不是那样实现的。通常，磁头只移动到一个方向上最远的请求为止。接着，它马上回头，而不是继续到磁盘的尽头。这种形式的 SCAN 和 C-SCAN 称为 LOOK 和 C-LOOK 调度。

调度算法的选择原则如下：

- SSTF 较为普通且很有吸引力。
- SCAN 和 C-SCAN 对磁盘负荷较大的系统会执行得更好，这是因为它不可能产生饥饿问题。
- 对于任何调度算法，性能依赖于请求的类型与数量。
- 磁盘服务请求很大程度上受文件分配方法所影响。
- 磁盘调度算法应作为一个操作系统的独立模块，这样如果有必要，它可以替换成另一个不同的算法。
- SSTF 或 LOOK 是比较合理的默认算法。

10.3 实验内容

实验 10.1 假定有以下磁盘请求(磁道编号从 0～199)：98,183,37,122,14,124,65,67。当前磁头位置为 53。

各种调度算法如图 10.1～图 10.5 所示，求各算法的寻道距离。

FCFS 寻道距离＝(98－53)＋(183－98)＋(183－37)＋(122－37)＋(122－14)＋(124－14)＋(124－65)＋(67－65)＝640。

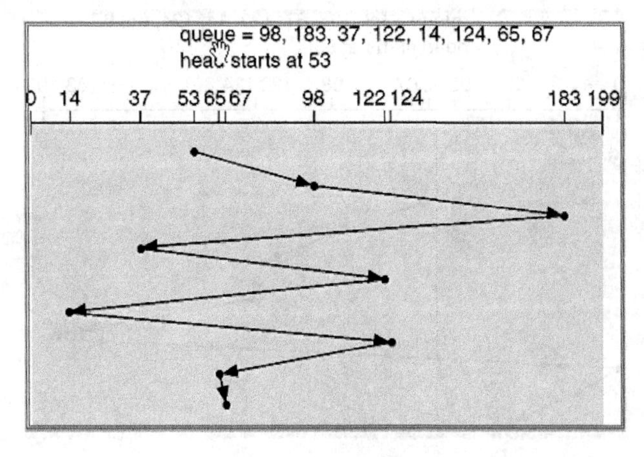

图 10.1 FCFS 算法

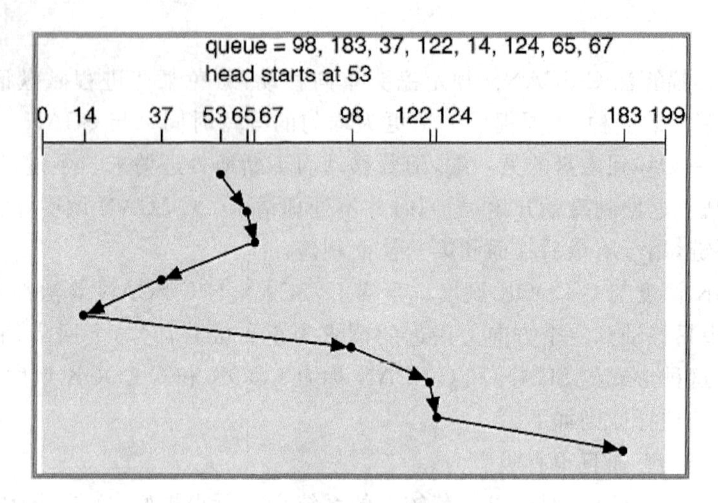

图 10.2 SSTF 算法

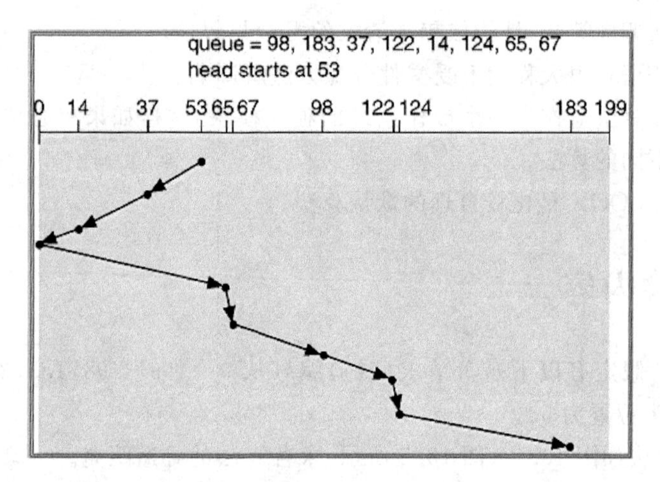

图 10.3 SCAN 算法

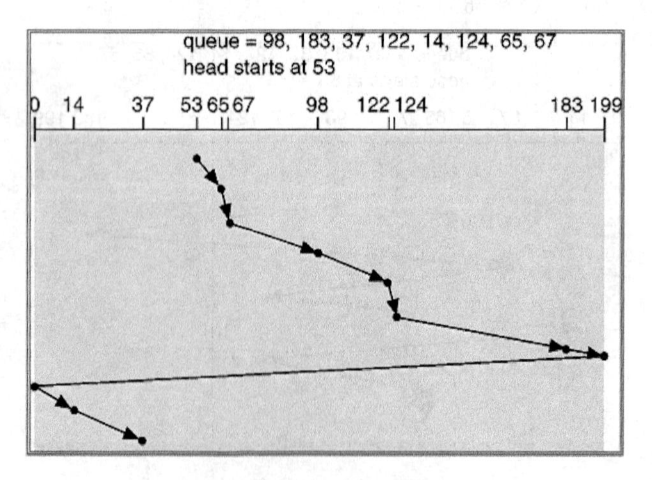

图 10.4 C-SCAN 算法

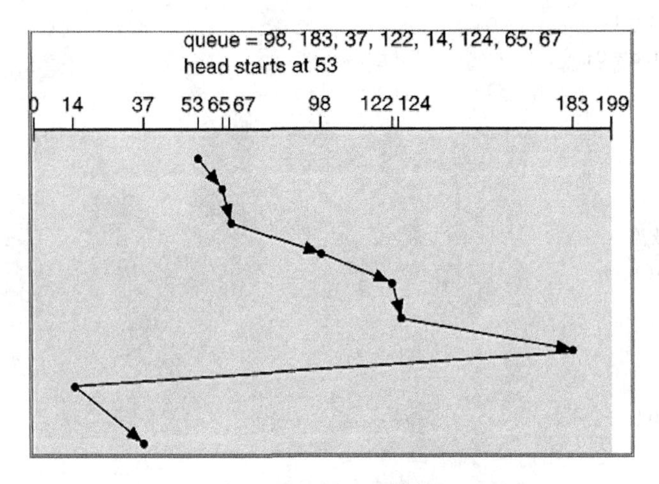

图 10.5 C-LOOK 算法

实验 10.2 本程序在 Windows C++下编程实现先来先服务、最短寻道优先和 LOOK 算法 3 种算法。

磁道服务顺序从指定的文本文件(hard.txt 文件)中取出。阅读源程序,完成实验任务。

```
#include<stdio.h>
#include<iostream.h>
#include<string.h>
#include<math.h>

const int MAXQUEUE=200;//定义队列最大数

//结构体定义
typedef struct node{
int go;                          //被访问磁道位置
int visited;                     //是否被访问
}qu;

qu queue[MAXQUEUE];
int quantity;

int start;                       //定义开始时磁头所在位置

//初始化函数
void initial()
{
int i;

for(i=0;i<MAXQUEUE;i++){
```

```
queue[i].go=-1;
queue[i].visited=0;
}

}

//读入磁道号流
void readData()
{

FILE *fp;
char fname[20];
int temp,i;

cout<<"请输入磁道号流文件名:";
strcpy(fname,"hard.txt");
cin>>fname;

if((fp=fopen(fname,"r"))==NULL){
cout<<"错误,文件打不开,请检查文件名:)"<<endl;
}
else{
while(!feof(fp)){
fscanf(fp,"%d ",&temp);
queue[quantity].go=temp;
quantity++;
}
cout<<endl<<"---------------------------------------------"<<endl;
cout<<"所读入的磁道号流:";
for(i=0;i<quantity;i++){
cout<<queue[i].go<<" ";
}
cout<<endl<<"请求数为:"<<quantity<<endl;
}
cout<<"请输入磁头的初始位置:";
cin>>start;
}

//FIFO算法
void FIFO()
{
int i;
int total=0;
int current;
```

```
cout<<endl<<"--------------------------------------"<<endl;
cout<<"FIFO 算法的访问磁道号顺序流:";

current=start;
for(i=0;i<quantity;i++){
cout<<queue[i].go<<" ";
total+=abs(queue[i].go-current);
current=queue[i].go;
}
cout<<endl<<"磁头移过的柱面数:"<<total;
}

//最短寻道优先调度算法
void shortest()
{
int i,j,p;
int total=0;
int current;

cout<<endl<<"--------------------------------------"<<endl;
cout<<"最短寻道优先调度算法的访问磁道号顺序流:";

current=start;
for(i=0;i<quantity;i++){
p=0;
while(queue[p].visited!=0){
p++;
}
for(j=p;j<quantity;j++){
if((queue[j].visited==0)&&(abs(current-queue[p].go)>abs(current-queue[j].go))){
p=j;
}
}
cout<<queue[p].go<<" ";
total+=abs(queue[p].go-current);
queue[p].visited=1;
current=queue[p].go;
}
cout<<endl<<"磁头移过的柱面数:"<<total;
}

//LOOK 算法
void look()
```

```
{
int i,j,p,flag;
int total=0;
int current;

cout<<endl<<"------------------------------------"<<endl;
cout<<"LOOK 算法"<<endl;

//磁头初始向里
cout<<"磁头初始向里的访问磁道号顺序流:";

current=start;
for(i=0;i<quantity;i++){
flag=1000;
p=-1;
for(j=0;j<quantity;j++)
{
if((queue[j].visited==0)&&(queue[j].go>=current))
{
if(abs(queue[j].go-current)<flag)
{
p=j;
flag=abs(queue[j].go-current);
}
}
}
if(p!=-1)
{
cout<<queue[p].go<<" ";
total+=abs(queue[p].go-current);
current=queue[p].go;
queue[p].visited=1;
}
else
{
for(j=0;j<quantity;j++)
{
if((queue[j].visited==0)&&(queue[j].go<current))
{
if(abs(queue[j].go-current)<flag)
{ p=j;
flag=abs(queue[j].go-current);
}
}
```

```
}
cout<<queue[p].go<<" ";
total+=abs(queue[p].go-current);
current=queue[p].go;
queue[p].visited=1;
}
}
cout<<endl<<"磁头移过的柱面数:"<<total<<endl;

//磁头初始向外
for(i=0;i<quantity;i++){
queue[i].visited=0;
}
total=0;

cout<<"磁头初始向外的访问磁道号顺序流:";

current=start;
for(i=0;i<quantity;i++){
flag=1000;
p=-1;
for(j=0;j<quantity;j++){
if((queue[j].visited==0)&&(queue[j].go<=current)){
if(abs(queue[j].go-current)<flag){
p=j;
flag=abs(queue[j].go-current);
}
}
}
if(p!=-1){
cout<<queue[p].go<<" ";
total+=abs(queue[p].go-current);
current=queue[p].go;
queue[p].visited=1;
}
else{
for(j=0;j<quantity;j++){
if((queue[j].visited==0)&&(queue[j].go>current)){
if(abs(queue[j].go-current)<flag){
p=j;
flag=abs(queue[j].go-current);
}
}
}
```

```
cout<<queue[p].go<<" ";
total+=abs(queue[p].go-current);
current=queue[p].go;
queue[p].visited=1;
}
}
cout<<endl<<"磁头移过的柱面数:"<<total;

}

void main()
{ int i;
initial();
readData();
FIFO();
shortest();
for(i=0;i<quantity;i++){
queue[i].visited=0;
}
look();
}
```

实验任务:①设计磁道服务顺序 hard.txt 的内容。②写出程序输出结果并分析。

附A录 80386基础

80386 保护模式下的程序需要经常用到如下一些数据结构：

- 选择符
- 段描述符表
- 段描述符
- 门描述符

它们之间的关系如图 A.1 所示。

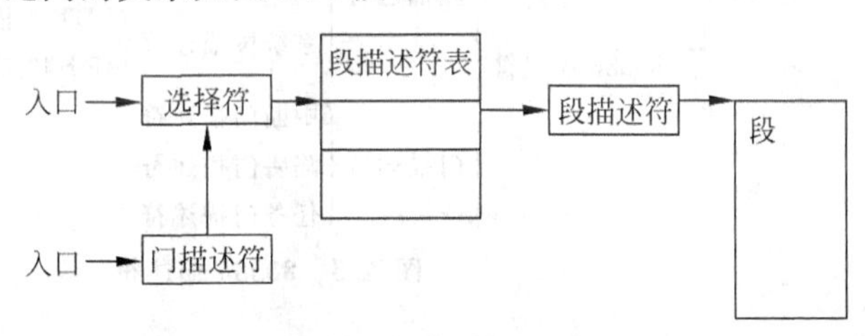

图 A.1 选择符、描述符关系图

A.1 80386 段管理机制

80386 分段机制需要用到以下数据结构：

- 段描述符
- 段描述符表
- 选择符

A.1.1 段

80386 有两种类型的段。存储段是存放可由程序直接进行访问的代码和数据的段。系统段是为了实现存储管理机制所使用的一种特别的段。在 80386 中，有两种系统段：任务状态段(TSS)和局部描述符表(LDT)段，如图 A.2 所示。

存储段没有特定的格式，存放的是简单的代码或者数据。系统段有特殊的格式，LDT 段存放的是局部描述符表，整个段就是一张表，每个表项是 8 字节的段描述符号。TSS 段存放的是任务状态，它有特定的数据结构,将在后面介绍。

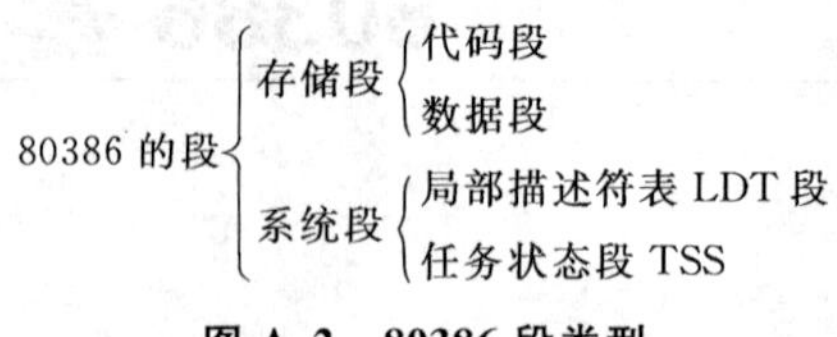

图 A.2　80386 段类型

A.1.2　段描述符

80386 的描述符类型一共两种,除了段描述符还有一种是门描述符,如图 A.3 所示。门描述符一共有任务门、中断门和陷阱门 3 种类型。门描述符和段描述符差别很大,很多字段意义完全不同。这里只讲述段描述符。

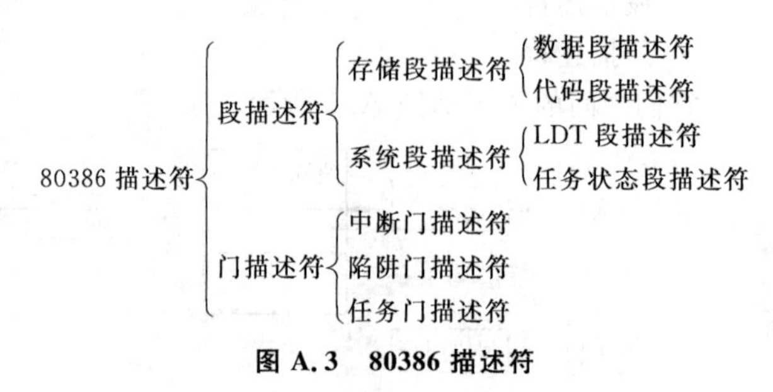

图 A.3　80386 描述符

在保护方式下,每一个段都有一个相应的 8 字节描述符来描述。段描述符中保存了段的所有属性,如段基地址、段限长、段特权级等。程序通过段描述符可以得到段的所有属性。

1. 存储段描述符

存储段描述符格式如图 A.4 所示。

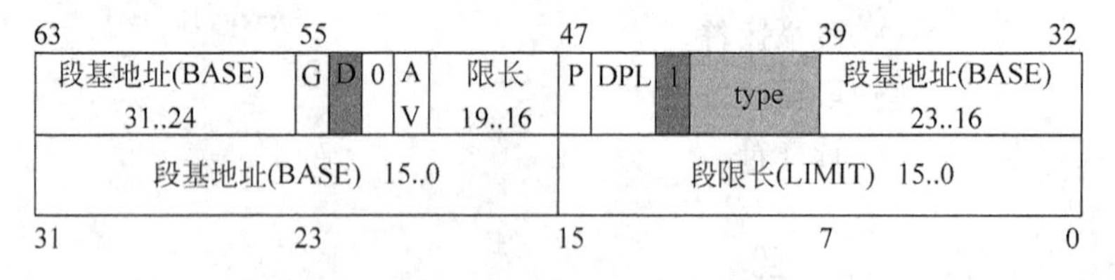

图 A.4　存储段描述符格式

TYPE 说明存储段描述符所描述的存储段的具体属性。

其中的位 0 指示描述符是否被访问过(Accessed),用符号 A 标记。A=0 表示尚未被访问;A=1 表示段已被访问。当把描述符的相应选择符装入到段寄存器时,80386 把该位置为 1,表明描述符已被访问。操作系统可测试访问位,以确定描述符是否被访问过。

其中的位 3 指示所描述的段是代码段还是数据段,用符号 E 标记。E=0 表示段为数据段,相应的描述符也就是数据段(包括堆栈段)描述符。数据段是不可执行的,但总是可读的。E=1 表示段是可执行段,即代码段,相应的描述符就是代码段描述符。代码段总是不可写的，若需要对代码段进行写入操作，则必须使用别名技术，即用一个可写的数据段描述符来描述该代码段，然后对此数据段进行写入。

在数据段描述符中(E=0 的情况)，TYPE 中的位 1 指示所描述的数据段是否可写，用 W 标记。W=0 表示对应的数据段不可写。反之，W=1 表示数据段是可写的。注意，数据段总是可读的。TYPE 中的位 2 是 ED 位，指示所描述的数据段的扩展方向。ED=0 表示数据段向高端扩展，也即段内偏移必须小于等于段界限。ED=1 表示数据段向低扩展，段内偏移必须大于段界限。

在代码段描述符中(E=1 的情况)，TYPE 中的位 1 指示所描述的代码段是否可读，用符号 R 标记。R=0 表示对应的代码段不可读，只能执行。R=1 表示对应的代码段可读可执行。注意代码段总是不可写的，若需要对代码段进行写入操作，则必须使用别名技术。在代码段中，TYPE 中的位 2 指示所描述的代码段是否是一致代码段，用 C 标记。C=0 表示对应的代码段不是一致代码段(普通代码段)，C=1 表示对应的代码段是一致代码段。

存储段描述符中的 TYPE 字段所说明的属性可归纳为表 A.1。

表 A.1 存储段描述符中的 TYPE 字段说明

段类型	Type 编码	说 明
数据段	0	只读
	1	只读、已访问
	2	读/写
	3	读/写、已访问
	4	只读、向下扩展
	5	只读、向下扩展、已访问
	6	读/写、向下扩展
	7	读/写、向下扩展、已访问
代码段	8	只执行
	9	只执行、已访问
	A	执行/读
	B	执行/读、已访问
	C	只执行、一致代码段
	D	只执行、一致代码段、已访问
	E	执行/读、一致代码段
	F	执行/读、一致代码段、已访问

2. 系统段描述符

系统段描述符格式如图 A.5 所示。

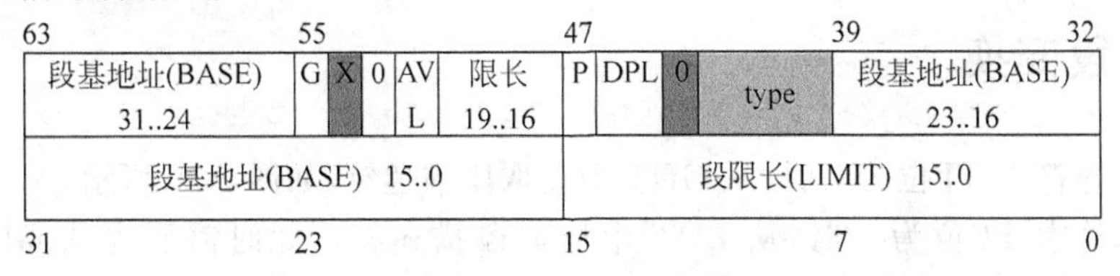

图 A.5 系统段描述符格式

存储段描述符和系统段描述符差别很小,图中深色 X 和 0 是两者的差别之处。系统段描述符中的段基地址和段界限字段与存储段描述符中的意义完全相同;属性中的 G 位、AVL 位、P 位和 DPL 字段的作用也完全相同。存储段描述符属性中的 D 位在系统段描述符中不使用,现用符号 X 表示。系统段描述符的类型字段 TYPE 仍是 4 位,其编码及表示的类型列见表 A.2,其含义与存储段描述符的类型却完全不同。

表 A.2　系统段描述符中的 TYPE 字段说明

Type 编码	说　明
0	未定义
1	可用 286TSS
2	LDT
3	忙的 286TSS
4	286 调用门
5	任务门
6	286 中断门
7	286 陷阱门
8	未定义
9	可用 386TSS
A	未定义
B	忙的 386TSS
C	386 调用门
D	未定义
E	386 中断门
F	386 陷阱门

从表 A.2 可见,只有类型编码为 2、1、3、9 和 B 的描述符才是真正的系统段描述符,它们用于描述系统段 LDT 和任务状态段 TSS,其他类型的描述符是门描述符。

A.1.3　段寄存器

80386 的段寄存器都包含有一个 16 位可见部分和一个不可见部分。段寄存器的可见部分由程序来操作,就好像是简单的 16 位寄存器,存放 16 位的段选择符。不可见部分由 CPU 维护,作为高速缓冲。每当段选择符被加载到段寄存器中时,CPU 取得段描述符表中相应的描述符,然后把段的属性放入不可见部分中。比如段基地址、限长以及其他属性。这样避免每次访问内存。

A.1.4　段变换

当段选择符中 TI 位为 0 时,从 GDT 中读取段描述符,如图 A.6 所示。

段选择符中 TI 位为 1 时,从 LDT 中读取段描述符。此时需要先从 GDT 中读取 LDT 段描述符,然后再从 LDT 中读取段基地址,如图 A.7 所示。

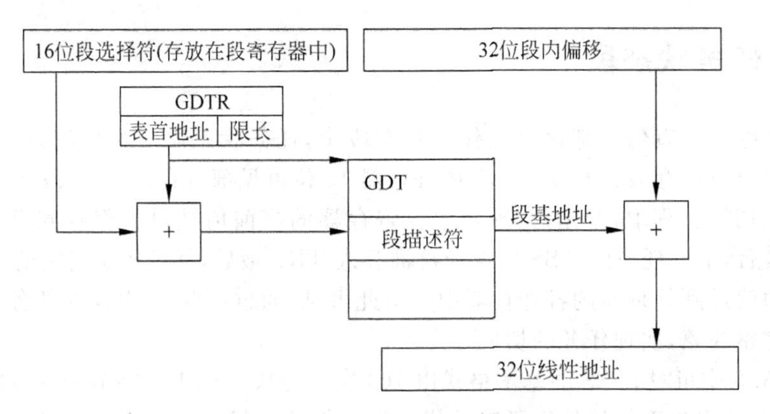

图 A.6 TI=0 时的段变换示意图

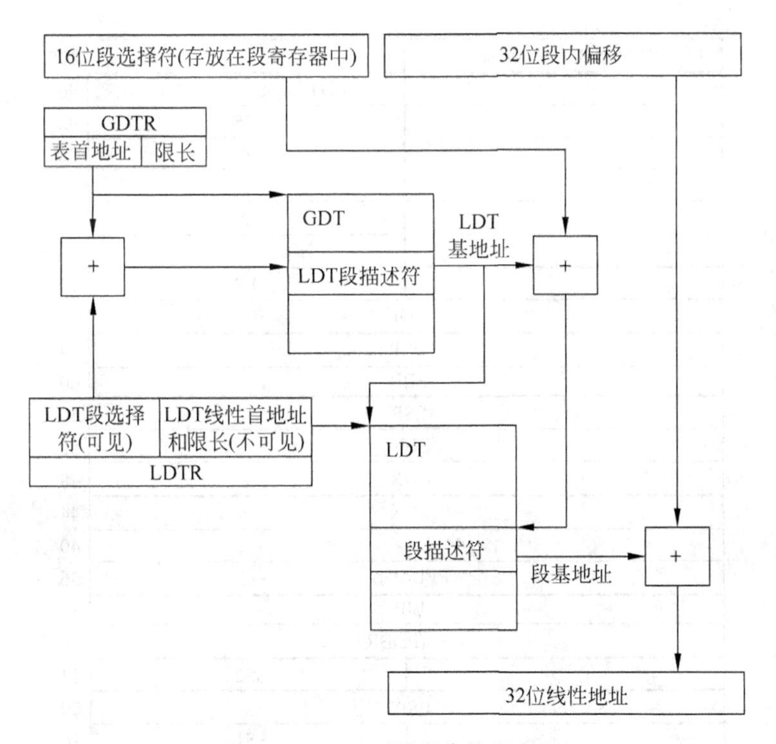

图 A.7 TI=1 时的段变换示意图

A.2 多任务

A.1 节介绍了存储段和 LDT 段，本节介绍另外一个系统段任务状态段 TSS。

为了提供多任务，80386 使用了特殊的数据结构，主要有任务状态段 TSS(Task State Segment)和任务寄存器 TR。

A.2.1 任务状态段

一个任务的所有信息都存放在任务状态段中,任务状态段与相应的段描述符相关。任务段描述符只能存放在 GDT 中,TR 寄存器 16 位可见部分存放 TSS 段选择符。

在任务切换过程中,首先,处理器中各寄存器的当前值被自动保存到 TR 所指定的 TSS 中;然后,下一任务的 TSS 的选择符被装入 TR;最后,从 TR 所指定的 TSS 中取出各寄存器的值送到处理器的各寄存器中。由此可见,通过在 TSS 中保存任务现场各寄存器状态的完整映象,实现任务的切换。

从图 A.8 中可见,TSS 的基本格式由 104 字节组成。这 104 字节的基本格式是不可改变的,但在此之外系统软件还可定义若干附加信息。基本的 104 字节可分为链接字段区域、内层堆栈指针区域、地址映射寄存器区域、寄存器保存区域和其他字段等 5 个区域。

31	15	0	
I/O Map Base Address		T	100
	LDT Segment Selector		96
	GS		92
	FS		88
	DS		84
	SS		80
	CS		76
	ES		72
EDI			68
ESI			64
EBP			60
ESP			56
EBX			52
EDX			48
ECX			44
EAX			40
EFLAGS			36
EIP			32
CR3(PDBR)			28
	SS2		24
ESP2			20
	SS1		16
ESP1			12
	SS0		8
ESP0			4
	Previous Task Link		0

图 A.8 任务状态段

1. 寄存器保存区域

寄存器保存区域位于 TSS 内偏移 32 至 95 处,用于保存通用寄存器、段寄存器、指令指针和标志寄存器。当TSS对应的任务正在执行时，保存区域是未定义的；在当前任务被切换出来时，这些寄存器的当前值就保存在该区域。当下次切换回原任务时，再从保存区域恢复出这些寄存器的值，从而使处理器恢复成该任务换出前的状态，最终使任务能够恢复执行。

2. 内层堆栈指针区域

为了有效地实现保护，同一个任务在不同的特权级下使用不同的堆栈。所以，一个任务可能具有4个堆栈，对应4个特权级。4个堆栈需要4个堆栈指针。

TSS的内层堆栈指针区域中有3个堆栈指针，它们都是48位的全指针(16位的选择符和32位的偏移)，分别指向0级、1级和2级堆栈的栈顶，依次存放在TSS中偏移为4、12及20开始的位置。当发生向内层转移时，把适当的堆栈指针装入SS及ESP寄存器以变换到内层堆栈，外层堆栈的指针保存在内层堆栈中。没有指向3级堆栈的指针，因为3级是最外层，所以任何一个向内层的转移都不可能转移到3级。但是，当特权级由内层向外层变换时，并不把内层堆栈的指针保存到TSS的内层堆栈指针区域。

3. 地址映射寄存器区域

从虚拟地址空间到线性地址空间的映射由GDT和LDT确定，与特定任务相关的部分由LDT确定，而LDT又由LDTR确定。如果采用分页机制，那么由线性地址空间到物理地址空间的映射由包含页目录表起始物理地址的控制寄存器CR3确定。所以，与特定任务相关的虚拟地址空间到物理地址空间的映射由LDTR和CR3确定。显然，随着任务的切换，地址映射关系也要切换。

TSS(Task State Segment，任务状态段)的地址映射寄存器区域由位于偏移28处的双字字段(CR3)和位于偏移96处的字段(LDTR)组成。在任务切换时，处理器自动从要执行任务的TSS中取出这两个字段，分别装入到寄存器CR3和LDTR。这样就改变了虚拟地址空间到物理地址空间的映射。

但是，在任务切换时，处理器并不把换出任务的寄存器CR3和LDTR的内容保存到TSS中的地址映射寄存器区域。事实上，处理器也从来不向该区域自动写入。因此，如果程序改变了LDTR或CR3，那么必须把新值人为地保存到TSS中的地址映射寄存器区域相应字段中。可以通过别名技术实现此功能。

4. 链接字段

链接字段安排在TSS内偏移0开始的双字中，其高16位未用。在起链接作用时，低16位保存前一任务的TSS描述符的选择符。

如果当前的任务由段间调用指令CALL或中断/异常而激活，那么链接字段保存被挂起任务的TSS的选择符，并且标志寄存器EFLAGS中的NT位被置1，使链接字段有效。在返回时，由于NT标志位为1，返回指令RET或中断返回指令IRET将使得控制沿链接字段所指恢复到链上的前一个任务。

5. 其他字段

为了实现输入输出保护,要使用 I/O 许可位图。任务使用的 I/O 许可位图也存放在 TSS 中,作为 TSS 的扩展部分。在 TSS 内偏移 102 处的字用于存放 I/O 许可位图在 TSS 内的偏移(从 TSS 开头开始计算)。关于 I/O 许可位图的作用将在后面的章节中介绍。

在 TSS 内偏移 100 处的字是为任务提供的特别属性。在 80386 中,只定义了一种属性,即调试陷阱。该属性是字的最低位,用 T 表示。该字的其他位置被保留,必须被置为 0。在发生任务切换时,如果进入任务的 T 位为 1,那么在任务切换完成之后,新任务的第一条指令执行之前产生调试陷阱。

A.2.2 任务寄存器

任务寄存器 TR 也是由可见和不可见两个部分所组成。其中 16 位的可见部分用来存放 TSS 段选择符,它指向 GDT 中的一个 TSS 描述符。处理器使用 TR 中的不可见部分来高速缓存 TSS 的段描述符,包括 TSS 段的基地址和段长度,如图 A.9 所示。

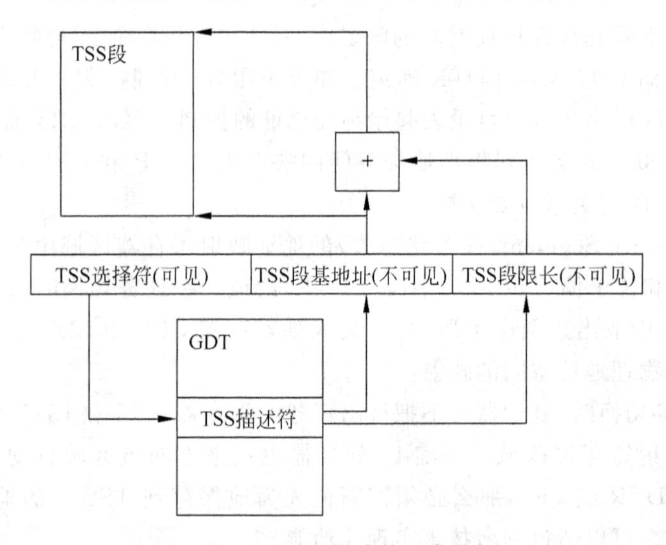

图 A.9 TSS 段变换示意图

A.2.3 任务门

任务门描述符格式如图 A.10 所示。

(未使用)	P	DPL	00101	(未使用)
TSS 段选择符	(未使用)			

图 A.10 任务门描述符格式

一个任务门描述符正像一个门为一个任务的执行提供控制和保护。任务门描述符可以位于 GDT、LDT 或 IDT 中。

A.2.4 任务切换

1. 任务切换的 4 种形式

处理器可以通过下列 4 种形式之一切换到其他任务执行，如图 A.11 所示。

(1) 在当前程序、任务或过程中执行一条 JMP 或 CALL 指令转到 GDT 中 TSS 描述符(直接任务转换)。

(2) 在当前程序、任务或过程中执行一条 JMP 或 CALL 指令转到 GDT 或当前 LDT 中一个任务门描述符(间接任务转换)。

(3) 通过一个中断或异常矢量指向 IDT 中的一个任务门描述符(间接任务转换)。

(4) 当标志位 EFLAGS · NT 设置时，当前任务执行指令 IRET(或 IRETD，用于 32 位程序转换(直接任务转换)。

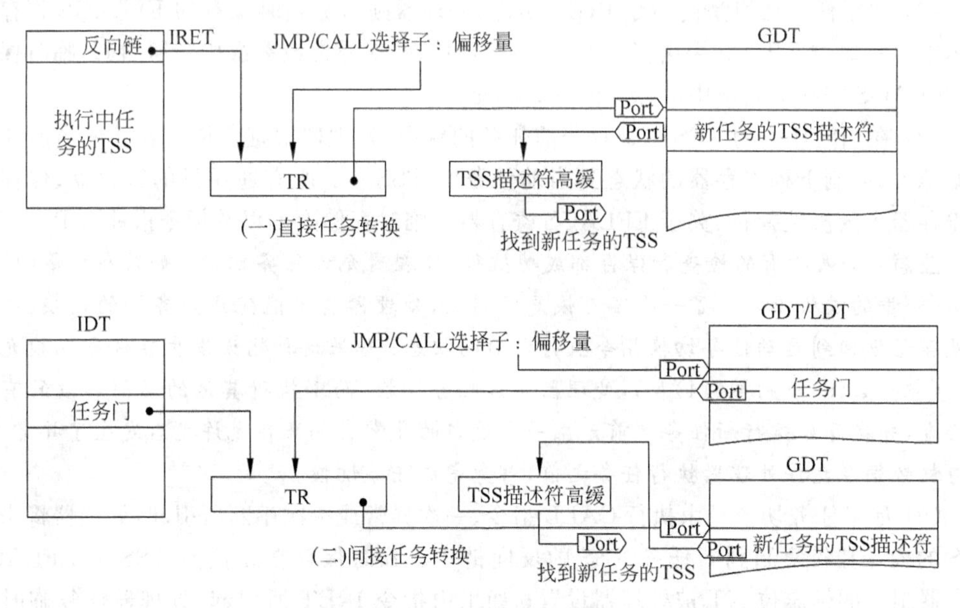

图 A.11 任务切换的形式

2. 任务切换步骤

当处理器切换到一个新任务时，执行下列操作步骤。

(1) 从一个任务门或先前任务的连接域(反向链)中(由指令 IRET 启动任务切换)、从指令 JMP 或 CALL 的操作数为新任务获取 TSS 段选择符。

(2) 检查当前的任务是否允许转向新任务，访问权限规则适用于指令 JMP 和 CALL，当前任务的 CPL 阈值和新任务段选择符的 RPL 阈值必须小于或等于 TSS 描述符的 DPL 域值或所参考任务门的 DPL 域值。即直接任务转换要求：

DPL TSS 描述符≥MAX （CPL 现行特权，RPL 新任务的段选择子）

间接任务转换要求：

DPL 任务门≥MAX （CPL 现行特权，RPL 指向任务门的选择子）

除了由指令“INT n”引起的软件中断之外，凡是异常或中断以及指令 IRET 允许切换到新任务，均无需考虑目的任务门或 TSS 描述符的 DPL，对于由指令“INT n”引起的中断，则要检查其 DPL。

(3) 检查新任务的 TSS 描述符是否存在，以及是否有一个合法的界限（大于或等于 67H）。

(4) 检查新任务是否有效（调用、跳转、异常或中断）和是否忙（IRET 返回）。

(5) 检查当前任务的 TSS。新任务的 TSS 和任务切换中所使用的所有段描述符是否被分页进入系统存储器。

(6) 如果任务切换是由指令 JMP 或 IRET 引起，处理器则清除当前任务 TSS 描述符中的忙标志位 B；如果由指令 CALL、一次异常或一次中断所引起，设置忙标志位 B。

(7) 如果任务切换是由指令 IRET 引起，处理器则清除临时保存的 EFLAGS 寄存器副本中的标志位 NT；如果由指令 CALL 或 JMP、一次异常或一次中断所引起，临时保存的 EFLAGS 寄存器副本中的标志位 NT 不变。

(8) 在当前任务的 TSS 中保存当前任务的状态，处理器根据 TR 内容寻址当前 TSS 的基地址，复制下列寄存器的状态到当前任务的 TSS 中：所有通用目的寄存器、保存在段寄存器中的段选择符、关于 EFLAGS 寄存器的临时存储副本以及指令指针 EIP。

注意：如果所有的检查和保存都成功执行，处理器允许任务切换；如果在从第(1)步到第(8)步的过程中发生了一个不可恢复的错误，处理器将不能完成任务间的切换，并强迫处理器返回到启动任务切换指令执行之前的状态；如果这种错误发生在任务切换允许之后（即在第(9)步到第(14)步），处理器完成任务切换，而不执行其他的访问和段的有效性检查，并在开始执行新任务之前产生一个适当的异常。如果在允许之后发生了异常，异常句柄必须在允许处理器执行任务之前，自身完成任务切换。

(9) 如果任务切换是由执行 CALL 指令、一次异常或一次中断所引起，处理器将当前 TSS 的段选择符复制到新任务 TSS 的反向链中。临时保存在新任务 TSS 中 EFLAGS 寄存器副本的标志位 NT 被处理器设置；如果由指令 IRET 所引起，处理器恢复临时保存在堆栈中 EFLAGS 寄存器副本的标志位 NT；如果由指令 JMP 所引起，标志位 NT 不变。

(10) 如果任务切换是由指令 CALL、指令 JMP、一次异常或一次中断所引起，处理器则设置新任务 TSS 描述符中的忙标志位 B；如果由指令 IRET 所引起，忙标志位 B 被处理器清除。

(11) 设置新任务 TSS 中的副本标志位 CR0 • TS。

(12) 为 TR 装载新任务 TSS 所需要的段选择符和描述符。

(13) 从新任务的 TSS 中装载新任务的状态到处理器中，在该步中可能发生任何与装载和校验段描述符相关的错误，被装载的任务状态信息包含在 LDTR、CR3、EFLAGS。

EIP、通用目的寄存器和段寄存器。

(14) 开始执行新任务。对于一个异常句柄,新任务的第一条指令不执行。

当任务成功切换时,当前执行任务的状态总被保存。如果该任务被恢复执行,执行使从所保存 EIP 值指向的指令处开始,寄存器的值也被恢复到任务挂起时的保存值,这与中断现场的恢复类似。

当发生任务切换时,新任务的特权级并不继承前任挂起任务的特权级,新任务按 CS 寄存器的 CPL 域指定的特权级开始执行,CS 从 TSS 中装载得到。通过各自独立的地址空间、不同的 TSS 和访问权限可以对任务进行很好的隔离,在任务切换时软件并不需要执行对特权级的直接检查。

3. 一个任务的运行环境

一个任务的运行环境由寄存器组和地址空间组成。寄存器组中保存的是任务当前的状态。地址空间由若干个段构成,每个段都有相应的段描述符,这些描述符要么放在 GDT 中,为所有任务共享;要么放在 LDT 中,是任务的私有空间。

任务的段包括:

- GDT 中索引的代码段和数据段　这是操作系统的内核数据段和代码段。
- LDT 段　就是一张局部描述符表,由该表再索引其他私有段,比如私有数据段、私有代码等。
- TSS 段　保存有该任务的所有信息,供任务切换使用。

附录B 操作系统练习题与参考答案

B.1 练习题

1. 填空题

(1) 中央处理器(CPU)是硬件系统的核心,而________,简称OS,是软件系统的基础。

(2) 操作系统是运行在计算机硬件系统上的最基本的________软件。

(3) 操作系统在裸机上运行,其他系统程序和应用程序则是在________上运行的。

(4) 计算机系统资源包括硬件资源和软件资源,其中________是组成计算机的物理实体,而________则依赖于一定的物理实体才能为人们所感知。

(5) 引入多道程序的目的在于充分利用________,减少________的等待时间。一般地,通常利用作业在进行I/O操作时,引入另一道程序。

(6) 操作系统资源管理的主要任务是对资源进行________ 和回收。

(7) 分时系统和多处理器系统是基于________的操作系统。

(8) 主机采用________的方式轮流为各终端用户服务,及时地响应用户的服务请求。尽管物理上只有一台计算机,然而每个用户都可以得到及时的服务,每个用户都感到有一台计算机在专门为他服务,这种系统称为________。

(9) 实时系统最关键的因素是________。

(10) 操作系统是对计算机进行控制和管理的程序,是________和计算机的接口。

(11) UNIX系统是________ 操作系统,MS-DOS系统是________操作系统。

(12) 计算机系统是由________ 系统和________系统两大部分组成。

(13) ________是对信息进行高速运算和处理的部件。

(14) 在20世纪60年代还出现了用于控制生产流水线、进行工业处理控制、监督和控制实验等的________。

(15) 个人计算机上每次只允许一个用户使用的计算机的系统称为________。

(16) 为计算机网络配置的操作系统称为________。

(17) 为分布式计算机系统配置的操作系统称为________。

(18) 根据服务对象不同,常用的操作系统可以分为下列3种类型:

① 允许多个用户在其终端上同时交互地使用计算机的操作系统称为________,它通常采用________策略为用户服务。

② 允许用户把若干个作业提交给计算机系统集中处理的操作系统称为________,衡量这种系统性能的一个主要指标是系统的________。

③ 在________ 的控制下,计算机系统能及时处理同过程控制反馈的数据并做出响应。设计这种系统时,应首先考虑系统的________。

(19) 通常称执行时间上有重叠的几个程序为________,多道程序系统中,引入了并发机制。

(20) 几个________ 竞争同一资源,得到该资源的进程继续运行,其他的进程只能等待。

(21) 操作系统中,________ 是系统资源分配、调度和管理的最小单位,操作系统的各种活动都与它有关。

(22) ________是进程存在的唯一标志,它与其他相关表格一起,记录进程从创建到消亡的整个活动期的各种状态变化。

(23) 操作系统中,进程的最基本的3种状态是________、________和________,这3种状态间的转换称为________。

(24) 某进程已获得运行所需的其他资源(CPU除外),将处于________,当它获得CPU时,就将处于________。

(25) 因某种原因,正在运行的进程要等待某事件发生,只好暂停,则将处于________。

(26) 单处理器系统中,处于________ 的进程只能有1个,其他进程必须等待,不得不按照某种方式排列成一个队列,此队列称________,操作系统必须按照一定的算法,每次从这个队列中选取一个进程投入运行,这个选择过程称________。

(27) 运行中的进程因某种原因(I/O事件或时间片用完等)暂停或者退出运行,则进程将根据情况进入________,或者退回就绪状态。

(28) 进程调度的基本功能________。

(29) ________是指由若干条机器指令所构成,用以完成系统的特定功能的一段程序。它是一种特殊系统调用,用以完成操作系统的特定功能,该程序在执行时是不可中断的。

(30) 操作系统为进程分配一个________,并对它初始化,将表中的对应内容填入PCB表,从而完成建立一个新进程的工作。

(31) 处于运行状态的进程,在等待某个I/O事件发生时,通常通过________原语将它排入等待队列中,此时将有一个新的调度产生。

(32) 进程调度的关键是选择合理的________。

(33) 调度方式有________和________,前者常被称为抢占式调度,即当一个进程在运行时,系统可强行将其撤下,并把CPU分配给其他进程。

(34) 调度算法中，________，也称为先来先服务算法，它总是将处理器分配给最先进入就绪队列的进程。

(35) ________是从就绪队列中选择一个CPU执行时间估计最短的进程进行调度。

(36) ________ 是将处理器分配给就绪队列中优先级别最高的进程。

(37) 一次仅允许一个进程使用的资源叫________，一个进程访问这种临界资源的那段程序代码叫________。

(38) 锁和________的机制是通常用得最多的同步机构。

(39) ________是一种控制进程同步和互斥的物理变量。

(40) 信号量的物理意义是信号量大于零，表示________；信号量小于零，其绝对值为________。

(41) 系统中各进程之间逻辑上的相互制约关系称为________。

(42) 若一个进程已进入临界区，其他欲进入临界区的进程必须________。

(43) 采用P-V操作管理临界区时，任何一个进程在进入临界区之前，应调用________操作；退出临界区时，应调用________操作。

(44) 对于信号量可以做P操作和V操作。________ 操作用于阻塞进程，________操作用于释放进程。

(45) 存储器通常使用________和________ 组成。

(46) 计算机系统中，通常将内存分为________和________。

(47) ________是目标程序指令的顺序以0为参考地址。这些地址的集合称为虚拟空间。

(48) 目标程序要运行时，必须经过________ 将相对目标程序装入内存，并实现相对地址到________的转换。

(49) 内存的分配方式有________、________ 和________ 3种。

(50) ________指在目标程序模块装入内存时，一次分配完作业所需的内存空间，不允许在运行过程中再分配内存；________ 指在目标程序模块装入内存时，分配作业所需的基本内存空间，且允许在运行过程中再次申请额外的内存空间。

(51) 进行程序的相对地址到物理地址的转换，称为________。

(52) ________ 和________是内存扩充时两种主要的软件技术。

(53) 若采用________，在程序开始装入时，不必将整个程序装入，而先装入部分模块，当运行过程中调用到另一模块时，再从外存调入到同一存储区域。

(54) 若采用________，则将作业不需要或暂时不需要的部分可以移到外存，让出内存空间以调入其他所需的数据。

(55) 虚拟存储技术是通过________ 和替换功能，对内外存进行统一管理，为用户提供了一种宏观上似乎比实际内存容量大得多的存储器。

(56) 分区管理的两种方式是________和________。

(57) ________ 是指那些未被使用，而又暂时不能使用的存储空间，它的存在造成了内存空间的极大浪费。

(58) 固定分区管理是通过一个________ 表来实现的，表中包括分区号、分区大小、起始地址和使用状态等信息。

(59) 可变分区管理中，________法采用按起始地址递增顺序排列空闲区。

(60) 可变分区管理中，________法采用按分区大小递减顺序排列空闲区。

(61) 可变分区管理中，________ 法采用按分区大小递增顺序排列空闲区。

(62) 分页管理不需要连续存储分配，通常以________ 为单位分配，页之间可以不连续。

(63) 简单分页管理中，系统为每一个运行的作业建立一个________，表中包括一个栏目，即________。

(64) 简单分页管理中，________ 由系统自动完成，用户根本不需要直接分页，也不需要知道数据存放的物理位置。

(65) 分段管理中，系统为每一个运行的作业建立一个________，其内容主要包括段号、段长、内存起始地址和状态标志等。

(66) 分段管理下的地址映射过程是：若执行某条指令，首先找到该作业段表的________，然后根据逻辑地址中的段号去查找________；若该段已经调入内存，则得到该段内存起始地址，然后与段内相对地址相加，得到物理地址。

(67) 分段管理提供了一种________ 维的地址结构，以段为单位进行内存分配。

(68) 如果两个或者两个以上的作业要访问同一个段，该段称为________。

(69) 将分段和分页两种管理方式结合起来，即形成了________存储管理方式。

(70) 比较分页与分段管理，________是信息的逻辑单位，________是信息的物理单位。

(71) 虚拟存储器的容量由计算机系统的________ 和外存的容量来决定，而与实际内存容量无关。

(72) 在存储管理中，把逻辑地址转换成绝对地址的工作称为________ 或叫________。

(73) 分页管理是把内存分为大小相等的许多区，每个区称为________；而程序的逻辑地址分为若干________，页的大小与块的大小相等。

(74) 在存储管理中，把逻辑地址转换成绝对地址的工作称为________，可分为________和________两种。

(75) 在没有________ 的系统中采用覆盖技术，可利用较小的存储空间处理较大的作业。

(76) 在存储管理中，要摆脱内存容量的限制，可以采用________ 方法。

(77) 分页管理中，进程的虚拟地址空间被划分为若干大小相等的________，内存的物理地址空间被划分为与页大小相等的________。

(78) 请求分页管理是一种________ 分页管理，它的地址变换与静态分页管理相同，也是通过查找________来完成的。

(79) 段页式管理中，虚拟空间的最小单位是________ 而不是________。

(80) 置换算法是在内存中没有________时被调用的，它的目的是选出一个被淘汰的页面。

(81) 段页式管理中，每个段是一个有意义的信息单位，段的________ 和________ 更有意义，同时也容易实现。

(82) 分段管理中，若逻辑地址的段内地址大于段表中该段的段长，则发生________。

(83) 逻辑文件可以有两种形式，一种是________，另一种是________。

(84) 文件目录是________的有序集合。

(85) 从用户的角度看，文件系统的功能是要实现________，为了达到这一目的，一般要建立________。

(86) 在 UNIX 系统中，对文件进行控制和管理的数据结构称作________。

(87) 文件是________________________________。

(88) 文件体指文件本身的信息，可能是数字的、字母的，或字母数字混合，或者二进制等等。文件可以是________，如文本文件；也可以是很严格的记录式的有结构文件。

(89) 最简单的文件访问是________。

(90) 对文件进行存取操作的基本单位是________。

(91) 文件结构通常有________和________两种。

(92) 逻辑结构是从________的观点看到的文件组织形式；而________是文件在外存上的实际存放形式。

(93) 从文件管理角度看，文件由________和文件内容两部分组成。

(94) 存放文件或分配存储空间的基本单位是________。

(95) 文件的物理组织有 3 种形式________、________和________。

(96) 按逻辑结构划分，可将文件划分成________和________两大类。

(97) 某用户编辑了一个 C 语言源程序文件，若按文件的用途分类，它是________文件；若按文件的逻辑结构分类，它则是________文件。

(98) ________是文件系统为每个文件建立的一张指示逻辑纪录和物理块之间对应关系的表。

(99) 在用户看来，所看到的文件组织形式称为文件的________。

(100) 从实现的观点出发，文件在外存上的存放组织形式称为文件的________。

(101) 存取索引文件，首先要查找________，然后根据索引项的地址存取相应的物理块。

(102) 磁带中文件的存取方法是________。

(103) 文件系统对文件的管理是通过________来实现为程序和用户提供按名存取的方法。

(104) 操作系统通过________对文件实施控制管理。

(105) 文件系统中设置了一个被称为________的数据结构，通过它来描述和控制文件，它与文件是一一对应的。

(106) 树型目录结构的文件系统中，常常通过________和________对文件进行访问。

(107) 在树型目录管理中，以一个相对的目录作为搜索的参考点，这种相对的目录被称为________。

(108) 若某文件 my. doc 是 MY_EX 目录下的 DOC 目录下的 mydir 目录中的一个文件，搜索该文件的路径名应该为________；如果当前目录是 DOC，则相对路径名为________。

(109) 操作系统中，设备管理的目标是________和________。

(110) 中断装置通常都是按预定的顺序来响应同时出现的中断事件的，这个预定的顺序常被称为________。

(111) 具有通道技术的计算机系统，输入输出操作是由通道执行________完成的。

(112) 通道通过执行通道程序来控制设备工作，完成指定的________操作。

(113) 从资源分配的角度看，可以把设备分为________设备和________设备；打印机是________设备；而磁盘是________设备。

(114) 虚拟设备是通过________技术把________变成能为若干用户可共享的设备。

(115) 通道是一个独立于________的专管输入输出的________，它控制外设或外存与内存之间的信息交换。

(116) 缓冲区可分为________、________和________。

(117) 系统在进行中断处理前，都需要保护________，而在中断处理完成后，通过执行一条专门的________指令回到断点处，继续执行原来的程序。

(118) 中断向量实际上是一种指针，它指向对应________的入口。

(119) 设备驱动程序作为一种特殊的文件，通常都是存放在________中，在需要时，才由操作系统装入使用。

(120) ________、________和________是I/O设备与系统的数据交换的常用方式。

(121) 系统与设备间的协调主要是速度的协调，只有解决了快速CPU与慢速I/O设备之间的操作匹配的矛盾，才能提高两者的利用率，在操作系统中采用________的方式来缓解这个矛盾。

(122) 缓冲是一种________技术，它利用某种存储设备，在数据传送过程中进行暂时的存放。

(123) 引入缓冲技术后，有效地缓解了CPU与I/O设备之间________不匹配的矛盾，减少了I/O设备对CPU的中断请求次数。

(124) ________和________是两种缓冲方式，或者利用专门的硬件寄存器作为缓冲器；或者借助操作系统的管理，采用内存中的一个或者多个区域作为缓冲区。

(125) 将系统内所有的缓冲区统一管理起来，就形成了________，一般由若干大小相同的缓冲区组成，任何进程都可以申请使用。

(126) 为了提高________的利用率，一般采用SPOOLing技术。

(127) SPOOLing一词的含义是________，它实际上是一种________技术。

(128) 引入SPOOLing技术后，低速的________就改变成了一种可共享的设备。

(129) 在进行打印时，利用SPOOLing技术，将磁盘区作为一种虚拟打印机，进程对打印机的操作实际是对________的操作。

(130) 设备的三种资源属性是________、________和________。

(131) 设备管理中，________技术是操作系统得以及时响应外部和内部服务请求的必不可少的重要机制。

(132) 运用通道技术使CPU、通道和I/O设备之间并行操作成为可能，但因为通道数量的不足，常常会产生________现象。

(133) 计算机实现缓冲的方式有两种，一是采用专用的硬件________，二是在主存中开辟专用的________。

(134) 常用的 I/O 控制方式有程序直接控制方式、________、________ 和 DMA 方式。

(135) 进程的特征主要有________、________、独立性、制约性和结构性。

(136) 计算机系统一般都有两种运行状态，即________ 和________。

(137) 文件存取方式按存取次序通常分________、________，还有一类________。

(138) 引起死锁的 4 个必要条件是________、________、________和________。

(139) 进程的 3 个最基本状态是________、________和________。

(140) 传统操作系统提供编程人员的接口称为________。

(141) 可变分区存储管理中，分区的长度不是预先固定的，而是按________ 来划分的；分区个数也不是预先确定的，而是由________ 决定的。

(142) 进程通信根据________分为高级通信和低级通信，PV 操作属于________。

(143) Shell 程序语言最早是由 UNIX 操作系统提供给用户使用的________。

(144) 实现多道程序设计的计算机系统，需要________ 和________ 等必不可少的硬件支持。

(145) 多道运行的特征之一是宏观上并行，其含义是________。

(146) 实时系统应该具备的两个基本特征是________ 和________。

(147) 为了赋予操作系统某些特权，使得操作系统更加安全可靠地工作，实际操作系统中区分程序执行的两种不同的运行状态是________ 和________，其中后者不能执行特权指令。

(148) 在分时和批处理系统结合的操作系统中引入了“前台”和“后台”作业的概念，其目的是________。

(149) 如果操作系统具有很强的交互性，可同时供多个用户使用，但时间响应又不太及时，则属于________类型；如果操作系统可靠，时间响应及时但仅有简单的交互能力，则属于________ 类型；如果操作系统在用户提交作业后，不提供交互能力，它所追求的是计算机资源的高利用率、大吞吐量和作业流程的自动化，则属于________类型。

(150) 用户程序经过编译之后的每个目标模块都以 0 为基地址顺序编址，这种地址称为________。

(151) 把多个输入和多个输出缓冲区统一起来，形成一个既能用于输入，又能用于输出的缓冲区。该缓冲区称为________。

(152) 一个进程在运行过程中可能与其他进程产生直接的或间接的相互作用，进程的这一特性称为________。

(153) 当用户申请打开一个文件时，操作系统将该文件的文件控制块保存在内存的________ 表中。

(154) 在虚拟页式存储管理系统中，如果页面淘汰算法选择不好，会使页面在内存与外存之间频繁调度，这种现象称为________。

(155) 对于移动臂磁盘，磁头在移动臂的带动下移动到指定柱面的时间称为________时间。

(156) 在设备管理中，为了克服独占设备速度较慢、降低设备资源利用率的缺点、引入________，即共享设备模拟独占设备。

(157) 为了便于系统控制和描述进程的活动过程，在操作系统核心中为进程定义了一个专门的数据结构，称为________。

(158) 在批处理作业系统兼分时系统的系统中，往往由分时系统控制的作业称为________作业，而由批处理系统控制的作业称为后台作业。

(159) 在页式存储管理中，用户程序的逻辑地址由________和页内地址两部分组成。

2. 选择题

(1) 操作系统简称 OS，是一种(　　)。

A) 通用软件　B) 系统软件　C) 应用软件　D) 游戏软件

(2) 操作系统是软件系统的核心和基础，负责对(　　)进行管理。

A) 系统程序　B) 硬件系统　C) 应用程序　D) 计算机资源

(3) 在用户看来，操作系统是(　　)。

A) 控制和管理计算机资源的软件

B) 用户和计算机之间的接口

C) 合理地组织计算机工作流程的软件

D) 由若干层次的程序按一定的结构组成的有机体

(4) 操作系统的基本类型主要有(　　)。

A) 批处理系统、分时系统及多任务系统

B) 实时系统、分时系统和多用户系统

C) 单用户系统、多用户系统及批处理系统

D) 实时系统、批处理系统及分时系统

(5) 分时系统通常采用(　　)策略为用户服务。

A) 先来先服务　B) 短作业优先　C) 高优先权　D) 时间片轮转

(6) 允许用户把若干个作业提交给计算机系统的操作系统是(　　)。

A) 单用户操作系统　B) 分布式操作系统

C) 批处理操作系统　D) 监督程序

(7) 在(　　)协调和控制下，计算机系统能及时处理由过程控制反馈的数据并做出响应。

A) 实时操作系统　B) 分时操作系统

C) 批处理操作系统　D) 单用户操作系统

(8) 操作系统是计算机系统中的(　　)。

A) 系统软件　B) 应用软件　C) 硬件　D) 固件

(9) 从资源管理的观点看，操作系统是一组(　　)。

A) 文件管理程序　B) 资源管理程序

C) 设备管理程序　D) 中断处理程序

(10) 操作系统是对(　　)进行管理的程序。

A) 软件　B) 硬件　C) 应用程序　D) A 和 B

(11) 进程管理中，在(　　)情况下，进程将从等待状态变为就绪状态。

A) 进程被进程调度程序选中　B) 等待某一时间

C）事件片用完　　D）等待的事件发生

（12）当某进程分配到必要的资源并获得 CPU 时，该进程状态是（　）。

A）就绪状态　B）等待状态　C）运行状态　D）撤销状态

（13）P 操作和 V 操作是两条（　）。

A）低级进程通信原语　　B）不同机器指令

C）系统调用命令　　D）高级进程通信原语

（14）对进程的管理和控制常使用（　）。

A）信号量　B）信箱　C）原语　D）指令

（15）一个执行中的进程时间片用完后，状态将变为（　）。

A）等待　B）就绪　C）运行　D）自由

（16）用 V 操作原语去唤醒一个等待进程，被唤醒进程的状态将变为（　）。

A）就绪　B）等待　C）运行　D）完成

（17）进程之间在逻辑上的相互（　）关系，这是指进程的同步。

A）联接　B）制约　C）调用　D）排斥

（18）（　）是一种只能进行 P 操作和 V 操作的特殊变量。

A）同步　B）互斥　C）调度　D）信号量

（19）进程控制就是对系统中的进程实施有效的管理，它通过使用（　）、进程撤销、进程阻塞、进程唤醒等进程控制原语实现。

A）进程运行　B）进程管理　C）进程同步　D）进程创建

（20）操作系统通过（　）对进程进行管理。

A）进程控制块　B）数据集合　C）进程控制区　D 程序段

（21）一个进程被唤醒意味着（　）。

A）进程重新占有了处理器　　B）优先数变为最大值

C）PCB 移到等待队列队首　　D）进程变为就绪状态

（22）多道程序环境下，操作系统分配资源以（　）为基本单位。

A）程序　B）指令　C）作业　D）进程

（23）两个进程并发执行，一个进程要等待另一个进程发来消息，或者建立某个条件后再向前推进，这种制约性被称为进程的（　）。

A）同步　B）互斥　C）调度　D）执行

（24）某一进程在执行过程中，因某个原因而暂停，则将进入（　）。

A）就绪状态　B）停止状态　C）等待状态　D）自由状态

（25）多个并发进程（　）。

A）不能共享系统资源　　B）不可调用可重入代码

C）能够共享所有的系统资源　　D）能够共享允许共享的系统资源

（26）某进程在执行过程中，系统将其强行撤下，把 CPU 分配给其他进程，这种调度方式就是（　）。

A）剥夺方式　　B）非剥夺方式

C）DMA 方式　　D）中断方式

（27）为了照顾短作业用户，进程调度采用（　）。

A) 先进先出调度算法　　B) 轮转法
C) 优先级调度算法　　D) 短进程优先调度算法

(28) 进程间的基本关系为(　　)。
A) 并行执行与资源共享　　B) 同步关系与互斥关系
C) 信息传递与信息缓冲　　D) 相互独立与相互制约

(29) 进程间的同步与互斥,分别表示了各进程间的(　　)。
A) 独立与制约　　B) 不同的状态　　C) 协调与竞争　　D) 竞争与协作

(30) (　　)定义了一个共享数据结构和各种进程在该数据结构上所能执行的全部操作。
A) 管程　　B) 类程　　C) 线程　　D) 程序

(31) 文件代表了计算机系统的(　　)。
A) 硬件　　B) 硬件资源　　C) 软件　　D 软件资源

(32) 从文件逻辑结构来看,文件可分为(　　)和记录式文件两类。
A) 索引文件　　B) 输入文件　　C) 流式文件　　D) 系统文件

(33) 记录是存取文件的基本单位,它的长度(　　)。
A) 等长或不等长　　B) 必须是等长的
C) 是固定长度的　　D) 必须是不等长的

(34) 文件系统中,通过(　　)管理文件。
A) 作业控制块　　B) 目录
C) 软硬件结合方法　　D) 页表

(35) 文件系统中,通常采用(　　),以解决不同用户文件的"命名冲突"问题。
A) 约定方法　　B) 路径
C) 多级目录　　D) 索引

(36) 如果文件系统中存在两个文件同名,那么就不应该采用(　　)结构。
A) 一级结构　　B) 二级结构　　C) 多级结构　　D) 树型结构

(37) 操作系统中,文件系统包括(　　)。
A) 负责管理文件的软件　　B) 被管理的对象
C) 相关数据结构　　D) 以上全部包括

(38) 磁带上的文件一般只能(　　)存取。
A) 索引　　B) 随机　　C) 直接　　D) 顺序

(39) 记录是一个具有特定意义的信息单位,它由(　　)组成。
A) 字　　B) 物理块　　C) 位　　D) 数据项

(40) 通常在(　　)中会保存文件名、文件扩展名、文件长度、文件属性以及文件建立的日期与时间等信息。
A) 进程控制块　　B) 目录　　C) 作业控制块　　D) 索引

(41) 若文件大小不固定,且采用直接存取方式,则宜选择(　　)文件结构。
A) 直接　　B) 顺序　　C) 索引　　D) 随机

(42) 下列文件的物理结构中,不利于文件长度动态增长的是(　　)。
A) 顺序结构　　B) 链接结构

C) Hash 结构　　　　　　　　D) 索引结构

(43) 索引结构文件中的索引表是用来(　　)的。

A) 存放查找关键字的内容

B) 指示逻辑记录和物理块之间对应关系

C) 指示逻辑记录逻辑地址

D) 存放有关数据结构信息和文件信息

(44) 按物理结构划分,文件主要有(　　)3类。

A) 索引文件、读写文件、顺序文件

B) 顺序文件、链接文件、索引文件

C) 顺序文件、直接文件、链接文件

D) 链接文件、顺序文件、读写文件

(45) 按文件的用途分类,编辑程序是系统文件,但被它编辑的文件是(　　)。

A) 用户文件　　B) 文档文件　　C) 系统文件　　D) 库文件

(46) Access 数据库文件的逻辑结构形式是(　　)。

A) 字符流式文件　B) 逻辑文件　　C) 记录式文件　　D) 只读文件

(47) 不便于文件扩充的物理结构文件是(　　)。

A) 顺序文件　　B) 链接文件　　C) 索引文件　　D) 多级索引文件

(48) (　　)是由指示逻辑记录和物理块之间的对应关系的索引表和文件本身构成的文件。

A) 逻辑文件　　B) 顺序文件　　C) 链接文件　　D) 索引文件

(49) 文件的绝对路径是指从(　　)开始,逐级沿着每一级子目录向下,最后到指定文件的整个通路上所有子目录名,通过分隔符分隔而组成的一个字符串。

A) 根目录　　B) 当前目录　　C) 二级目录　　D) 多级目录

(50) 文件被划分为若干个大小相等的物理块,它是(　　)的基本单位。

A) 存放文件信息或分配存储空间　　B) 组织和使用信息

C) 表示单位信息　　D) 记录式文件

(51) 文件系统采用二级目录结构,可以(　　)。

A) 节省内存空间　　B) 缩短访问文件的存储器时间

C) 实现文件共享　　D) 解决不同用户文件重名问题

(52) 文件系统中,记录顺序与物理文件中占用物理块顺序一致的是(　　)。

A) 顺序文件　　B) 链接文件　　C) 索引文件　　D) Hash 文件

(53) 操作系统中,通过(　　)可以将文件名转换为文件存储地址,并对文件进行控制和管理。

A) 文件名　　B) PCB　　C) 路径名　　D) 文件目录

(54) 目录文件中所存放的信息包括(　　)。

A) 某一文件存放的数据

B) 某一文件的文件目录

C) 该目录中所有数据文件目录

D) 该目录中所有子目录文件和数据文件的目录

(55) 磁盘上的文件以(　　)为单位读写。

A) 磁道　　B) 页　　C) 柱面　　D) 块

(56) 引入缓冲技术是为了(　　)。

A) 提高设备利用率

B) 提供内外存接口

C) 扩充相对地址空间

D) 提高 CPU 和 I/O 设备之间交换信息的速度

(57) CPU 启动通道工作后,(　　)。

A) CPU 执行程序来控制设备

B) CPU 执行通道程序来控制设备

C) 通道执行预先编制好的通道程序来控制设备

D) 以上都不对

(58) 所谓输入输出操作,也叫 I/O 操作,它是指(　　)。

A) CPU 和内存中的信息传输　　B) CPU 和外存中的信息传输

C) 内存和设备之间的信息传输　　D) 内存和外存之间的信息传输

(59) 除了中断屏蔽外,设置(　　)也能决定中断响应次序。

A) 特权指令　　B 时间片　　C) 中断优先级　　D) 响应比

(60) 采用 SPOOLing 操作后,使得(　　)和作业执行时间缩短。

A) 磁盘空间利用率提高　　B) 作业周转时间缩短

C) 独占设备利用率提高　　D) 系统工作时间缩短

(61) CPU 对通道的请求形式是(　　)。

A) 转换指令　　B) 中断　　C) 通道命令　　D) 自陷

(62) SPOOLing 技术,也称假脱机技术,是利用了(　　)概念。

A) 磁带　　B) 存储设备　　C) 外设　　D) 虚拟设备

(63) CPU 与通道并行执行,彼此之间的通信和同步是通过(　　)实现的。

A) 操作员　　B) I/O 指令

C) I/O 指令和 I/O 中断　　D) I/O 中断

(64) 通道是一种(　　)。

A) 传输信息的电子线路　　B) 通用处理器

C) 保存 I/O 信息的部件　　D) 专用处理器

(65) (　　)技术使多个进程能有效地同时输入输出。

A) 关闭所有打开文件　　B) 缓冲区

C) 同时打开多个文件　　D) 缓冲池

(66) (　　)是利用虚拟设备达到 I/O 要求的技术。

A) 把 I/O 要求交给多个物理设备分散完成

B) 利用外存作缓冲,将作业与外存交换信息和外存与物理设备交换信息两者独立起来,并使它们并行工作

C) 把 I/O 信息先存放在外存,然后由一台物理设备分批完成 I/O 要求

D）把共享设备改为某作业的独享设备，集中完成I/O要求

（67）大多数的低速字符设备都属于（　　）。

A）共享　　B）独享　　C）虚拟　　D）SPOOLing

（68）段页式存储管理汲取了页式存储管理和段式存储管理的长处，其实现原理结合了页式和段式管理的基本思想，即（　　）。

A）用分段方法来分配和管理物理存储空间，用分页方法来管理逻辑地址空间

B）用分段方法来分配和管理逻辑地址空间，用分页方法来管理物理存储空间

C）用分段方法来分配和管理主存空间，用分页方法来管理辅存空间

D）用分段方法来分配和管理辅存空间，用分页方法来管理主存空间

（69）采用SPOOLing技术的目的是（　　）。

A）提高独占设备的利用率　　B）提高主机效率

C）减轻用户编程负担　　D）提高程序的运行速度

（70）虚拟存储器的容量是由计算机的地址结构决定的，若CPU的地址总线为32位，则它的虚拟地址空间为（　　）。

A）100K　　B）640K　　C）2G　　D）4G

（71）一个进程处于就绪态，表示该进程获得了除（　　）以外所有运行所需要的资源。

A）主存储器　　B）打印机　　C）CPU　　D）磁盘空间

（72）下面关于系统调用的描述中，正确的是（　　）和（　　）。

A）系统调用可以直接通过键盘交互方式使用

B）系统调用中被调用的过程运行在“用户态”下

C）利用系统调用能得到操作系统提供的多种服务

D）是操作系统提供给编程人员的接口

（73）实现文件保密的方法有（　　）和（　　）。

A）建立副本　　B）定时转储　　C）规定权限

D）使用口令　　E）文件加密

（74）在分页式存储管理中，将每个作业的（　　）分成大小相等的页，将（　　）分块，页和块的大小（　　），通过页表进行管理。

A）符号名空间　　B）主存空间　　C）辅存空间

D）逻辑地址空间　　E）相等　　F）不等

（75）用户作业的输入方式包括（　　）、（　　）和（　　）。

A）脱机方式　　B）假脱机方式　　C）Shell语言

D）联机方式　　E）输入井方式

（76）下列著名的操作系统中，属于多用户、分时系统的是（　　）。

A）DOS　　B）Windows NT

C）UNIX　　D）OS/2

（77）时间片轮转调度算法是为了（　　）。

A）多个终端都能得到系统的及时响应　　B）先来先服务

C）优先级高的进程先使用CPU　　D）紧急事件优先处理

(78) 引入缓冲技术的主要目的是(　　)。

A) 改善用户编程环境　　B) 提高 CPU 的处理速度

C) 提高 CPU 与设备之间的并行程度　　D) 降低计算机的硬件成本

(79) 若有 4 个进程共享同一程序段,每次允许 3 个进程进入该程序段,用 PV 操作作为同步机制。则信号量 S 的取值范围是(　　)。

A) 4,3,2,1,0　　B) 3,2,1,0,−1

C) 2,1,0,−1,−2　　D) 1,0,−1,−2,−3

(80) 按照所起的作用和需要的运行环境,操作系统属于(　　)范畴。

A) 应用软件　　B) 信息管理软件

C) 工具软件　　D) 系统软件

(81) 文件目录的主要作用是(　　)。

A) 按名存取　　B) 提高速度

C) 节省空间　　D) 提高外存利用率

(82) 与虚拟存储技术不能配合使用的是(　　)。

A) 分区管理　　B) 页式存储管理

C) 段式存储管理　　D) 段页式存储管理

(83) 在操作系统的层次结构中,(　　)是操作系统的核心部分,它位于最内层。

A) 存储管理　　B) 处理机管理

C) 设备管理　　D) 作业管理

(84) 文件的存取方法依赖于(　　)、(　　)和(　　)。

A) 文件的物理结构　　B) 存放文件的存储设备的特性

C) 文件类型　　D) 文件的逻辑结构

E) 文件的存储结构

(85) 死锁产生的必要条件有(　　)、(　　)和(　　)。

A) 同步使用　　B) 非剥夺性　　C) 互斥使用

D) 循环等待　　E) 执行夭折　　F) 剥夺执行

(86) 操作系统程序结构的主要特点是(　　)。

A) 一个程序模块　　B) 分层结构

C) 层次模块化结构　　D) 子程序结构

(87) 面向用户的组织机构属于(　　)。

A) 虚拟结构　　B) 逻辑结构　　C) 实际结构　　D) 物理结构

(88) 操作系统中应用最多的数据结构是(　　)。

A) 堆栈　　B) 队列　　C) 表格　　D) 树

(89) 可重定位内存分区分配目的是(　　)。

A) 解决碎片问题　　B) 便于多作业共享内存

C) 回收空白区方便　　D) 摆脱用户干预

(90) 原语是(　　)。

A) 一条机器指令　　B) 若干条机器指令组成

C) 一条特定指令　　D) 中途能打断的指令

(91) 索引式(随机)文件组织的一个主要优点是(　　)。

A) 不需要链接指针　　B) 用户存取方便

C) 回收实现比较简单　　D) 能实现物理块的动态分配

(92) 几年前一位芬兰大学生在 Internet 上公开发布了以下一种免费操作系统核心(　　),经过许多人的努力,该操作系统正不断完善,并被推广。

A) Windows NT　　B) Linux　　C) UNIX　　D) OS/2

(93) 某进程在运行过程中需要等待从磁盘上读入数据,此时该进程的状态是(　　)。

A) 从就绪变为运行　　B) 从运行变为就绪

C) 从运行变为阻塞　　D) 从阻塞变为就绪

(94) 把逻辑地址转变为内存的物理地址的过程称作(　　)。

A) 编译　　B) 连接　　C) 运行　　D) 重定位

(95) 进程和程序的一个本质区别是(　　)。

A) 前者分时使用 CPU,后者独占 CPU

B) 前者存储在内存,后者存储在外存

C) 前者在一个文件中,后者在多个文件中

D) 前者为动态的,后者为静态的

(96) 下列 6 个系统中,必须是实时系统的有(　　)个。

办公自动化系统　　计算机辅助设计系统　　过程控制系统

航空订票系统　　计算机激光照排系统　　机器翻译系统

A) 1　　B) 2　　C) 3　　D) 4

(97) 按照作业到达的先后次序调度作业,排队等待时间最长的作业被优先调度,这是指(　　)调度算法。

A) 先来先服务　　B) 计算时间短的作业优先

C) 响应比高者优先　　D) 优先级

(98) 最坏适应分配算法把空闲区(　　)。

A) 按地址顺序从小到大登记在空闲区表中

B) 按地址顺序从大到小登记在空闲区表中

C) 按长度以递增顺序登记在空闲区表中

D) 按长度以递减顺序登记在空闲区表中

(99) 在由 9 个生产者,6 个消费者,共享容量为 8 的缓冲器组成的生产者-消费者问题中,互斥使用缓冲器的信号量 mutex 的初值应该为(　　)。

A) 8　　B) 6　　C) 9　　D) 1

(100) 现代操作系统大量采用的层次设计方法,从已知目标 N 层用户要求,逐级向下进行设计,称为(　　)方法。

A) 自底向上　　B) 自左向右

C) 核心扩展　　D) 自顶向下

(101) 一个作业8:00到达系统,估计运行时间为1小时,若10:00开始执行该作业,其响应比是(　　)。

A) 0.5　　B) 1　　C) 2　　D) 3

(102) 文件系统采用二级文件目录可以(　　)。

A) 缩短访问存储器的时间　　B) 解决同一用户间的文件命名冲突

C) 节省内存空间　　D) 解决不同用户间的文件命名冲突

(103) 操作系统层次设计中为避免形成过多环路而产生死锁,一般应尽量避免(　　)。

A) 上层调用下层　　B) 高层调用低层

C) 外层调用内层　　D) 内层调用外层

(104) 死锁的4个必要条件中,无法破坏的是(　　)。

A) 互斥使用资源　　B) 循环等待资源

C) 非剥夺条件　　D) 保持和等待

(105) 某进程所要求的一次打印输出结束后,其进程状态将从(　　)。

A) 运行态到就绪态　　B) 运行态到等待态

C) 等待态到就绪态　　D) 就绪态到等待态

(106) 在具有(　　)机构的计算机中,允许程序中编排的地址和信息实际存放在内存中的地址有所不同。前者称为(　　),后者称为(　　)。

A) 逻辑地址　　B) 执行地址　　C) 编程地址

D) 物理地址　　E) 地址变换　　F) SPOOLing

(107) 下列描述中,属于文件系统应具有的功能的是(　　)、(　　)和(　　)。

A) 建立文件目录

B) 实现文件的保护和保密

C) 根据文件具体情况选择存储介质

D) 提供合适的存取方法以适应不同的应用

E) 监视外部设备的状态

(108) 在段页式存储管理中,(　　)、(　　)地址是连续的,采用(　　)地址空间。

A) 段内　　B) 段与段之间　　C) 页内

D) 页与页之间　　E) 一维　　F) 二维

(109) 批处理系统的主要缺点是(　　)。

A) CPU利用率低　　B) 不能并发执行

C) 缺少交互性　　D) 以上都不是

(110) 衡量整个计算机性能指标的参数有(　　)。

A) 用户接口　　B) 资源利用率

C) 作业步的多少　　D) 吞吐量

E) 周转时间

(111) 订购机票系统处理来自各个终端的服务请求,处理后通过终端回答用户,所以它是一个(　　)。

A) 分时系统　　B) 多道批处理系统

C) 计算机网络　　D) 实时信息处理系统

(112) 下列不属于操作系统关心的主要问题的是(　　)。

A) 管理计算机裸机

B) 设计、提供用户程序与计算机硬件系统的界面

C) 管理计算机系统资源

D) 高级程序设计语言的编译器

(113) 如果分时系统的时间片一定,那么(　　),则响应时间越长。

A) 用户数越少　　B) 用户数越多

C) 内存越少　　D) 内存越多

(114) 当操作系统退出执行,让用户执行时,系统会(　　)。

A) 继续保持管态　　B) 继续保持目态

C) 从管态变为目态　　D) 从目态变为管态

(115) 下列进程状态的转换中,(　　)是不正确的。

A) 就绪到运行　　B) 运行到就绪

C) 就绪到阻塞　　D) 阻塞到就绪

(116) 多个进程的实体能存在于同一内存中,在一段时间内都得到运行。这种性质称作进程的(　　)。

A) 动态性　　B) 并发性　　C) 调度性　　D) 异步性

(117) 进程控制块是描述进程状态和特性的数据结构,一个进程(　　)。

A) 可以有多个进程控制块

B) 可以和其他进程共用一个进程控制块

C) 可以没有进程控制块

D) 只能有唯一的进程控制块

(118) 在大多数同步机构中,均用一个标志来代表某种资源的状态,该标志常被称为(　　)。

A) 公共变量　　B) 标志符　　C) 信号量　　D) 标志变量

(119) 如果进程 PA 对信号量 S 执行 P 操作,则信号量 S 的值应(　　)。

A) 加 1　　B) 减 1　　C) 等于 0　　D) 小于 0

(120) 进程状态从就绪态到运行态的转化工作是由(　　)完成的。

A) 作业调度　　B) 中级调度　　C) 进程调度　　D) 设备调度

(121) 在分页存储管理系统中,从页号到物理块号的地址映射是通过(　　)实现的。

A) 段表　　B) 页表　　C) PCB　　D) JCB

(122) 下列存储管理技术中,支持虚拟存储器的技术是(　　)。

A) 动态分区法　　B) 可重定位分区法

C) 请求分页技术　　D) 对换技术

(123) 请求分页存储管理中,若把页面尺寸增加一倍,在程序顺序执行时,则一般缺页中断次数会(　　)。

A) 增加　　B) 减少
C) 不变　　D) 可能增加也可能减少

(124) 虚拟存储管理策略可以(　　)。
A) 扩大物理内存容量　　B) 扩大物理外存容量
C) 扩大逻辑内存容量　　D) 扩大逻辑外存容量

(125) 在以下的文件物理存储组织形式中,(　　)常用于存放大型的系统文件。
A) 连续文件　　B) 串连文件
C) 索引文件　　D) 多重索引文件

(126) 当前目录是/usr/meng,其下属文件 prog/file.c 的绝对路径名是(　　)。
A) /usr/meng/file.c　　B) /usr/file.c
C) /prog/file.c　　D) /usr/meng/prog/file.c

(127) 使用户所编制的程序与实际使用的物理设备无关,这是由设备管理的(　　)功能实现的。
A) 设备独立性　　B) 设备分配　　C) 缓冲管理　　D) 虚拟设备

(128) 设备的打开、关闭、读、写等操作是由(　　)完成的。
A) 用户程序　　B) 编译程序
C) 设备分配程序　　D) 设备驱动程序

(129) 计算机系统产生死锁的根本原因是(　　)。
A) 资源有限　　B) 进程推进顺序不当
C) 系统中进程太多　　D) A 和 B

(130) 避免死锁的一个著名的算法是(　　)。
A) 先入先出法　　B) 银行家算法
C) 优先级算法　　D) 资源按序分配法

(131) WindowsNT 在用户态下运行时,所采用的结构是(　　)。
A) 环状结构　　B) 层次结构
C) 客户/服务器结构　　D) 星状结构

(132) 操作系统的基本职能是(　　)。
A) 控制和管理系统内各种资源,有效地组织多道程序的运行
B) 提供用户界面,方便用户使用
C) 提供方便的可视化编辑程序
D) 提供功能强大的网络管理工具

(133) 一个完整的计算机系统是由(　　)组成的。
A) 硬件　　B) 软件
C) 硬件和软件　　D) 用户程序

(134) 通道是一种(　　)。
A) I/O 端口　　B) 数据通道
C) I/O 专用处理机　　D) 软件工具

B.2 练习题参考答案

1. 填空题

(1) 操作系统
(2) 系统
(3) 操作系统
(4) 硬件资源、软件资源
(5) CPU、CPU
(6) 分配
(7) 多道程序
(8) 时间片、分时系统
(9) 响应时间
(10) 用户
(11) 分时、单用户交互式
(12) 硬件、软件
(13) CPU
(14) 实时系统
(15) 单用户交互式系统
(16) 网络操作系统
(17) 分布式操作系统
(18) ①分时系统、时间片轮转 ②批处理系统、吞吐量 ③实时系统、可靠性和实时性
(19) 并发程序
(20) 并发进程
(21) 进程
(22) 进程控制块
(23) 就绪、运行、等待、进程控制
(24) 就绪状态、运行状态
(25) 等待状态
(26) 运行状态、就绪队列、进程调度
(27) 等待状态
(28) 按照某种算法为就绪进程分配处理器
(29) 原语
(30) PCB 表
(31) 挂起
(32) 调度算法

(33) 剥夺方式、非剥夺方式
(34) FIFO 算法
(35) 短作业优先算法
(36) 优先权调度
(37) 临界资源、临界区
(38) 信号量
(39) 信号量
(40) 可用资源的数目、因请求该资源而被阻塞的进程数目
(41) 进程同步
(42) 等待
(43) P、V
(44) P、V
(45) 内存、外存
(46) 物理内存、虚拟内存
(47) 相对地址
(48) 地址重定位、物理地址
(49) 直接方式、静态分配方式、动态分配方式
(50) 静态分配方式、动态分配方式
(51) 重定位
(52) 覆盖技术、交换技术
(53) 覆盖技术
(54) 交换技术
(55) 请求调入
(56) 固定分区管理、可变分区管理
(57) 碎片
(58) 分区(或 PDT)
(59) 最先适应算法(FF)
(60) 最坏适应算法(WF)
(61) 最佳适应算法(BF)
(62) 页
(63) 页表、帧号(物理块号)
(64) 地址映射
(65) 段表
(66) 起始地址、段表
(67) 二
(68) 共享段
(69) 段页式
(70) 段、页

(71) 地址结构
(72) 地址映射、重定位
(73) 块(帧)、页
(74) 重定位、静态重定位、动态重定位
(75) 虚拟存储
(76) 虚拟存储器
(77) 页、块(帧)
(78) 动态、页表
(79) 页、段
(80) 空闲页面
(81) 共享、保护
(82) 地址越界中断
(83) 有结构文件、无结构文件
(84) 文件控制块
(85) 按名存取、文件目录
(86) i 节点
(87) 信息的一种组成形式、是存储在外存上的由文件名和若干相关元素的集合
(88) 无结构字节流文件
(89) 顺序访问
(90) 记录
(91) 逻辑结构、物理结构
(92) 用户、物理结构
(93) 文件控制块(FCB)
(94) 物理块
(95) 顺序结构、链接结构、索引结构
(96) 流式文件、记录式文件
(97) 用户、字符流式
(98) 索引文件
(99) 逻辑结构
(100) 物理结构
(101) 索引表
(102) 顺序存取
(103) 文件目录
(104) 文件目录
(105) 文件控制块(FCB)
(106) 路径名、文件名
(107) 当前目录
(108) /MY_EX/DOC/mydir/my.doc、mydir/my.doc

(109) 提高设备的利用率、提供一个方便统一的设备使用界面
(110) 中断优先级
(111) 通道程序
(112) I/O
(113) 独享、共享、独享、共享
(114) SPOOLing、独享设备
(115) CPU、I/O 处理器
(116) 单缓冲区、多缓冲区、缓冲池
(117) 中断现场、中断返回
(118) 中断处理程序
(119) 外存
(120) 程序直接控制、I/O 中断、DMA 方式
(121) 缓冲区
(122) 暂存
(123) 速度
(124) 硬件缓冲、软件缓冲
(125) 缓冲池
(126) 独占设备
(127) 同时外围设备联机操作、假脱机
(128) 独占设备
(129) 磁盘空间
(130) 独占、共享、虚拟
(131) 中断
(132) 瓶颈
(133) 缓冲器、缓冲区
(134) 中断方式、通道方式
(135) 动态性、并发性
(136) 用户态、核心态(或系统态)
(137) 顺序存取、直接存取、按键索引
(138) 互斥使用、保持和等待、非剥夺性、循环等待
(139) 准备(就绪)、执行、等待
(140) 系统调用
(141) 作业的实际需求量、装入的作业数
(142) 交换信息量的多少、低级通信
(143) 命令解释程序集合
(144) 通道、中断机构
(145) 并发程序都已经开始执行,但都未结束

(146) 及时性、高可靠性
(147) 管态(或系统态)、目态(或用户态)
(148) 提高 CPU 利用率
(149) 分时、实时、批处理
(150) 逻辑地址
(151) 缓冲池
(152) 交互性
(153) 系统打开文件
(154) 颠簸或抖动
(155) 寻道
(156) 虚拟设备
(157) 进程控制块
(158) 前台
(159) 逻辑页号

2. 选择题

(1)～(5) BDBDD
(6)～(10) CAABD
(11)～(15) DCACB
(16)～(20) ABDDA
(21)～(25) DDACD
(26)～(30) ADBCA
(31)～(35) DCABC
(36)～(40) ADDDB
(41)～(45) CABBA
(46)～(50) CADAA
(51)～(55) DADDD
(56)～(60) DCCCC
(61)～(65) CDCDD
(66)～(70) BBBAD
(71)～(75) C、CD、DE、DBE、ABD
(76)～(80) CACBD
(81)～(85) A、A、B、ABE、BCD
(86)～(90) CBCAB
(91)～(95) DBCDD
(96)～(100) CADDD
(101)～(105) DDDAC

(106)～(110) EAD、ABD、ACF、C、BDE

(111)～(115) DDBCC

(116)～(120) BDCBC

(121)～(125) BCBCA

(126)～(130) DADDB

(131)～(134) CACC

附录C 综合测试题及其参考答案

C.1 测试题

1. 填空题(本大题共25小题,每小题1分,共25分)

(1) 进程通信的常用方式有________和________等。

(2) 为文件分配磁盘空间,常用的分配方法有________、________和________3种。

(3) PV操作当为________操作时,它们同处于同一进程;当为________操作时,则不在同一进程中出现。

(4) 出现死锁有4个必要条件,分别是________、________、________、________。

(5) 在Linux下,显示目录内容命令是________,建立目录命令________,创建进程的系统调用是________,如果返回码是0,则说明当前是________进程。

(6) 在分页存储管理系统中,逻辑地址的主要内容由________和________构成。

(7) 访问磁盘时间由________、________和________三部分组成。

(8) I/O设备的控制方式有________、________和________等。

(9) 引入缓冲技术的主要目的是改善________与________速度不匹配的问题。

2. 单项选择题(本大题共10小题,每小题1分,共10分)在每小题列出的4个选项中只有1个选项是符合题目要求的,请将正确选项的字母填在括号内。

(1) 进程所请求的一次打印输出结束后,将使进程状态从(　　)。

A) 运行态变为就绪态　　B) 运行态变为等待态

C) 就绪态变为运行态　　D) 等待态变为就绪态

(2) 分页存储管理中,地址转换工作是由(　　)完成的。

A) 硬件　　B) 地址转换程序

C) 用户程序　　D) 装入程序

(3) 如果允许不同用户的文件可以具有相同的文件名，通常采用(　　)来保证按名存取的安全。

A) 重名翻译机构　　B) 建立索引表
C) 建立指针　　D) 多级目录结构

(4) 对磁盘而言，输入输出操作的信息传送单位为(　　)。

A) 字符　　B) 字　　C) 块　　D) 文件

(5) 一个作业进入内存后，则所属该作业的进程初始时处于(　　)状态。

A) 运行　　B) 等待　　C) 就绪　　D) 收容

(6) 共享资源是指(　　)访问的资源。

A) 只能被系统进程　　B) 只能被多个进程互斥
C) 只能被用户进程　　D) 可被多个进程

(7) 临界区是指并发进程中访问共享变量的(　　)段。

A) 管理信息　　B) 信息存储　　C) 数据　　D) 程序

(8) 若处理器有 32 位地址，则它的虚拟地址空间为(　　)。

A) 2GB　　B) 4GB　　C) 100KB　　D) 640KB

(9) 系统产生死锁的原因可能是由于(　　)。

A) 进程释放资源
B) 一个进程进入死循环
C) 多个进程竞争资源而出现了循环等待
D) 多个进程竞争共享型设备

(10) 设计实时操作系统时，(　　)不是主要的追求目标。

A. 安全可靠　　B) 资源利用率　　C) 及时响应　　D) 快速处理

3. 名词解释(每题 4 分，共 8 分)

(1) 操作系统

(2) 进程

4. 简答题(每小题 5 分，共 5 分)

CPU 调度可能发生的时机有哪些？

5. 判断题(每题 6 分，共 12 分，如果错误说明理由)

(1) 在一个只有单个 CPU 的计算机中，进程不能并行操作。

(2) 线程可以分为内核级(Kernel Thread)和用户级(User Thread)两种，操作系统不可以直接调度用户级的线程。

6. 计算题(本大题共 2 小题，共 20 分)

(1) 写出下列 Linux 程序的执行结果。(4 分)

```
#include<sys/types.h>
#include<stdio.h>
```

```
#include<unistd.h>
int  value=10;
int main()
{ int pid;
  pid=fork();
  if (pid==0) {value+=10;printf("CHILD:value=%d\n",value);}
  else if (pid>0)
      {wait(NULL);
      printf("PARENT:value=%d",value);
      exit(0);
      }
}
```

（2）现有一个作业，在段式存储管理的系统中已为主存分配建立了如下所示的段表：

段号	段长	主存起始地址
0	680	1760
1	160	1000
2	200	1560
3	890	2800

请回答下列问题：

① 段式存储管理如何完成重定位？

② 计算该作业访问[0,550]、[2,186]、[1,300]和[3,655]（方括号中第一个元素为段号，第二个元素为段内地址）时的绝对地址。

7. 综合题（本大题共2小题，共20分）

（1）某系统中有10台打印机，有3个进程P1、P2和P3分别需要8台、7台和4台打印机。若P1,P2,P3已申请到4台、2台和2台。试问：按银行家算法能安全分配吗？请说明分配过程。

（2）在一个采用页式存储管理的系统中，有一个用户作业，它依次要访问的字地址序列是115,228,120,88,446,102,321,432,260,167。若该作业的第0页已经装入主存，现分配给该作业的主存共300字，页的大小为100字，请回答下列问题：

① 按先进先出（FIFO）调度算法将产生多少次缺页中断？依次淘汰的页号是什么？缺页中断率为多少？

② 按最近最久未用页面（LRU）调度算法将产生多少次缺页中断？依次淘汰的页号是什么？缺页中断率为多少？

C.2 测试题参考答案

1. 填空题（本大题共25小题，每小题1分，共25分）

（1）消息通信、共享内存

（2）连续、链接、索引

(3) 互斥、同步
(4) 互斥、占有并等待、非抢占、循环等待
(5) ls、mkdir、fork()、子
(6) 页号、页内偏移
(7) 寻道时间、旋转延迟时间、传输时间
(8) 轮询、中断、DMA
(9) CPU、外设

2. 单项选择题(本大题共10小题,每小题1分,共10分)

(1) D (2) A (3) D (4) C (5) C (6) D (7) D (8) B (9) C (10) B

3. 名词解释(每题4分,共8分)

(1) 操作系统是用以控制和管理系统资源,方便用户使用计算机的程序的集合。
(2) 进程是一个具有一定独立功能的程序关于某个数据集合的一次运行活动。

4. 简答题(每小题5分,共5分)

1) 从运行转到等待 2) 运行转到就绪 3) 从等待转到就绪 4) 终止运行

5. 判断题(每题6分,共12分,如果错误说明理由)

(1) 错。
一个进程在利用CPU运行,另一个进程可以同时进行I/O操作,它们是并行的。
(2) 对。

6. 计算题(本大题共2小题,共20分)

(1) CHILD:value=20
PARENT:value=10
(2) ① 段式存储管理重定位过程为:
a. 根据逻辑地址中的段号找到段表中相应表目;
b. 根据段内地址<该段限长,确定是否越界;
c. 若不越界,则绝对地址=段起始地址+段内地址。
② [0,550]:因为550<680,所以绝对地址=1760+550=2310
[2,186]:因为186<200,所以绝对地址=1560+186=1746
[1,300]:因为300>160,所以该逻辑地址越界,系统发出"地址越界"程序性中断事件。
[3,655]:因为655<890,所以绝对地址=2800+655=3455

7. 综合题(本大题共2小题,共20分)

(1) 系统是安全的。因为系统已有3个进程共分了8台,还剩余2台,而进程P1、P2、P3分别尚需4台、5台、2台,故可把剩余的2台先分配给P3,这时,P3已得到了所需

的全部资源(4台),它能执行到结束并归还所占的4台打印机。再把P3归还的4台分配给P1,使P1也能执行结束且归还所占用的共计8台打印机,再把其中的5台分配给P2,因而进程P2也能执行结束且归还资源。这样,每个进程都能在有限时间内得到所需的全部资源,系统是安全的。

(2) ① 按FIFO调度算法将产生5次缺页中断,依次淘汰的页号为:0,1,2。缺页中断率为:5/10=50%

② 按LRU调度算法将产生6次缺页中断,依次淘汰的页号为:2,0,1,3。缺页中断率为:6/10=60%

分析:由于页的大小为100个字,故欲访问的字地址所在的页面号依次为:1,2,1,0,4,1,3,4,2,1。

分配给该作业的主存空间共300个字,在页式虚拟管理中页与块的大小应一致,故该作业可使用的主存空间共3块。现第0页已装入了主存,占用了一个主存块。因而,无论采用哪种页面调度算法,当依次访问第1,2页时都将产生缺页中断,但不必淘汰已在主存中的页面而可将该两页装入主存。于是,主存中现装入了0,1,2三个页面。

若采用FIFO算法则执行情况如下:

依次访问页号		1	2	1	0	4	1	3	4	2	1
是否缺页中断		是	是	否	否	是	否	是	否	否	是
应淘汰页号						0		1			2
	0	1	2	2	2	4	4	3	3	3	1
在主存中页号		0	1	1	1	2	2	4	4	4	3
			0	0	0	1	1	2	2	2	4

可见,共产生了5次缺页中断,依次淘汰了0,1,2页。

若采用LRU算法则执行情况如下:

依次访问页号		1	2	1	0	4	1	3	4	2	1
是否缺页中断		是	是	否	否	是	否	是	否	是	是
应淘汰页号						2		0		1	3
	0	1	2	1	0	4	1	3	4	2	1
在主存中页号		0	1	2	1	0	4	1	3	4	2
			0	0	2	1	0	4	1	3	4

可见,共产生6次缺页中断,依次淘汰的页号为:2,0,1,3。

附录D 操作系统自测题

D.1 引论

1. 名词解释

(1) 作业,作业步,作业说明书
(2) 特权指令,非特权指令
(3) 多道程序系统
(4) 并发活动,串行活动,并行活动
(5) 操作系统
(6) 线程
(7) 硬实时任务,软实时任务
(8) 层次结构,全序,半序
(9) 对称多处理
(10) 周转时间
(11) 吞吐量
(12) 响应时间
(13) 整体式内核

2. 简答题

(1) 描述操作系统设计的目标。

(2) 描述操作系统用户观点的内涵。

(3) 从资源管理角度描述操作系统的功能。

(4) 描述 SPOOLing 处理的实质。

(5) 描述操作系统的系统结构的分类,传统 UNIX、MS-DOS 和 Windows NT 属于哪种结构?

(6) 引入线程的目的是什么?

(7) 作为一个基本的系统保护(安全)形式,监督程序模式和用户模式之间有什么不同?即描述处理机的核心态与用户态的区别。

(8) 陷入与中断之间的区别是什么?各自有什么用途?

(9) 下面哪些指令应该是特权指令?

① 设置定时器的值。

② 读时钟。

③ 清除内存。

④ 关闭中断。

⑤ 从用户模式切换到监督程序模式。

(10) 保护操作系统对于确保计算机系统正确运行是很关键的。为了提供保护,开发人员设计了双模式操作、内存保护和计时器。然而,为了提供最大的灵活性,还要对用户设置最小的限制。

下面是一个通常被保护的指令列表,选出必须被保护的**最小**指令集。

① 改变到用户模式。

② 改变到监督程序模式。

③ 读监督程序内存区。

④ 写入监督程序内存区。

⑤ 从监督程序内存区取一条指令。

⑥ 开启定时器中断。

⑦ 关闭定时器中断。

(11) 操作系统关于进程管理的 5 个主要活动是什么?

(12) 操作系统关于内存管理的 3 个主要活动是什么?

(13) 操作系统关于二级存储管理的 3 个主要活动是什么?

(14) 操作系统关于文件管理的 5 个主要活动是什么?

(15) 命令解释器的用途是什么?为什么它经常与内核是分开的?

(16) 系统调用的用途是什么?

(17) 系统设计采用层次化设计的主要优点是什么?

(18) 系统设计采用微内核方法的主要优点是什么?

(19) 操作系统设计员采用虚拟机结构的主要优点是什么?对用户来说主要有什么好处?

3. 思考题

(1) 假设有一台多道程序的计算机,每个作业有相同的特征。在一个计算周期 T 中,一个作业有一半时间花费在 I/O 上,另一半用于处理器的活动。每个作业一共运行 N 个周期。假设使用简单的循环法调度,并且 I/O 操作可以与处理器操作重叠。定义以下量:

- 时间周期=完成任务的实际时间
- 吞吐量=每个时间周期 T 内平均完成的作业数目
- 处理器使用率=处理器活跃(不是处于等待)的时间的百分比

当周期 T 分别按下列方式分布时,对 1 个、2 个和 4 个同时发生的作业,请计算这些量。

① 前一半用于 I/O,后一半用于处理器。

② 前四分之一和后四分之一用于 I/O,中间部分用于处理器。

(2) 一台计算机有一个 cache、主存储器和用作虚拟存储器的磁盘,假设访问 cache 中的字需要 20ns 的时间;如果该字在主存储器中而不在 cache 中,则需要 60ns 的时间载入 cache,然后再重新开始定位;如果该字不在主存储器中,则需要 12ms 的时间从磁盘中提取,然后需要 60ns 复制到 cache 中,然后再开始定位。cache 的命中率是 0.9,主存储器的命中率是 0.6,在该系统中访问一个被定位的字所需的平均时间是多少(单位:ns)?

(3) 系统调用的目的是什么？如何实现与操作系统相关的系统调用以及与双重模式(内核模式和用户模式)操作相关的系统调用？

(4) 在IBM的主机操作系统OS/390中，内核中的一个重要模块是系统资源管理程序SRM(System Resource Manager)，它负责地址空间(进程)之间的资源分配。SRM使得OS/390在操作系统中具有特殊性，没有任何其他的主机操作系统，当然也没有任何其他类型的操作系统可以比得上SRM所实现的功能。资源的概念包括处理器、实存和I/O通道，SRM累积处理器、I/O通道和各种重要数据结构的利用率，它的目标是基于性能监视和分析提供最优的性能，其安装设置了以后的各种性能目标作为SRM的指南，这会基于系统的利用率动态地修改安装和作业性能特点。SRM依次提供报告，允许受过训练的操作员改进配置和参数设置，以改善用户服务。现在关注SRM活动的一个实例。实存被划分为成千上百个大小相等的块，称作帧。每个帧可以保留一块称作页的虚存。SRM每秒大约接收20次控制，并在互相之间以及每个页面之间进行检查。如果页没有被引用或被改变，计数器增1。一段时间后，SRM求这些数的平均值，以确定系统中一个页面未曾被触及到的平均秒数。这样做的目的是什么？SRM将采取什么动作？

D.2 进程与线程

1. 名词解释

(1) 读集，写集，并发运行的条件

(2) 内核

(3) 原语

(4) 线程库

(5) 直接制约关系，间接制约关系

2. 简答题

(1) 描述进程与线程的区别与联系。

(2) 进程的定义，描述进程与程序的区别与联系。

(3) 描述进程的特征。

(4) 描述进程的基本状态及其转换。

(5) 描述处理机工作模式切换的时机。

(6) 描述引入进程的目的和引入线程的目的。

(7) 描述用户级线程和内核级线程的基本概念。

(8) 什么是交换？其目的是什么？

(9) 请描述内核采取行动进行内核级线程上下文切换的过程。

(10) 请描述线程库采取行动进行用户级线程上下文切换的过程。

(11) 当一个线程被创建时使用了哪些资源？这和一个进程被创建时所采用的资源有何不同？

(12) 通常有哪些事件会导致创建一个进程？

(13) 剥夺一个进程是什么意思？

(14) 对于哪些实体,操作系统为了管理它而维护其信息表?

(15) 为什么需要两种模式(用户模式和内核模式)?

(16) 操作系统创建一个新进程所执行的步骤是什么?

(17) 模式切换和进程切换有什么区别?

3. 思考题

(1) 描述一下内核采取行动进行内核级线程上下文切换的过程。

(2) 描述一下线程库采取行动进行用户级线程上下文切换的过程。

(3) 考虑到图 D.1(b)中的状态转移图。假设操作系统正在分派进程,有进程处于就绪状态和就绪/挂起状态,并且至少有一个处于就绪/挂起状态的进程比处于就绪状态的所有进程的优先级都高。有两种极端的策略:

① 总是分派一个处于就绪状态的进程,以减少交换;

② 总是把机会给具有最高优先级的进程,即使会导致在不需要交换时进行交换。

请给出一种能均衡考虑优先级和性能的中间策略。

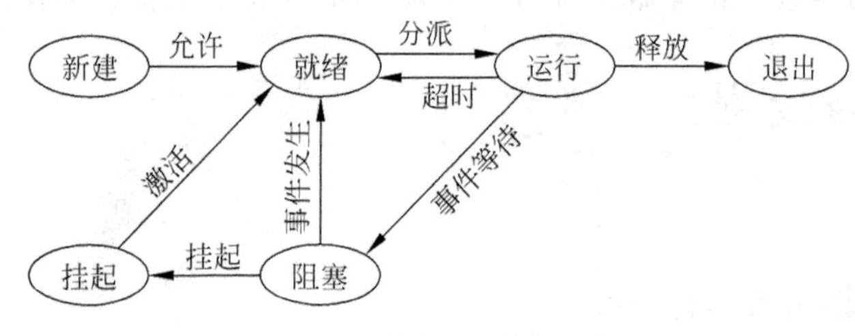

(a) 一个处于就绪/挂起状态

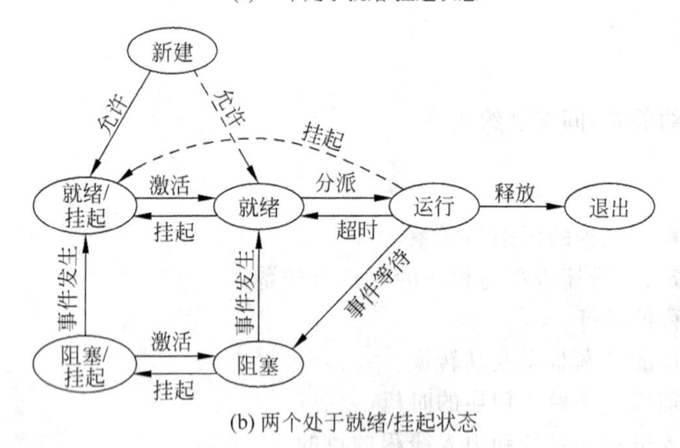

(b) 两个处于就绪/挂起状态

图 D.1 进程状态转换图

D.3 进程的同步与通信

1. 名词解释

(1) 临界区

(2) 临界资源

(3) 共享使用的资源

(4) 信号量及信号量值的物理意义

(5) 管程的定义及其组成。

2. 问答题

(1) 基于进程相互之间知道对方存在的程度，进程间的交互方式划分为哪几种？存在哪种潜在的控制问题？

(2) 竞争进程面临什么样的控制问题？

(3) 描述实现互斥条件的方法/机制。

(4) 描述临界区的设计原则。

(5) 描述进程间的通信机制、应用领域及其优缺点。

(6) 术语“忙等”的含义是什么？操作系统里其他种类的等待有哪些？“忙等”能否完全避免？为什么？

(7) 第一个著名的正确解决了两个进程的临界区问题的软件方法是 Dekker 设计的。两个进程 P_0 和 P_1 共享以下变量：

```
boolean flag[2];      /* initially false */
int turn;
```

进程 P_i(i==0 或 1)和另一个进程 P_j(j==0 或 1)的结构见图 D.2。

证明这个算法满足临界区问题的所有 3 个要求。

```
do{
    flag[i]=ture;
    while(flag[j]){
        if(turn==j){
            flag[i]=false;
            while(turn==j);
            flag[i]=true;
        }
    }
        临界区
    turn=j;
    flag[i]=false;
        剩余区
}while(1);
```

图 D.2 Dekker 算法中的进程 P_i 结构

3. 信号量编程

(1) Cigarette Smokers Problem。假设一个系统有 3 个**抽烟者**进程和一个**供应者**进程。每个抽烟者不停地卷烟并抽掉它。但是要卷起并抽掉一个烟，抽烟者需要有 3 种材料：烟草、纸和胶水。一个抽烟者有纸，另一个有烟草，第三个有胶水。供应进程不断地供应所有 3 种材料，供应者每次将两种材料放到桌子上，拥有剩下那种材料的抽烟者卷一根烟并抽掉，同时给供应者一个信号告诉完成了；此时，供应者就会将另外两种材料放在桌子上，这种过程一直重复。编一个写程序同步供应者和抽烟者。

(2) 进程 R1、R2、W1 和 W2 共享可以存放一个整型数的缓冲区 B。进程 R1 每次从键盘读入一个整型数，并存入缓冲区 B 中，供进程 W1 在屏幕上输出显示；进程 R2 每次从磁盘上读入一个整型数，存放到缓冲区 B 中，供进程 W2 在屏幕上输出显示。试用类 C 形式语言和阻塞等待信号量实现进程 R1、R2、W1 和 W2 的程序模型。

(3) 沉睡的理发师问题(Sleepy Barber Problem)[Dijkstra，1965]。一个理发店由一个有 N 张椅子的等候室和一个有一张理发椅的理发室组成。若没有理发的顾客，则理发师就去睡觉；若一顾客走进理发室且所有的椅子都被占用了，则该顾客就离开理发店；若理发师正在为人理发，则该顾客找一张空椅子坐下等候；若理发师在睡觉，则该顾客就唤醒他。试用类 C 形式语言编程理发师和顾客进程的程序。

(4) 过河问题(River Crossing Problem)。如图 D.3 所示，在河中有一排木桩，但在任何时刻，仅允许河岸一方的人从木桩子上过河。试用类 C 形式语言设计一个过河算法，要求该算法能保证若干人从同一岸边过河而不发生死锁，且不会发生饥饿现象(即从河岸另一边过河的人进入无限期等待状态)。

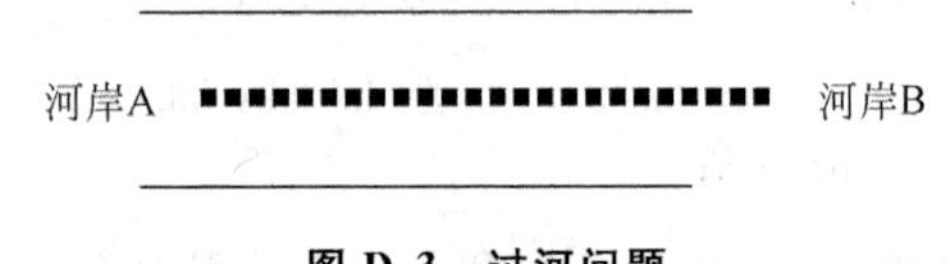

图 D.3 过河问题

4. 思考题

(1) 进程和线程为实现比简单的串行程序复杂得多的程序提供了强大的构造工具，一个很有启发性的早期结构是协同程序。本习题的目的是介绍协同程序，并与进程进行比较。考虑[CONW93]中的一个简单问题：

读 80 列卡片，并通过下列改变把它们打印在包含 125 个字符的行中。在每个卡片图像后插入一个额外的空白，并且卡片中每对相邻的星号(**)由↑代替。

开发关于该问题的一种普遍的串行程序解决方案。实际上该程序的编写需要很有技巧。由于长度从 80 转变到 125，程序中各种元素间的交换是不平衡的；此外，在转换后，卡片图像的长度变化取决于双星号发生的数目。提高清晰度并减少可能的错误的一种方法是把该程序编写成 3 个独立的过程，第 1 个过程读取卡片图像，在每个图像后补充空格，并将字符流写入一个临时文件。当读完所有卡片后，第 2 个过程读取这个临时文件，完成字符替换，并写出到第 2 个临时文件。第 3 个进程从第 2 个临时文件中读取字符流，按每行 125 个字符进行打印。

串行方案之所以没有吸引力，是因为 I/O 和临时文件的开销。Conway 提出了一种新程序结构格式：协同程序，它允许把应用程序编写成通过一个字符缓冲区连接起来的 3 个程序(见程序清单 D-1)。在传统的过程中，在调用过程和被调用过程间存在一个主/从关系，调用过程可以在过程中的任何一点执行调用，被调用过程从它的入口点开始，并在调用点返回调用过程。协同程序显示出一种更对称的关系，在每次进行调用时，从被调用过程中上一次的活跃点开始执行。由于没有调用过程高于被调用过程的感觉，也就没有返回。相反，任何一个协同程序都可以通过恢复命令把控制传递给另一个协同程序。当一个协同程序第一次被调用时，它在入口点被“恢复”，接下来，该协同程序在它拥有上一个恢复命令处被重新激活。

注意：程序中一次只能有一个协同程序处于执行状态，并且转移点可以在代码中显式定义。因此这不是一个并发处理的例子。请解释程序清单 D-1 中程序的操作。

程序清单 D-1　协同程序的一个例子

```
char        rs,sp;
char        inbuf[80];
char        outbuf[125];
void read()
{
  while(true)
  {
      READCARD(inbuf);
      for (int i=0;i<80;i++)
      {
          rs=inbuf[i];
          RESUME squash
      }
      rs=" ";
      RESUME squash;
    }
}
void print()
{
  while(true)
  {
      for (int j=0;j<125;j++)
      {
          outbuf[j]=sp;
          RESUME squash
      }
      OUTPUT(outbuf);
  }
}
void squash()
{
  while(true)
  {
      if(rs !="*")
      {
          sp=rs;
```

```
            RESUME print;
        }
        else
        {
            RESUME print;
            If(rs=="*")
            {
                sp="↑";
                RESUME print;
            }
            else
            {
                sp="*";
                RESUME print;
                sp=rs;
                RESUME print;
            }
        }
        RESUME read;
    }
}
```

这个程序没有解决终止条件。假设如果 I/O 例程 READCARD 把一个 80 个字符的图像放入 inbuf,它返回 true,否则返回 false。修改这个程序,以包含这种可能性。注意:最后打印的一行可能因此少于 125 个字符。

把这个解决方案重写成使用信号量的一组 3 个进程。

(2) 考虑下面的程序:

```
const int n=50;
int tally;
void total()
{
   int count;
   for (count=1;count<=n;count++)
   {
       tally++;
   }
}
void main()
{
   tally=0;
   parbegin (total(),total());
   write (tally);
}
```

确定由这个并发程序输出的共享变量 tally 最后的值的上限和下限。假设进程可以以任意相对速度执行，并且当一个值由独立的机器指令载入一个寄存器中后，它只能增1。

如果上述假设成立，允许任意多的这类进程并发执行，这对 tally 最后值的范围有什么影响？

(3) 考虑下面的程序：

```
boolean blocked[2];
int turn;
void P (int id)
{
  while(true)
  {
      blocked[id]=true;
      while (turn !=id)
      {
          while (blocked[1-id])
          {
              turn=id;
          }
    }
      /*critical section*/
      blocked[id]=false;
      /*remaider*/
  }
}
void main()
{
  blocked[0]=false;
  blocked[1]=false;
  turn=0;
  parbegin (P(0),P(1));
}
```

这是解决互斥问题的一种方法。请举出证明该方法不正确的一个反例。

(4) 证明下列解决互斥的软件方法不依赖于存储访问级的基本互斥。

面包店算法

Peterson 算法

(5) 考虑下面关于信号量的定义。

```
void wait(s)
{
  if (s.count>0)
  {
      s.count--;
```

```
    }
    else
    {
        place this process in s. queue;
        block;
    }
}
void signal(s)
{
    if(this is at least one process suspended on semaphore s)
    {
        remove a process P from s. queue;
        place process P on ready list;
    }
    else
        s. count--;
}
```

比较这个定义和程序清单 D-2 中的定义。注意有这样一个区别：在前面的定义中，信号量永远不会取负值。当在程序中分别使用这两种定义时，其效果有什么不同？也就是说，是否可以在不改变程序意义的前提下，用一个定义代替另一个？

程序清单 D-2　信号主原语的定义

```
struct semaphore{
    int count;
    queueType queue;
}

void wait(semaphore s)
{
    s. count--;
    if(s. count<0)
    {
        place this process in s. squeue;
        block this process
    }
}
void signal(semaphore s)
{
    s. count++;
    if(s. count<=0)
    {
        remove a process P from s. queue;
        place process P on ready list;
    }
}
```

D.4 调度和死锁

1. 名词解释

(1) 调度的层次
(2) 非抢占方式调度,抢占方式调度
(3) 引入对换的目的
(4) 带权周转时间
(5) 死锁的定义
(6) 死锁定理

2. 问答题

(1) 描述作业状态及其转换。
(2) 论述短期、中期和长期调度之间的区别?
(3) 描述触发进程调度的事件。
(4) 简答 FCFS 调度。
(5) 周转时间和响应时间有什么区别?
(6) 简答非抢占式优先调度。
(7) 简答循环调度。
(8) 简答最短剩余时间调度。
(9) 简答最高响应比调度。
(10) 简答反馈调度。

(11) 详细说明可抢占式和非抢占式调度之间的差别。说明为什么在计算机中心最好不要使用严格的非抢占式调度。

(12) 考虑下列进程集,进程占用的 CPU 区间长度以毫秒来计算:

进程	区间时间	优先级
P_1	10	3
P_2	1	1
P_3	2	3
P_4	1	4
P_5	5	2

假设在时刻 0 以进程 P_1、P_2、P_3、P_4、P_5 的顺序到达。

① 画出 4 个 Gantt 图分别演示用 FCFS、SJF、非抢占优先级(数字小代表优先级高)和 RR(时间片=1)算法调度时进程的执行过程。

② 在①里每个进程在每种调度算法下的周转时间是多少?

③ 在①里每个进程在每种调度算法下的等待时间是多少?

④ 在①里哪一种调度算法的平均等待时间对所有进程而言最小?

(13) 假设下列进程在所指定的时刻到达等待执行。每个进程将运行所列出的时间量长度。在回答下列问题时，假设使用非抢占式调度算法，选择进程时应基于所拥有的信息来做出决定。

进程	到达时间	区间时间
P_1	0.0	8
P_2	0.4	4
P_3	1.0	1

① 当使用 FCFS 调度算法时，这些进程的平均周转时间是多少？

② 当使用 SJF 调度算法时，这些进程的平均周转时间是多少？

③ SJF 调度算法被认为能提高性能，但是注意：在时刻 0 选择运行进程 P_1 时无法知道两个更短的进程很快会到来。计算一下如果在第一个时间单元 CPU 被置为空闲，然后使用 SJF 调度算法，计算这时的平均周转时间是多少？注意在空闲时，进程 P_1 和 P_2 在等待，所以它们的等待时间可能会增加。这个算法可以被认为是预知(future-knowledge)调度。

(14) 考虑 RR 调度算法的一个变种，在这个算法里，就绪队列里的项是指向 PCB 的指针。

① 如果把两个指针指向就绪队列中的同一个进程，会有什么效果？

② 这个方案的主要优点和缺点是什么？

③ 如何修改基本的 RR 调度算法，从而不用两个指针达到同样的效果？

(15) 考虑下面的基于动态改变优先级的可抢占式优先权调度算法。大的优先权数代表高优先权。当一个进程在等待 CPU 时(在就绪队列中，但未执行)，优先权以 α 速率改变；当它运行时，优先权以速率 β 改变。所有的进程在进入就绪队列时被给定优先权为 0。参数 α 和 β 可以设定给许多不同的调度算法。

① $\beta>\alpha>0$ 时所得的是什么算法？

② $\alpha<\beta<0$ 时所得的是什么算法？

(16) 可能发生死锁所必需的 3 个条件是什么？产生死锁的第 4 个条件是什么？

(17) 死锁避免、检测和预防之间的区别是什么？

(18) 在一个真实的计算机系统中，可用的资源和进程命令对资源的要求都不会持续很久(几个月)。资源会损坏或被替换，新的进程会进入和离开系统，新的资源会被购买和添加到系统中。如果用银行家算法控制死锁，下面哪些变化是安全的(不会导致可能的死锁)，并且是在什么情况下发生？

① 增加可用资源(新的资源可被添加到系统)。

② 减少可用资源(资源被从系统中永久性地移出)。

③ 增加一个进程的 Max(进程需要更多的资源，超过所允许给予的资源)。

④ 减少一个进程的 Max(进程不再需要那么多资源)。

⑤ 增加进程的数量。

⑥ 减少进程的数量。

(19) 假设系统中有 4 个相同类型的资源被 3 个进程共享。每个进程最多需要 2 个资源。证明这个系统不会死锁。

(20) 假设一个系统有 m 个资源被 n 个进程共享，进程每次只请求和释放一个资源。证明只要系统符合下面两个条件，就不会发生死锁：

① 每个进程需要资源的最大值在 1 到 m 之间。

② 所有进程需要资源的最大值的和小于 $m+n$。

(21) 考虑下面的一个系统在某一时刻的状态。

	Allocation	Max	Available
	A B C D	A B C D	A B C D
P_0	0 0 1 2	0 0 1 2	1 5 2 0
P_1	1 0 0 0	1 7 5 0	
P_2	1 3 5 4	2 3 5 6	
P_3	0 6 3 2	0 6 5 2	
P_4	0 0 1 4	0 6 5 6	

使用银行家算法回答下面问题。

① Need 矩阵的内容是怎样的？

② 系统是否处于安全状态？

③ 如果从进程 P_1 发来的一个请求(0,4,2,0)，这个请求能否立刻被满足？

(22) 考虑下面的资源分配策略。在任何时候都可以进行资源的请求和释放。如果一个资源的请求因为没有可用的资源而未被满足，那么检查所有等待资源的被阻塞的进程。如果它们有想要的资源，则把资源从它们那里拿出以分配给请求资源的进程。等待进程的资源需求向量增长包括被取走的资源。

例如，假设一个有 3 种资源类型的系统，初始的可用向量为(4,2,2)。如果进程 P_0 要求(2,2,1)，它获得这些资源。如果 P_1 要求(1,0,1)，P_1 获得这些资源。那么，如果 P_0 再要求(0,0,1)，P_0 被阻塞(没有可用的资源)。如果 P_2 现在要求(2,0,0)，它获得可用的一个(1,0,0)和一个已经分配给 P_0 的(P_0 已经被阻塞)。P_0 的已分配向量减少为(1,2,1)，需求向量增加为(1,0,1)。

① 会出现死锁吗？如果会，举例说明。如果不会，哪个必要条件不可能发生？

② 不确定阻塞会出现吗？

3. 思考题

(1) 5 个批作业，从 A 到 E，同时到达计算机中心。它们的估计运行时间分别为 15、9、3、6 和 12 分钟，它们的优先级(外部定义)分别为 6、3、7、9 和 4(值越小，表示的优先级越高)。对下面的每种调度算法，确定每个进程的周转时间和所有作业的平均周转时间(忽略进程切换的开销)，并解释是如何得到这个结果的。对于最后 3 种情况，假设一次只有一个作业运行直到它的结束，并且所有作业都完全是受处理器限制的。

① 时间片为 1 分钟的循环法。

② 优先级调度。

③ FCFS(按 15、9、3、6 和 12 的顺序运行)。

④ 最短作业优先。

(2) 考虑下面的一个系统，当前不存在未满足的请求。

可用资源

r_1	r_2	r_3	r_4
2	1	0	0

进程	当前分配				最大要求				仍然需要			
	r_1	r_2	r_3	r_4	r_1	r_2	r_3	r_4	r_1	r_2	r_3	r_4
P_1	0	0	1	2	0	0	1	2				
P_2	2	0	0	0	2	7	5	0				
P_3	0	0	3	4	6	6	5	6				
P_4	2	3	5	4	4	3	5	6				
P_5	0	3	3	2	0	6	5	2				

① 计算每个进程仍然可能需要的资源，并填入标为“仍然需要”的列中。

② 系统当前是处于安全状态还是不安全状态？为什么？

③ 系统当前是否死锁？为什么？

④ 哪个进程(如果存在)是死锁的或可能变成死锁的？

⑤ 如果 P_3 的请求(0,1,0,0)到达，是否可以立即安全地同意该请求？在什么状态(死锁、安全、不安全)下可以立即同意系统剩下的全部请求？如果立即同意全部请求，哪个进程(如果有)是死锁的或可能变成死锁的？

(3) 一个假脱机系统(图 D.4)包含一个输入进程 I、用户进程 P 和一个输出进程 O，它们之间用两个缓冲区连接。进程以相等大小的块为单位交换数据。这些块利用输入缓冲区和输出缓冲区之间的移动边界缓存在磁盘上，并取决于进程的速度。所使用的通信原语确保满足下面的资源约束：

- $i+o<=\max$。其中：max＝磁盘中的最大块数，i＝磁盘中的输入块数目，
- o＝磁盘中的输出块数目。

① 只要环境提供数据，进程 I 最终把它输入到磁盘上(只要磁盘空间可用)。

② 只要磁盘可以得到输入，进程 P 最终消耗掉它，并在磁盘上为每个输入块输出有限量的数据(只要磁盘空间可用)。

③ 只要磁盘可以得到输出，进程 O 最终消耗掉它。

试说明这个系统可能死锁。

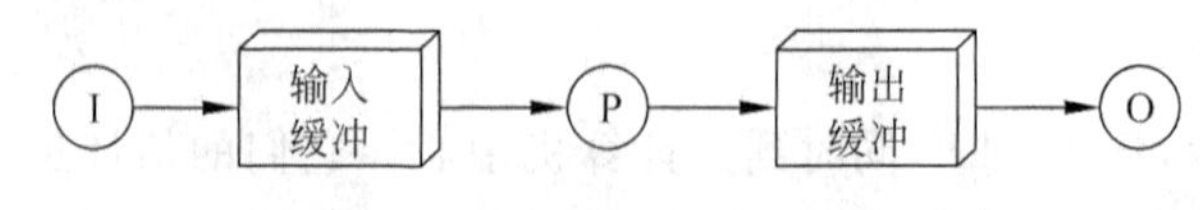

图 D.4 一个假脱机系统

(4) 考虑一个共有 150 个存储器单元的系统，按下表分配给下列 3 个进程：

进程	最大	占有
1	70	45
2	60	40
3	60	15

使用银行家算法,以确定同意下面的任何一个请求是否安全。

① 第 4 个进程到达,最多需要 60 个存储单元,最初需要 25 个单元。

② 第 4 个进程到达,最多需要 60 个存储单元,最初需要 35 个单元。

如果安全,说明能保证的终止序列;如果不安全,给出结果分配简表。

(5)

① 3 个进程共享 4 个资源单元,一次只能保留或释放一个单元。每个进程最大需要 2 个单元。说明不会发生死锁。

② N 个进程共享所有资源单元,一次只能保留或释放一个单元。每个进程最大需要单元数不超过 M,并且所有最大需求的总和小于 $M+N$。说明不会发生死锁。

D.5 存储管理

1. 名词解释

(1) 逻辑地址空间

(2) 物理地址空间

(3) 重定位

(4) 静态重定位

(5) 动态重定位

(6) 覆盖

(7) 交换/对换

(8) 内部碎片

(9) 外部碎片

2. 问答题

(1) 引入交换/对换的目的。

(2) 存储管理研究的基本课题是什么?

(3) 分区管理有哪几种?试描述其优缺点。MS-DOS、PDP-11 和 UNIX 系统分别采用何种存储管理策略?

(4) 在动态分区存储管理方案中,空闲分区采用链表结构,分区分配算法主要有哪几种?简要描述这些算法的基本思想及其相应的空闲分区链表的组织。

(5) 描述分页存储管理的基本思想,画出分页存储管理的硬件逻辑图,且说明地址转换过程。

(6) 描述分段存储管理的基本思想,画出分段存储管理的硬件逻辑图,且说明地址转换过程。分段和分页有何本质上的不同?

(7) 实现分段存储管理需要什么硬件支持?如何实现地址变换?

(8) 描述段页式存储管理的基本思想,画出段页存储管理的硬件逻辑图,且说明地址转换过程。

(9) 在段页式虚拟存储管理系统中,试描述段表和页表的结构,并说明每一个字段的功能。

(10) 存储器管理需要满足哪些要求?

(11) 内部碎片和外部碎片有什么区别?

(12) 逻辑地址、相对地址和物理地址间有什么区别?

(13) 页和帧有什么区别?

(14) 页和段之间有什么区别?

(15) 动态分区的另一种放置算法是最坏适配,在这种情况下,当调入一个进程时,使用最大的自由存储块。该方法与最佳适配、首次适配、邻近适配相比较,优点和缺点各是什么?它的平均查找长度是多少?

(16) 提出逻辑地址和物理地址的两个不同点。

(17) 描述下列分配算法:

① 首次适应

② 最佳适应

③ 最差适应

(18) 如果有内存划分 100KB、500KB、200KB、300KB 和 600KB(按顺序),首次适应、最佳适应与最差适应算法各自将怎样放置大小分别为 212KB、417KB、112KB 和 426KB(按顺序)的进程?哪一种算法的内存利用率最高?

(19) 假设一个有 8 个 1024 字页面的逻辑地址空间,映射到一个有 32 帧的物理内存。

① 逻辑地址有多少位?

② 物理地址有多少位?

(20) 假设一个将页表存放在内存的分页系统。

① 如果一次内存访问用 200ns,访问一页内存需用多少时间?

② 如果加入 TLB,并且 75%的页表引用发生在 TLB,内存有效访问时间是多少?(假设在 TLB 中寻找页表项占用零时间,如果页表项在其中)。

(21) 假设有下面的段表。

段	基址	长度
0	219	600
1	2300	14
2	90	100
3	1327	580
4	1952	96

下面逻辑地址的物理地址是多少?

① 0, 430

② 1, 10

③ 2, 500

④ 3, 400

⑤ 4, 122

(22) 假设 Intel 的地址转换方案如图 D.5 所示。

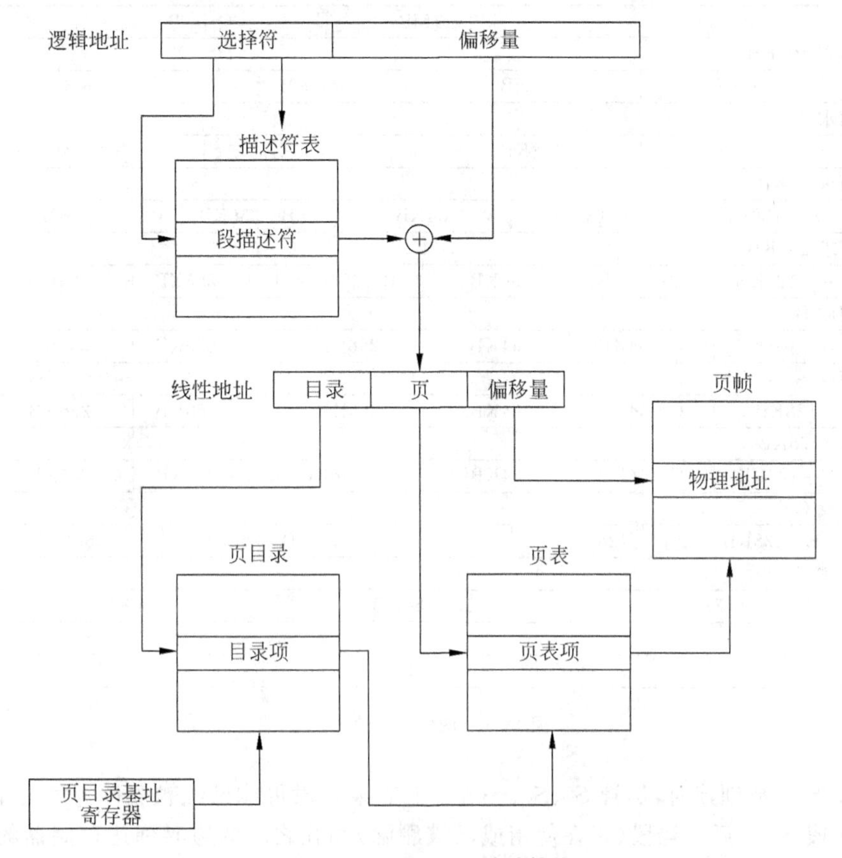

图 D.5 Intel 80386 地址转换

① 描述 Intel 80386 将逻辑地址转换成物理地址所采用的所有步骤。

② 使用这样复杂的地址转换硬件对硬件操作系统有什么好处?

③ 这样的地址转换系统是否有缺点? 如果有,有哪些? 如果没有,为什么不是每个制造商都使用这种方案?

3. 思考题

(1) 使用伙伴系统分配一个 1MB 的存储块。

① 画图(类似于图 D.6)说明下面顺序的结果：请求 70; 请求 35; 请求 80; 返回 A; 请求 60; 返回 B; 返回 D; 返回 C。

② 给出返回 B 之后的二元树表示。

(2) 考虑一个存储器中,连续的段 S_1、S_2、…、S_n 按其创建顺序依次从一端放置到另一端,如下图所示：

S_1	S_2	…	S_n	空洞

1MB 的块

1MB

请求 100KB

A=128KB	128KB	256KB	512KB

请求 240KB

A=128KB	128KB	B=256KB	512KB

请求 64KB

A=128KB	C=64KB	64KB	B=256KB	512KB

请求 256KB

A=128KB	C=64KB	64KB	B=256KB	D=256KB	256KB

翻放 B

A=128KB	C=64KB	64KB	256KB	D=256KB	256KB

翻放 A

128KB	C=64KB	64KB	256KB	D=256KB	256KB

请求 75KB

E=128KB	C=64KB	64KB	B=256KB	D=256KB	256KB

释放 C

E=128KB	128KB	256KB	D=256KB	256KB

释放 E

512KB	D=256KB	256KB

释放 D

1MB

图 D.6 伙伴系统的例子

当段 S_{n+1} 被创建时，尽管 S_1、S_2、…、S_n 中的某些段可能已经被删除，段 S_{n+1} 仍被立即放置在段 S_n 之后。当段(正在使用或已被删除)和孔之间的边界到达存储器的另一端时，压缩正在使用的段。

① 说明花费在压缩上的时间 F 遵循以下不等式。

$$F \geqslant \frac{1-f}{1+kf} \quad 其中 \quad k=\frac{t}{2s}-1$$

其中：

- s=段的平均长度(以字为单位)。
- t=段的平均生命周期，按存储器访问。
- f=在平衡条件下，未使用的存储器部分。

提示：计算边界在存储器中移动的平均速度，并假设复制一个字至少需要两次存储器访问。

② 当 $f=0.2$，$t=1000$，$s=50$ 时，计算 F。

D.6 虚拟存储器

1. 名词解释

(1) 虚拟存储器

(2) 虚拟存储器的特征

(3) 局部性原理

(4) 工作页集

(5) 局部置换策略

2. 问答题或计算题

(1) 假设有个页引用串,它的进程有 m 个帧(初始时全空)。页引用串的长度为 p,里面有 n 个不同的页面数。对各种页面设置算法回答下列问题。

① 发生页错误的次数的下限是多少?

② 发生页错误的次数的上限是多少?

(2) 某个计算机给它的用户提供了 2^{32}B 的虚拟内存空间。计算机有 2^{18}B 的物理内存。虚拟内存使用页面大小为 4094B 的分页机制实现。一个用户进程产生虚拟地址 11123456,试说明系统如何建立相应的物理地址。要求区分软件操作和硬件操作。

(3) 假设有一个请求调页存储器,页表放在寄存器中。处理一个页错误,当有空的帧或被置换的页没有被修改过时要用 8ms,当被置换的页被修改过时用 20ms,存储器访问时间为 100ns。

假设被置换的页中有 70%被修改过,有效访问时间不超过 200ns 时,最大可接受的页错误率是多少?

(4) 考虑下列页置换算法。按它们的页错误率将这些算法分为从"差"到"完美"的 5 级刻度范围。将下列算法分为受 Belady 异常影响和不受影响的两类。

① LRU 置换算法。

② FIFO 置换算法。

③ 最佳置换算法。

④ 第二次机会置换算法。

(5) 一个操作系统支持分页虚拟内存,它使用一个时钟周期为 1μs 的中央处理器。访问其他页要比访问当前页多花费 1μs。一页有 1000 个字,分页设备是一个每分钟 3000 转的磁鼓并且它的数据传输率为每秒钟 100 万字。从系统中可获得下列统计数据。

- 所有执行指令中有百万分之一不对当前页进行访问。
- 在访问其他页的指令中,80%访问一个已经在内存中的页。
- 当要求一个新页时,被置换出去的页 50%是修改过的。

假设系统只运行一个进程并且当磁鼓传递数据时处理器空转,计算此系统的有效指令时间。

(6) 假设有二维组 A:

```
int A[][]=new int[100][100];
```

在一个页面大小为 200 的分页内存系统中,A[0][0]存放在地址 200。一个操作数组 A 的进程驻存在页面 0(地址 0 到 199);这样,每条指令都将从页面 0 中获取。

对于 3 个页帧,下面的数组初始化循环将会产生多少个页错误?假设使用 LRU 置换算法,页帧 1 中存放进程,另外两个初始时为空。

①
```
for (int j=0;j<100;j++)
    for (int i=0;i<100;i++)
```

```
        A[i][j]=0;
② for (int i=0;i<100;j++)
      for (int j=0;j<100;i++)
        A[i][j]=0;
```

(7) 假设有下列页引用序列：

1,2,3,4,2,1,5,6,2,1,2,3,7,6,3,2,1,2,3,6

下列页面置换算法会产生多少次页错误？分别假设帧有1、2、3、4、5、6、7个。所有的帧初始时为空，第一个页调入时都会引发一次页错误。

- LRU置换算法。
- FIFO置换算法。
- 最优置换算法。

(8) 假设一个请求调页系统具有一个平均访问和传输时间为20ms的分页磁盘。地址转换是通过在主存中的页表来进行的，每次内存访问时间为1μs。这样，每个通过页表进行的内存引用都要访问内存两次。为了提高性能，加入一个相关内存，当页表项在相关内存中时，可以减少内存引用的访问次数。

假设80%的访问放在相关内存中，而且剩下中的10%(总量的2%)会导致页错误。内存的有效访问时间是多少？

(9) 颠簸的原因是什么？系统怎样检测颠簸？一旦系统检测到颠簸，系统怎样做来消除这个问题？

3. 思考题

(1) 转换后备缓冲区的目的是什么？

(2) 驻留集管理和页替换策略有什么区别？

(3) FIFO和钟表式页替换算法有什么联系？

(4) 假设当前在处理器上执行的进程的页表如下表所示。所有数字均为十进制数，每一项都是从0开始计数的，并且所有的地址都是存储器字节地址。页大小为1024字节。

虚页号	有效位	访问位	修改位	页帧号
0	1	1	0	4
1	1	1	1	7
2	0	0	0	—
3	1	0	0	2
4	0	0	0	—
5	1	0	1	0

① 正确地描述CPU产生的虚地址通常是如何转化成一个物理主存地址的。

② 下列虚地址对应于哪个物理地址(即使有缺页也暂不处理)？

a. 1052

b. 2221

c. 5499

(5) 一个进程分配给 4 个页帧(下面的所有数字均为十进制,每一项都是从 0 开始计数的)。最后一次把一页装入到一个页帧的时间、最后一次访问页帧中的页的时间、每个页帧中的虚页号以及每个页帧的访问位(R)和修改位(M)如下表所示(时间均为从进程开始到该事件之间的时钟值,而不是从事件发生到当前的时钟值)。

虚页号	页帧	加载时间	访问时间	R位	M位
2	0	60	161	0	1
1	1	130	160	0	0
0	2	26	162	1	0
3	3	20	163	1	1

当虚页 4 发生缺页时,使用下列存储器管理策略,哪一个页帧将用于置换?解释每种情况的原因。

① FIFO(先进先出)算法。

② LRU(最近最少使用)算法。

③ 钟表式算法。

④ 最佳(使用下面的访问串)算法。

⑤ 在缺页之前给定上述的存储器状态,考虑下面的虚页访问串。

4,0,0,0,2,4,2,1,0,3,2

如果使用窗口大小为 4 的工作集策略代替固定分配,会发生多少缺页?每个缺页何时发生?

(6) 一个进程在磁盘上包含 8 个虚页,在主存中固定分配给 4 个页帧中的页,如果发生下面的页访问踪迹,回答下列问题。

1,0,2,2,1,7,6,7,0,1,2,0,3,0,4,5,1,5,2,4,5,6,7,6,7,2,4,2,7,3,3,2,3

① 如果使用 LRU 替换策略,给出相继驻留在这 4 个页帧中的页。计算主存的命中率。假设这些帧最初是空的。

② 如果使用 FIFO 策略,请重复问题①中的要求。

③ 比较使用这两种策略的命中率。解释为什么对这个特殊的访问串,使用 FIFO 的效率接近于 LRU。

(7) 假设一个任务被分成 4 个大小相等的段,并且系统为每个段建立了一个有 8 项的页描述符表。为此,该系统是分段与分页的组合。假设页大小为 2KB。

① 每段的最大尺寸为多少?

② 该任务的逻辑地址空间最大为多少?

③ 假设该任务访问到物理单元 00021ABC 中的一个元素,那么为它产生的逻辑地址的格式是什么?该系统的物理地址空间最大为多少?

(8) 一个计算机拥有一个 cache、主存和用作虚存的磁盘。如果被访问的字在 cache 中,访问它需要 20ns;如果在主存中但不在 cache 中,需要有 60ns 的时间把它装入 cache,然后再开始访问它;如果这个字不在主存中,则需要 12ms 把它从磁盘中取入主存。接下来用60ns的时间复制到cache中，然后再开始访问它。cache的命中率为0.9，主存的命中率为0.6，请问在该系统中访问一个字的平均时间为多少(单位为ns)？

D.7 设备管理

1. 名词解释

(1) 字节多路通道
(2) 选择通道
(3) 成组多路通道
(4) 独占设备
(5) 共享设备
(6) 虚拟设备
(7) 设备独立性
(8) 磁盘镜像
(9) 磁盘双工
(10) 廉价磁盘冗余阵列
(11) 设备处理程序/设备驱动程序

2. 问答题

(1) 描述I/O系统结构的分类。
(2) 描述设备分类的方法和分类。
(3) 描述设备管理的设计目标。
(4) 描述设备管理的基本功能。
(5) 描述I/O控制方式。
(6) 描述设备分配策略。
(7) 盘块号和盘地址之间的转换。
(8) 描述磁盘调度算法及其优缺点。
(9) 描述设备驱动程序的功能。
(10) 逻辑I/O和设备I/O有什么区别?
(11) 面向块的设备和面向流的设备有什么区别？请举例说明。
(12) 简答图D.7中描述的磁盘调度策略。

(13) 假设一个磁盘驱动器有5000个柱面，从0到4999。驱动器正在为柱面143的一个请求提供服务，且前面的一个服务请求在柱面125。按FIFO顺序，即将到来的请求队列是：

86,1470,913,1774,948,1509,1022,1750,130

从现在磁头位置开始，按照下面的磁头调度算法，要满足队列中即将到来的请求要求磁头总的移动距离(按柱面数计)是多少？

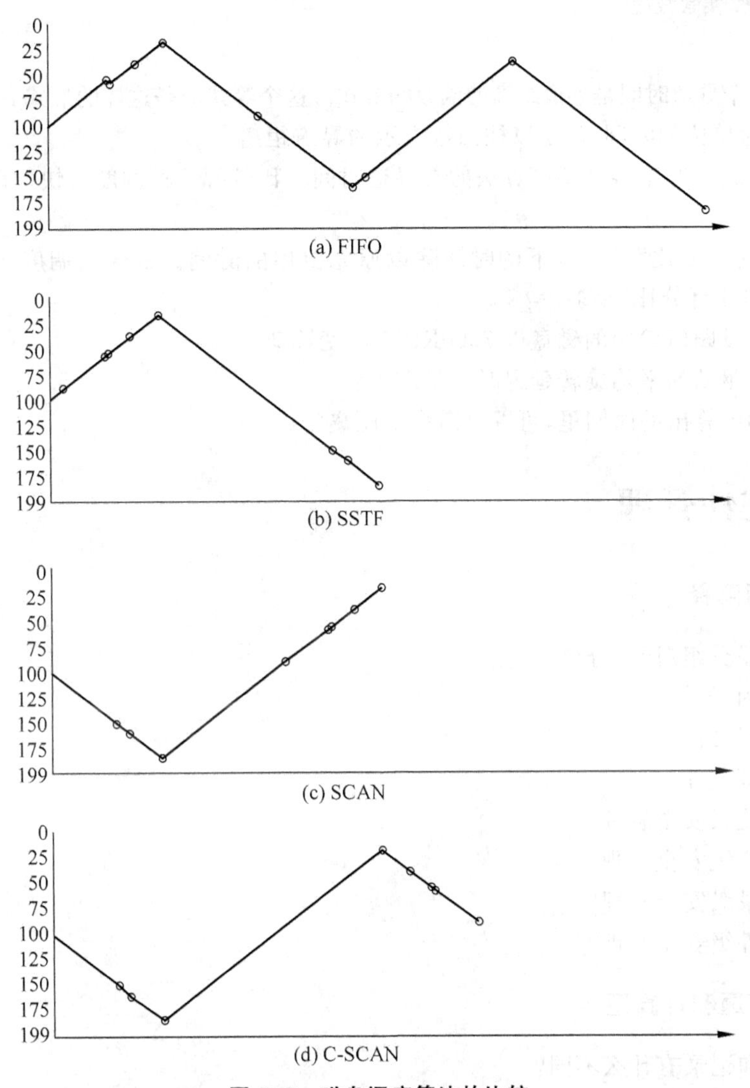

图 D.7 磁盘调度算法的比较

① FCFS

② SSTF

③ SCAN

④ LOOK

⑤ C-SCAN

⑥ C-LOOK

(14) 基础物理强调：当一个物体在不变加速度 a 的情况下，距离 d 和时间 t 的关系可以用 $d=\frac{1}{2}at^2$ 来表示。假设在一次磁盘寻道中，像题(13)中一样，在开始的一半，磁头以一个不变加速度加速，而在后一半，磁头以同一加速度减速。假设磁盘完成一个临近柱面的寻道需要 1ms，一次寻道 5000 柱面需要 18ms。

① 寻道的距离是磁头移动经过的柱面数，说明为什么寻道时间和寻道距离的平方根成正比。

② 写一个寻道时间是寻道距离的函数的等式。这个等式应是这样的形式 $t=x+y\sqrt{L}$，t 是以毫秒为单位的时间，L 是以柱面数表示的寻道距离。

③ 计算题(13)中各种调度算法的总寻道时间。比较哪一种调度最快(有最小的总寻道时间)。

④ “加速百分比”是节省下的时间除以原先要用的时间。最快的调度算法与 FCFS 相比后的“加速百分比”是多少？

(15) 假设题(14)中的磁盘以 7200RPM 速度转动。

① 磁盘驱动的平均旋转延迟时间是多少？

② 在①中算出的时间里，可以寻道多少距离？

D.8 文件管理

1. 名词解释

(1) 记录分组/记录分块

(2) 块因子

(3) 逻辑文件

(4) 物理文件

(5) 系统级安全管理

(6) 用户级安全管理

(7) 目录级安全管理

(8) 文件级安全管理

2. 问答题和计算题

(1) 域和记录有什么不同？

(2) 文件和数据库有什么不同？

(3) 什么是文件管理系统？

(4) 列出并简答 5 种文件组织。

(5) 列出并简答 3 种文件分配方法。

(6) 描述文件的逻辑结构和文件的物理结构。

(7) 描述文件存储器空闲存储空间的管理算法。

(8) 描述 UNIX 系统的盘空闲块和空闲索引节点的管理算法。

(9) 假设一个文件有 100 个块，并且 FCB(如果是索引分配，则还有索引块)已经在内存中。对于下列条件，计算读一个块对于连续、链接和索引(一级)分配方法各需要多少次磁盘 I/O 操作。在连续分配方法中，假设增长时，起始端没有空间，末端有空间，并且要增加的块信息存放在内存中。

① 在起始端增加块。

② 在中部增加块。

③ 在末端增加块。

④ 从起始端删除块。

⑤ 从中部删除块。

⑥ 从末端删除块。

(10) 设想一个在磁盘上的文件系统的逻辑块和物理块的大小都是512KB。假设每个文件的信息已经在内存中。对3种分配方法(连续分配、链接分配和索引分配),分别回答下列问题。

① 逻辑地址到物理地址的映射在系统中是怎样进行的(对于索引分配,假设文件总是小于512KB块长)?

② 假设现在处于逻辑块10(最后访问的块是块10),现在想访问逻辑块4,那么必须从磁盘上读多少个物理块?

3. 思考题

(1) 列出并简答3种组块方法。

(2) 有下列定义。

B=块大小;

R=记录大小;

P=块指针大小;

F=组块因子;即一个块中期望的记录数。

对图D.8中描述的3种组块方法分别给出关于F的公式。

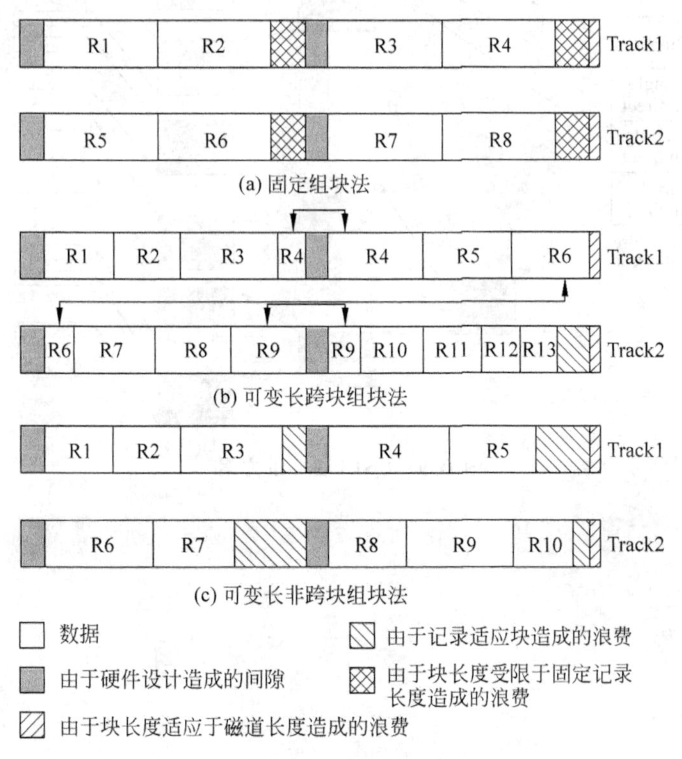

图D.8 记录块组块方法

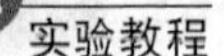

(3) 考虑由一个索引节点所表示的 UNIX 文件的组织(图 D.9)。假设有 12 个直接块指针,在每个索引节点中有一个单重、双重和三重间接指针。为此,假设系统块大小和磁盘扇区大小都是 8KB。如果磁盘块指针是 32 位,其中 8 位用于标识物理磁盘,24 位用于标识物理块,那么

① 该系统支持的最大文件大小是多少?

② 该系统支持的最大文件系统分区是多少?

③ 假设主存中除了文件索引节点外没有别的信息,访问在位置 12423956 中的字节需要多少次磁盘访问?

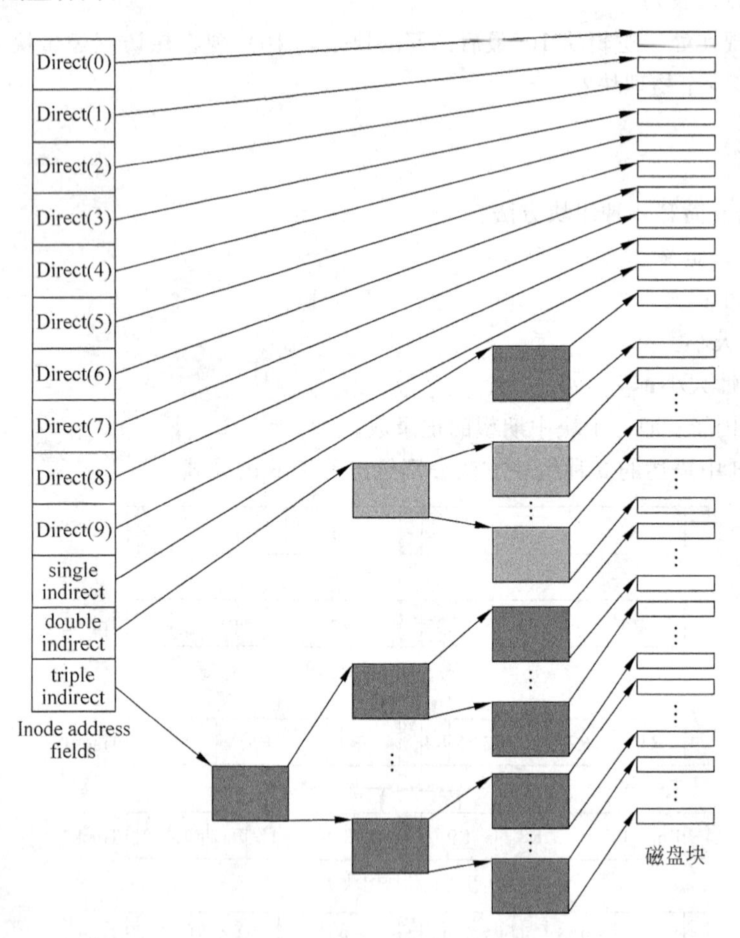

图 D.9 UNIX 块寻址方案

附录E Linux0.11系统引导程序

Linux0.11是Linux第一个正式发布的版本，代码量在1万行左右。它包括了进程管理、内存管理、设备管理和文件管理。在这个操作系统上可以运行.out格式的可执行文件，支持多进程。它利用了很多在操作系统原理课上提到的技术。但是由于这个版本很低，有些技术它没有使用。例如，线程、交换内存、实现进程同步和互斥的PV操作等。

当Linux系统开始运行时，将自己装入到绝对地址0x90000，再将其后的2KB(setup.s文件)装入到地址0x90200处，最后将内核文件装入到0x10000。这个过程是由系统的引导程序完成的，这个程序是用汇编语言编写的，放在启动盘的第一扇区，由BIOS加载到内存中。当引导程序将系统装入内存时，会显示"Loading……"这条信息。装入完成后，控制转向另一个实模式下运行的汇编语言代码/boot/setup.s。

setup.s部分首先设置一些系统的硬件设备，然后将内核文件从0x10000处移至0x00000处。这时系统转入保护模式，开始执行位于0x00000处的代码。内核文件的头部是用汇编语言编写的代码，对应的文件是/boot/head.s。

head.s部分会将IDT(Interrupt Descriptor Table，中断向量表)、GDT(Global Descriptor Table，全局段描述符表)和LDT(Local Descriptor Table，局部段描述符表)的首地址装入到相应的寄存器中，初始化处理器，设置好内存页面，最终调用/init/main.c文件的main( )函数，这个函数是用C语言编写的。图E.1说明了这个流程。

bootsect.s和setup.s采用近似于Intel的汇编语言语法，需要使用Intel 8086汇编编译器as86和连接器ld86，而head.s则使用GNU的汇编程序格式，需要用GNU的as进行编译，这是一种AT&T语法的汇编语言程序。

下面是AT&T汇编与Intel汇编的比较。

1. 大小写

Intel格式的指令可以使用大写字母或小写字母，而AT&T格式使用小写字母。

例E.1

Intel	AT&T
MOV EAX,EBX	movl %ebx,%eax

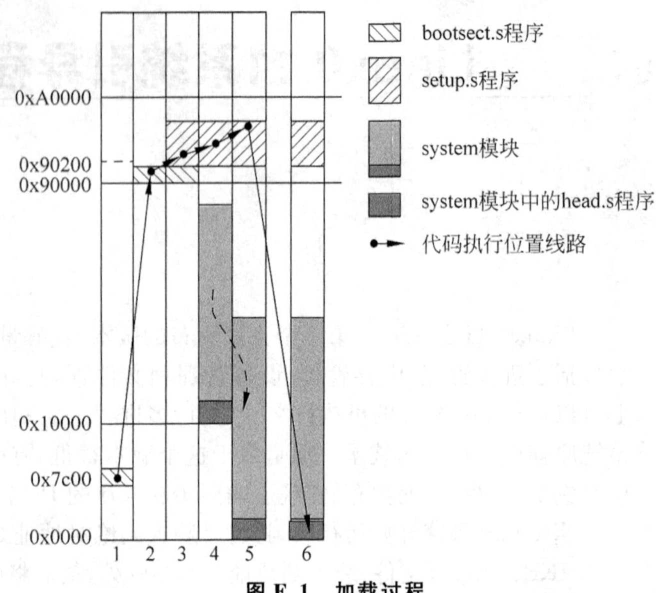

图 E.1 加载过程

2. 操作数赋值方向

在 Intel 语法中，第 1 个表示目的操作数，第 2 个表示源操作数，赋值方向从右向左。而 AT&T 语法第 1 个为源操作数，第 2 个为目的操作数，方向从左到右，合乎自然。见例 E.1。

3. 前缀

在 Intel 语法中寄存器和立即数不需要前缀；AT&T 中寄存器需要加前缀"%"；立即数需要加前缀"$"。

例 E.2

Intel	AT&T
MOV EAX,1	movl $1,%eax

AT&T 中符号常数直接引用，不需要加前缀，如：movl value,%ebx，value 为一常数；在符号前加前缀 $ 表示引用符号地址，如 movl $value,%ebx，是将 value 的地址放到 ebx 中。总线锁定前缀"lock"：总线锁定操作。"lock"前缀在 Linux 核心代码中使用很多，特别是 SMP 代码中。当总线锁定后其他 CPU 不能存取锁定地址处的内存单元。远程跳转指令和子过程调用指令的操作码使用前缀"l"，分别为 ljmp、lcall，与之相应的返回指令伪 lret。

例 E.3

Intel	AT&T
CALL FAR SECTION:OFFSET	lcall $secion:$offset
JMP FAR SECTION:OFFSET	ljmp $secion:$offset
RET FAR SATCK_ADJUST	lret $stack_adjust

4. 间接寻址语法

Intel中基地址使用“[”、“]”，而在AT&T中使用“(”、“)”；另外处理复杂操作数的方法也不同，Intel为Segreg：[base+index * scale+disp]，而在AT&T中为%segreg：disp(base,index,scale)，其中segreg、index、scale、disp都是可选的，在指定index而没有显式指定scale的情况下使用默认值1。scale和disp不需要加前缀“&”。

Intel	AT&T
segreg:[base+index * scale+disp]	%segreg:disp(base,index,scale)

5. 后缀

AT&T语法中大部分指令操作码的最后一个字母表示操作数大小，“b”表示byte（一个字节）；“w”表示word(2个字节)；“l”表示long(4个字节)。Intel中处理内存操作数时也有类似的语法如：BYTE PTR、WORD PTR、DWORD PTR。

例 E.4

Intel	AT&T
mov al,bl	movb %bl,%al
mov ax,bx	movw %bx,%ax
mov eax,dword ptr [ebx]	movl (%ebx),%eax

在AT&T汇编指令中，操作数扩展指令有两个后缀，一个指定源操作数的字长，另一个指定目标操作数的字长。AT&T的符号扩展指令的为“movs”，零扩展指令为“movz”(相应的Intel指令为“movsx”和“movzx”)。因此，“movsbl %al,%edx”表示对寄存器al中的字节数据进行字节到长字的符号扩展，计算结果存放在寄存器edx中。下面是一些允许的操作数扩展后缀：

bl:字节->长字
bw:字节->字
wl:字->长字

跳转指令标号后的后缀表示跳转方向，“f”表示向前(forward)，“b”表示向后(back)。

例 E.5

```
jmp 1f
1:jmp 1f
1:
```

6. 指令

Intel汇编与AT&T汇编指令基本相同，差别仅在语法上。关于每条指令的语法可以参考相关资料。

bootsect.s文件的说明：这个文件编译后放到引导盘的第一个物理扇区中，用于将setup.s和head.s文件加载到内存中。如果用第2张软盘做文件系统盘，当内核文件加载完成后，就需要对软驱进行测试，这段代码就可以添加到该文件的尾部。代码的简要流程如图 E.2 和图 E.3 所示。

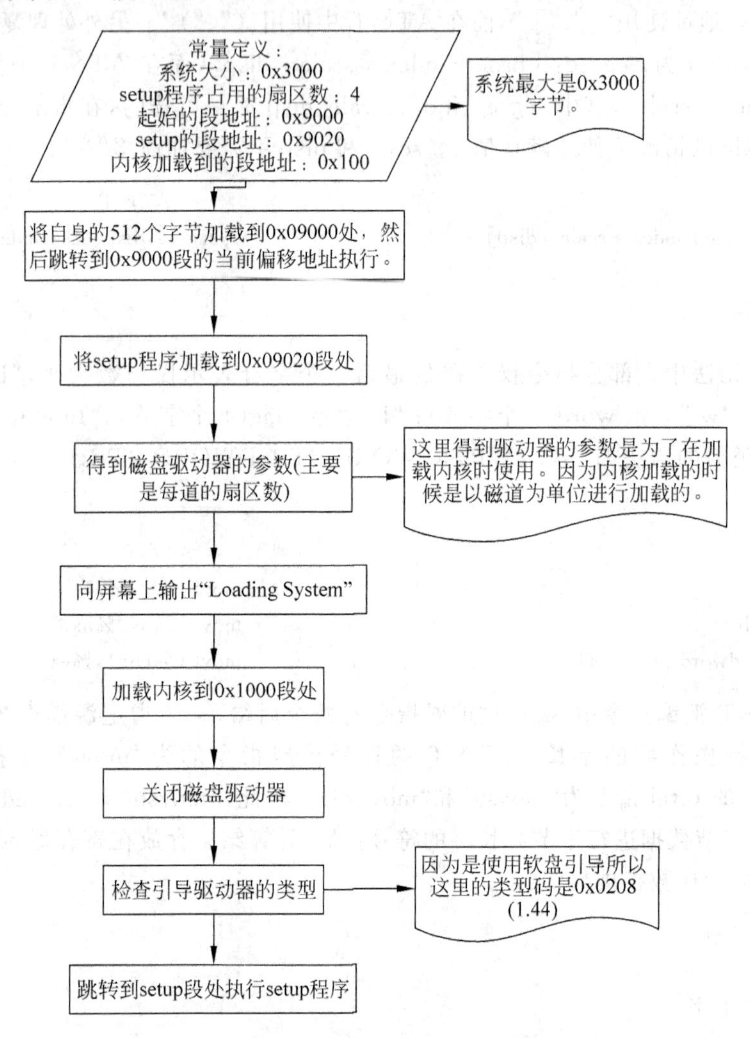

图 E.2 bootsect.s 流程图

bootsect.s 程序如下，其中 ！表示注释，黑体字表示源代码，前面的数字表示行号。

! SYS_SIZE is the number of clicks (16 bytes) to be loaded.
! 0x3000 is 0x30000 bytes＝196kB, more than enough for current
! versions of linux
! SYS_SIZE 是要加载的节数(16 字节为 1 节)。
! 0x30000 字节＝0011 0000 0000 0000 0000＝192KB(上面 Linus 估算错了)，
! 对于当前的版本空间已足够了。
1 SYSSIZE＝0x3000 ！指编译连接后 system 模块的大小。参见图 E.1 的说明。
!＝伪指令相当于 C 语言中的＃define 语句，用于宏替换。
! bootsect.s (C) 1991 Linus Torvalds
!

! bootsect.s is loaded at 0x7c00 by the bios-startup routines,and moves
! iself out of the way to address 0x90000,and jumps there.
!
! It then loads 'setup' directly after itself (0x90200),and the system
! at 0x10000,using BIOS interrupts.
!
! NOTE! currently system is at most 8 * 65536 bytes long. This should be no
! problem,even in the future. I want to keep it simple. This 512KB
! kernel size should be enough,especially as this doesn't contain the
! buffer cache as in minix
!
! The loader has been made as simple as possible,and continuos
! read errors will result in a unbreakable loop. Reboot by hand. It
! loads pretty fast by getting whole sectors at a time whenever possible.
!
! 以下是前面这些文字的翻译：
! bootsect.s (C) 1991 Linus Torvalds 版权所有
!
! bootsect.s 被 BIOS-启动子程序加载至 0x7c00 (31K)处，并将自己
! 移到了地址 0x90000 (576K)处，并跳转至那里。
!
! 它然后使用 BIOS 中断将'setup'直接加载到自己的后面(0x90200)(576.5K)，
! 并将 system 加载到地址 0x10000 处。
!
! 注意！目前的内核系统最大长度限制为(8 * 65536)(512K)字节，即使是在
! 将来这也应该没有问题的。我想让它保持简单明了。这样 512K 的最大内核长度应该
! 足够了，尤其是这里没有像 minix 中一样包含缓冲区高速缓冲。
!
! 加载程序已经做得够简单了，所以持续的读出错将导致死循环。只能手工重启。
! 只要可能，通过一次取所有的扇区，加载过程可以做的很快的。

2 .globl begtext,begdata,begbss,endtext,enddata,endbss
! 定义了 6 个全局标识符；
3 .text ! 文本段；
4 begtext:
5 .data ! 数据段；
6 begdata:
7 .bss ! 堆栈段；
8 begbss:
9 .text ! 文本段；
! 这些伪指令是供编译器使用的。这些标号供 ld86 使用。
!.text 指明程序中的代码段；.data 是数据段；.bss 是未初始化的数据区。
10 SETUPLEN=4 ! nr of setup-sectors
! setup 程序的扇区数(setup-sectors)值；
11 BOOTSEG=0x07c0 ! original address of boot-sector
! bootsect 的原始地址(是段地址，以下同)；

12 INITSEG＝0x9000 ！we move boot here - out of the way
！将 bootsect 移到这里-避开；
13 SETUPSEG＝0x9020 ！setup starts here
！setup 程序从这里开始；
14 SYSSEG＝0x1000 ！system loaded at 0x10000 (65536).
！system 模块加载到 0x10000(64 kB)处；
15 ENDSEG＝SYSSEG＋SYSSIZE ！where to stop loading
！停止加载的段地址；

！ROOT_DEV：0x000-same type of floppy as boot.
！根文件系统设备使用与引导时同样的软驱设备；
！0x301-first partition on first drive etc
！根文件系统设备在第 1 个硬盘的第 1 个分区上，等等；
16 ROOT_DEV＝0x306 ！
！指定根文件系统设备是第 2 个硬盘的第 1 个分区。这是 Linux 老式的硬盘命名
！方式，具体值的含义如下：
！设备号＝主设备号 * 256＋次设备号(也即 dev_no＝(major<<8)＋minor)
！(主设备号：1－内存，2－磁盘，3－硬盘，4－ttyx，5－tty，6－并行口，7－非命名管道)
！0x300-/dev/hd0 — 代表整个第 1 个硬盘；
！0x301-/dev/hd1 — 第 1 个盘的第 1 个分区；
！…
！0x304-/dev/hd4 — 第 1 个盘的第 4 个分区；
！0x305-/dev/hd5 — 代表整个第 2 个硬盘；
！0x306-/dev/hd6 — 第 2 个盘的第 1 个分区；
！…
！0x309-/dev/hd9 — 第 2 个盘的第 4 个分区；
！从 Linux 内核 0.95 版后已经使用与现在相同的命名方法了。

17 entry start ！告知连接程序，程序从 start 标号开始执行。
18 start：！下面 9 行的作用是将自身(bootsect)从目前段位置 0x07c0(31k)
！移动到 0x9000(576k)处，共 256 字(512 字节)，然后跳转到
！移动后代码的 go 标号处，也即本程序的下一语句处。
19 mov ax，# BOOTSEG ！将 ds 段寄存器置为 0x7C0；
20 mov ds，ax
21 mov ax，# INITSEG ！将 es 段寄存器置为 0x9000；
22 mov es，ax
23 mov cx，# 256 ！移动计数值＝256 字；
24 sub si，si ！源地址 ds：si＝0x07C0：0x0000
25 sub di，di ！目的地址 es：di＝0x9000：0x0000
26 rep ！重复执行，直到 cx＝0
27 movw ！移动 1 个字；
28 jmpi go，INITSEG
！间接跳转格式：jmpi 偏移地址，段地址。作用是段地址—>CS，偏移地址—>IP. 这里
！INITSEG 指出跳转到的段地址。
29 go：mov ax，cs ！将 ds、es 和 ss 都置成移动后代码所在的段处(0x9000)。
30 mov ds，ax ！由于程序中有堆栈操作(push，pop，call)，因此必须设置堆栈。

```
31 mov es,ax
! put stack at 0x9ff00. ! 将堆栈指针 sp 指向 0x9ff00(即 0x9000:0xff00)处
32 mov ss,ax
33 mov sp,#0xFF00 ! arbitrary value>>512
! 由于代码段移动过了,所以要重新设置堆栈段的位置。
! sp 只要指向远大于 512 偏移(即地址 0x90200)处
! 都可以。因为从 0x90200 地址开始处还要放置 setup 程序,
! 而此时 setup 程序大约为 4 个扇区,因此 sp 要指向大
! 于(0x200+0x200 * 4+堆栈大小)处。

! load the setup-sectors directly after the bootblock.
! Note that 'es' is already set up.
! 在 bootsect 程序块后紧跟着加载 setup 模块的代码数据。
! 注意 es 已经设置好了。(在移动代码时 es 已经指向目的段地址处 0x9000)。

34 load_setup:
! 下面 10 行的用途是利用 BIOS 中断 INT 0x13 将 setup 模块从磁盘第 2 个扇区
! 开始读到 0x90200 开始处,共读 4 个扇区。如果读出错,则复位驱动器,并
! 重试,没有退路。INT 0x13 的使用方法如下:
! 读扇区:
! ah=0x02 — 读磁盘扇区到内存; al=需要读出的扇区数量;
! ch=磁道(柱面)号的低 8 位; cl=开始扇区(0—5 位),磁道号高 2 位(6-7);
! dh=磁头号; dl=驱动器号(如果是硬盘,则要置位 7);
! es:bx=指向数据缓冲区; 如果出错则 CF 标志置位。
35 mov dx,#0x0000 ! drive 0,head 0
36 mov cx,#0x0002 ! sector 2,track 0
37 mov bx,#0x0200 ! address=512,in INITSEG
38 mov ax,#0x0200+SETUPLEN ! service 2,nr of sectors
39 int 0x13 ! read it
40 jnc ok_load_setup ! ok - continue
41 mov dx,#0x0000
42 mov ax,#0x0000 ! reset the diskette,磁盘复位,使用 int 13 的 0 号中断,ah=0
43 int 0x13
44 j load_setup
! LD86 中就有 j 这条指令,等价于 JMP
45 ok_load_setup:

! Get disk drive parameters,specifically nr of sectors/track
! 取磁盘驱动器的参数,特别是每道的扇区数量。
! 取磁盘驱动器参数 INT 0x13 调用格式和返回信息如下:
! ah=0x08 dl=驱动器号(如果是硬盘,则要置位 7 为 1)。
! 返回信息:
! 如果出错,则 CF 置位,并且 ah=状态码。
! ah=0,al=0,bl=驱动器类型(AT/PS2)
! ch=最大磁道号的低 8 位,cl=每磁道最大扇区数(位 0—5),最大磁道号高 2 位(位 6—7)
! dh=最大磁头数,dl=驱动器数量,
```

! es:di — 软驱磁盘参数表。

46 mov dl, #0x00
47 mov ax, #0x0800 ! AH=8 is get drive parameters
48 int 0x13
49 mov ch, #0x00
50 seg cs ! 表示下一条语句的操作数在 cs 段寄存器所指的段中。
51 mov sectors, cx ! 保存每磁道扇区数。
52 mov ax, #INITSEG
53 mov es, ax ! 因为上面取磁盘参数中断改掉了 es 的值,这里重新改回。

! Print some inane message ! 在显示一些信息('Loading system ...'回车换行,共 24 个字符)。
! 在屏幕上输出需要使用 BIOS 的 10 号中断。
! 读光标位置: ah=03,bh=显示的页号(图形方式是 0),返回值: DH:DL=行、列值
! 显示字符串: ah=13,ES:BP=字符串首地址,CX=字符串长度,
! DX=光标的起始位置,BH=页号,BL=属性
! al 的最低比特位=1(al=1 或 3),则光标会在显示串后被设置在串的结尾处。
! 否则若 al=0 或 2,则在显示后光标位置不动
54 mov ah, #0x03 ! read cursor pos
55 xor bh, bh ! 读光标位置。
56 int 0x10

57 mov cx, #24 ! 共 24 个字符。
58 mov bx, #0x0007 ! page 0, attribute 7 (normal)
59 mov bp, #msg1 ! 指向要显示的字符串。
60 mov ax, #0x1301 ! write string, move cursor
61 int 0x10 ! 写字符串并移动光标。

! ok, we've written the message, now
! we want to load the system (at 0x10000)
! 现在开始将 system 模块加载到 0x10000(64k)处。

62 mov ax, #SYSSEG
63 mov es, ax ! segment of 0x010000 ! es=存放 system 的段地址。
64 call read_it ! 读磁盘上 system 模块,es 为输入参数。
65 call kill_motor ! 关闭驱动器马达,这样就可以知道驱动器的状态了。

! After that we check which root-device to use. If the device is
! defined (!=0), nothing is done and the given device is used.
! Otherwise, either /dev/PS0 (2,28) or /dev/at0 (2,8), depending
! on the number of sectors that the BIOS reports currently.
! 此后,我们检查要使用哪个根文件系统设备(简称根设备)。如果已经指定了设备(!=0)
! 就直接使用给定的设备。否则就需要根据 BIOS 报告的每磁道扇区数来
! 确定到底使用/dev/PS0 (2,28) 还是 /dev/at0 (2,8)。
! 上面一行中两个设备文件的含义:
! 在 Linux 中软驱的主设备号是 2(参见第 43 行的注释),次设备号=type * 4+nr,其中

```
! nr 为 0～3 分别对应软驱 A、B、C 或 D；type 是软驱的类型(2—>1.2M 或 7—>1.44M 等)。
! 因为 7 * 4+0=28，所以 /dev/PS0 (2,28)指的是 1.44M A 驱动器，其设备号是 0x021c
! 同理 /dev/at0 (2,8)指的是 1.2M A 驱动器，其设备号是 0x0208。

66 seg cs
67 mov ax,root_dev ! 将根设备号
68 cmp ax,#0
69 jne root_defined
70 seg cs
71 mov bx,sectors ! 取上面保存的每磁道扇区数。如果 sectors=15
! 则说明是 1.2Mb 的驱动器；如果 sectors=18，则说明是
! 1.44Mb 软驱。因为是可引导的驱动器，所以肯定是 A 驱。
72 mov ax,#0x0208 ! /dev/ps0-1.2Mb
73 cmp bx,#15 ! 判断每磁道扇区数是否=15
74 je root_defined ! 如果等于，则 ax 中就是引导驱动器的设备号。
75 mov ax,#0x021c ! /dev/PS0-1.44Mb
76 cmp bx,#18
77 je root_defined
78 undef_root:! 如果都不一样，则死循环(死机)。
79 jmp undef_root
80 root_defined:
81 seg cs
82 mov root_dev,ax ! 将检查过的设备号保存起来。

! 到此，所有程序都加载完毕，我们就跳转到被
! 加载在 bootsect 后面的 setup 程序去。

83 jmpi 0,SETUPSEG ! 跳转到 0x9020:0000(setup.s 程序的开始处)。
!!!! 本程序到此就结束了。!!!!
! 下面是两个子程序。

! This routine loads the system at address 0x10000,making sure
! no 64kB boundaries are crossed. We try to load it as fast as
! possible,loading whole tracks whenever we can.
!
! in:es-starting address segment (normally 0x1000)
!
! 该子程序将系统模块加载到内存地址 0x10000 处，并确定没有跨越 64KB 的内存边界。
! 我们试图尽快地进行加载，只要可能，就每次加载整条磁道的数据。
! 输入：es - 开始内存地址段值(通常是 0x1000)
84 sread:.word 1+SETUPLEN ! sectors read of current track!
! 当前磁道中已读的扇区数。开始时已经读进 1 扇区的引导扇区
! bootsect 和 setup 程序所占的扇区数 SETUPLEN。
85 head:.word 0 ! current head ! 当前磁头号。
86 track:.word 0 ! current track ! 当前磁道号。
```

87 read_it:
! 测试输入的段值。必须位于内存地址 64KB 边界处,否则进入死循环。
! 清 bx 寄存器,用于表示当前段内存放数据的开始位置。
88 mov ax,es
89 test ax,#0x0fff
90 die:jne die
! es must be at 64kB boundary ! es 值必须位于 64KB 地址边界。
! 早期 X86 的 CPU 只有 16 位地址线,寻址空间为 64KB
91 xor bx,bx ! bx is starting address within segment ! bx 为段内偏移位置。
92 rp_read:
! 判断是否已经读入全部数据。比较当前所读段是否就是系统数据末端所处的段(#ENDSEG),
! 如果不是就跳转至下面 ok1_read 标号处继续读数据。否则退出子程序返回。
93 mov ax,es
94 cmp ax,#ENDSEG ! have we loaded all yet? ! 是否已经加载了全部数据?
95 jb ok1_read
96 ret
97 ok1_read:
! 计算和验证当前磁道需要读取的扇区数,放在 ax 寄存器中。
! 根据当前磁道还未读取的扇区数以及段内数据字节开始偏移位置,
! 计算如果全部读取这些未读扇区,所读总字节数是否会超过 64KB 段长度的限制。
! 若会超过,则根据此次最多能读入的字节数(64KB - 段内偏移位置),反算出此次需要读取的扇
! 区数。
98 seg cs
99 mov ax,sectors ! 取每磁道扇区数。
100 sub ax,sread ! 减去当前磁道已读扇区数。
101 mov cx,ax ! cx=ax=当前磁道未读扇区数。
102 shl cx,#9 ! cx=cx * 512 字节。
103 add cx,bx ! cx=cx+段内当前偏移值(bx)
!=此次读操作后,段内共读入的字节数。
104 jnc ok2_read ! 若没有超过 64KB 字节,则跳转至 ok2_read 处执行。
105 je ok2_read
106 xor ax,ax ! 若加上此次将读磁道上所有未读扇区时会超过 64KB,则计算
107 sub ax,bx ! 此时最多能读入的字节数(64KB - 段内读偏移位置),再转换
108 shr ax,#9 ! 成需要读取的扇区数。
109 ok2_read:
110 call read_track
111 mov cx,ax ! cx=该次操作已读取的扇区数。
112 add ax,sread ! 当前磁道上已经读取的扇区数。
113 seg cs
114 cmp ax,sectors ! 如果当前磁道上的还有扇区未读,则跳转到 ok3_read 处。
115 jne ok3_read
! 读该磁道的下一磁头面(1 号磁头)上的数据。如果已经完成,则去读下一磁道。
116 mov ax,#1
117 sub ax,head ! 判断当前磁头号。
118 jne ok4_read ! 如果是 0 磁头,则再去读 1 磁头面上的扇区数据。

119 inc track ！否则去读下一磁道。
120 ok4_read：
121 mov head,ax ！保存当前磁头号。
122 xor ax,ax ！清当前磁道已读扇区数。
123 ok3_read：
124 mov sread,ax ！保存当前磁道已读扇区数。
125 shl cx,#9 ！上次已读扇区数 * 512 字节。
126 add bx,cx ！调整当前段内数据开始位置。
127 jnc rp_read ！若小于 64KB 边界值，则跳转到 rp_read 处，继续读数据。
！否则调整当前段，为读下一段数据作准备。
128 mov ax,es
129 add ax,#0x1000 ！将段基址调整为指向下一个 64KB 段内存。
130 mov es,ax
131 xor bx,bx ！清段内数据开始偏移值。
132 jmp rp_read ！跳转至 rp_read 处，继续读数据。

！读当前磁道上指定开始扇区和需读扇区数的数据到 es:bx 开始处。
！参见上面对 BIOS 磁盘读中断
！int 0x13,ah=2 的说明。
！al - 需读扇区数；es:bx - 缓冲区开始位置。
133 read_track：
134 push ax
135 push bx
136 push cx
137 push dx
138 mov dx,track ！取当前磁道号。
139 mov cx,sread ！取当前磁道上已读扇区数。
140 inc cx ！cl=开始读扇区。
141 mov ch,dl ！ch=当前磁道号。
142 mov dx,head ！取当前磁头号。
143 mov dh,dl ！dh=磁头号。
144 mov dl,#0 ！dl=驱动器号(为 0 表示当前驱动器)。
145 and dx,#0x0100 ！磁头号不大于 1。
146 mov ah,#2 ！ah=2，读磁盘扇区功能号。
147 int 0x13
148 jc bad_rt ！若出错，则跳转至 bad_rt。
149 pop dx
150 pop cx
151 pop bx
152 pop ax
153 ret
！执行驱动器复位操作(磁盘中断功能号 0)，再跳转到 read_track 处重试。
154 bad_rt:mov ax,#0
155 mov dx,#0
156 int 0x13
157 pop dx

```
158 pop cx
159 pop bx
160 pop ax
161 jmp read_track

/*
 * This procedure turns off the floppy drive motor,so
 * that we enter the kernel in a known state,and
 * don't have to worry about it later.
 */
! 这个子程序用于关闭软驱的马达,这样进入内核后它处于已知状态,
! 以后也就无须担心它了。
162 kill_motor:
163 push dx
164 mov dx,#0x3f2 ! 软驱控制卡的驱动端口,只写。
165 mov al,#0 ! A 驱动器,关闭 FDC,禁止 DMA 和中断请求,关闭马达。
166 outb ! 将 al 中的内容输出到 dx 指定的端口去。
167 pop dx
168 ret

169 sectors:
170 .word 0 ! 存放当前启动软盘每磁道的扇区数。

171 msg1:
172 .byte 13,10 ! 回车、换行的 ASCII 码。
173 .ascii "Loading system ..."
174 .byte 13,10,13,10 ! 共 24 个 ASCII 码字符。

175 .org 508 ! 表示下面语句从地址 508(0x1FC)开始,所以 root_dev
! 在启动扇区的第 508 开始的 2 个字节中。
176 root_dev:
177 .word ROOT_DEV ! 这里存放根文件系统所在的设备号(init/main.c 中会用)。
178 boot_flag:
179 .word 0xAA55
! 硬盘有效标识。这个标志很重要,BIOS 只有发现了 0x55AA 才能认定这个引导程序
! 是正确的,这个标志要求放在 511 和 512 字节处。

180 .text
181 endtext:
182 .data
183 enddata:
184 .bss
185 endbss:
```

附录F Linux0.11进程调度

进程的调度方案很多，Linux0.11中仅使用一种方案——最长剩余时间优先。即从就绪队列中选择一个剩余时间片最多的进程调度。Linux0.11的进程调度代码在kernel/sched.c中，主要由4个函数实现，分别是schedule()、sleep_on()、wake_up()、switch_to()。以下列出进程的数据结构。

```
struct task_struct {
    long state;      // 进程运行状态(－1不可运行,0可运行,＞0以停止)
    long counter;    // 任务运行时间片,递减到0是说明时间片用完
    long priority;   // 任务运行优先数,刚开始是counter＝priority
    long signal;     // 任务的信号位图,信号值＝偏移＋1
    struct sigaction sigaction[32];   //信号执行属性结构,对应信号将要
                                        执行的操作和标志信息
    long blocked;  // 信号屏蔽码
    int exit_code;  // 任务退出码,当任务结束时其父进程会读取
    unsigned long start_code,end_code,end_data,brk,start_stack;
        // start_code        代码段起始的线性地址
        // end_code          代码段长度
        // end_data          代码段长度＋数据段长度
        // brk               代码段长度＋数据段长度＋bss段长度
        // start_stack       堆栈段起始线性地址
    long pid,father,pgrp,session,leader;
        // pid               进程号
        // father            父进程号
        // pgrp              父进程组号
        // session           会话号
        // leader            会话首领
    unsigned short uid,euid,suid;
        // uid               用户标id
        // euid              有效用户id
        // suid              保存的用户id
    unsigned short gid,egid,sgid;
        // gid               组id
        // egid              有效组id
        // sgid              保存组id
    long alarm;                  // 报警定时值
    long utime,stime,cutime,cstime,start_time;
```

```
        // utime 用户态运行时间
        // stime 内核态运行时间
        // cutime 子进程用户态运行时间
        // cstime 子进程内核态运行时间
        // start_time 进程开始运行时刻
    unsigned short used_math;             // 标志,是否使用了 387 协处理器
    int tty;                              // 进程使用 tty 的子设备号,-1 表示没有使用
    unsigned short umask;                 //文件创建属性屏蔽码
    struct m_inode * pwd;                 // 当前工作目录的 i 节点
    struct m_inode * root;                // 根目录的 i 节点
    struct m_inode * executable;          // 可执行文件的 i 节点
    unsigned long close_on_exec;          // 执行时关闭文件句柄位图标志
    struct file * filp[NR_OPEN];          // 进程使用的文件
    struct desc_struct ldt[3];            // 本任务的 ldt 表,0-空,1-代码段,2-数据和堆栈段
    struct tss_struct tss;                // 本任务的 tss 段
};
```

进程在线性地址空间的分布(start_code,end_code,end_data,brk,start_stack)如图 F.1 所示。

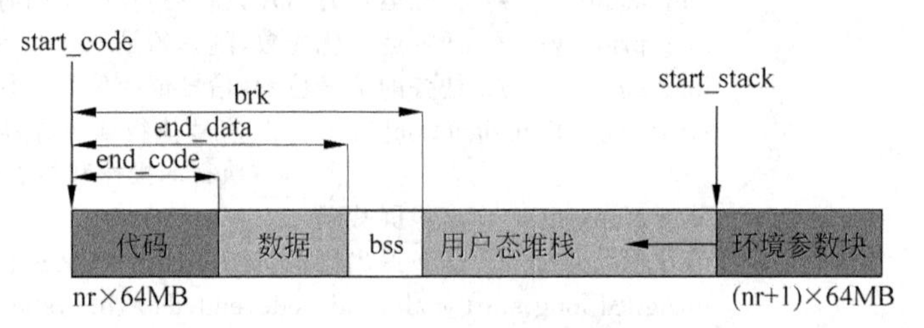

图 F.1　进程在线性地址空间的分布

Linux0.11 中,最多只有 64 个进程。4GB 的线性空间由 64 个进程共享,每个进程分到 64MB。可以计算一下虚拟空间的大小 64×64MB=4GB。Linux 中进程 0 是一个特殊的进程,它是所有其他进程的祖先进程,位于进程树的根节点处。它是用于执行 main( ) 函数的。它会产生 1 号进程运行函数 init,这个函数会再次产生一个进程来执行 sh。1 号进程是非常重要的,因为大部分的进程退出的时候,剩余的工作都是由 1 号进程来处理的,包括获取返回值,释放 PCB 占有的 1 页内存等。所有其他的进程都是 fork 通过系统调用,复制进程 0 或者其后代进程产生的。但是进程 0 却不是通过 fork 产生的。

进程创建时,优先级 priority 被赋一个初值,一般为 0~70 之间的数字,这个数字同时也是计数器 counter 的初值,就是说进程创建时两者是相等的。字面上看,priority 是"优先级"、counter 是"计数器"的意思,然而实际上,它们表达的是同一个意思——进程的"时间片"。priority 代表分配给该进程的时间片,counter 表示该进程剩余的时间片。在进程运行过程中,counter 不断减少,而 priority 保持不变,以便在 counter 变为 0 的时候(该进程用完了所分配的时间片)对 counter 重新赋值。当一个普通进程的时间片用完以后,并不马上用 priority 对 counter 进行赋值,只有所有处于可运行状态的普通进程的时间片(p->counter==0)都用完了以后,才用 priority 对 counter 重新赋值,这个普通进

程才有了再次被调度的机会。这说明，普通进程运行过程中，counter 的减小给了其他进程得以运行的机会，直至 counter 减为 0 时才完全放弃对 CPU 的使用，这就相对于优先级在动态变化，所以称之为动态优先调度。

至于时间片这个概念，和其他不同操作系统一样的，Linux 的时间单位也是"时钟滴答"，只是不同操作系统对一个时钟滴答的定义不同而已(Linux 为 10ms)。进程的时间片就是指多少个时钟滴答，比如，若 priority 为 20，则分配给该进程的时间片就为 20 个时钟滴答，也就是 20×10ms＝200ms。Linux 中某个进程的调度策略(policy)、优先级(priority)等可以作为参数由用户自己决定，具有相当的灵活性。内核创建新进程时分配给进程的时间片默认为 200ms(更准确的应为 210ms)，用户可以通过系统调用改变它。

Linux 系统中，一个进程有 5 种可能状态，在 sched.c 第 19 行处定义了状态的标识：

```
#define TASK_RUNNING            0    // 正在运行或可被运行状态
#define TASK_INTERRUPTIBLE      1    // 可被中断睡眠状态
#define TASK_UNINTERRUPTIBLE    2    // 不可中断睡眠状态
#define TASK_ZOMBIE             3    // 僵死状态
#define TASK_STOPPED            4    // 停止状态
```

各种状态的转换图如图 F.2 所示。

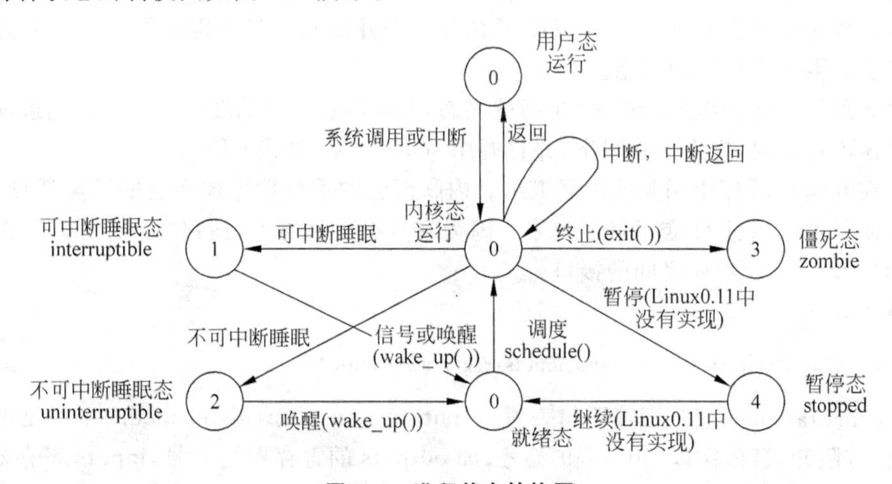

图 F.2 进程状态转换图

其中暂停态和运行态之间的转换在 Linux0.11 中没有实现。本节讲述剩下的状态转换，即就绪态、内核运行态、可中断睡眠态和不可中断睡眠态四者之间的转换。

1. 就绪态和运行态之间的转换

当前占用 CPU 的进程调只有用了 schedule( )函数后，才可能会从运行态进入就绪态。Schedule( )函数按照一定的选择策略选中处于 TASK_RUNNING 态(包括用户运行态，内核运行态和就绪态)的某个进程，然后切换到该进程去执行。这时被选中的进程进入运行态，开始使用 CPU 资源。被选中的进程可能是刚刚调用 schedule( )函数的进程，也可能是其他进程。

schedule( )函数在以下 3 种情况下会被调用。

(1) 用户态时发生了时钟中断。

(2) 系统调用时相应的 sys_XXXX 函数返回后。

(3) 睡眠函数内。

第 1 种情况发生在用户态。当时钟中断产生时,如果进程运行在用户态时并且时间片用完,中断处理函数 do_timer( )会调用 schedule( )函数,这相当于用户态的运行被抢断了。如果进程处在内核态时发生时钟中断,do_timer( )不会调用 schedule( )函数,也就是内核态是不能被抢断的。当一个进程运行在内核态,除非它自愿调用 schedule( )函数而放弃 CPU 的使用权,它将永远占用 CPU。由于 schedule( )不是系统调用,用户程序不能调用,所以在时钟中断中调用 schedule( )是必要的,这样保证用户态的程序不会独占 CPU。

第 2 种情况就是为了对付运行在内核态的进程。应用程序一般通过系统调用进入内核态,因此 Linux0.11 在系统调用处理函数(sys_XXXX( ))结束后,int 0x80 处理函数会检查当前进程的时间片和状态,如果时间片用完或状态不是 TASK_RUNNING,会调用 schedule( )函数。这时相当于内核态进程主动放弃对 CPU 的占用。由此可见,如果某个系统调用处理函数或者中断异常处理函数永远不退出,比如进入死循环或者等待其他资源,整个系统死锁,任何进程都无法运行。

比较前两种情况,可看到 Linux 有保证用户态的程序不独占 CPU 的机制,却不能保证内核态程序不独占 CPU。这也反映了系统级别开发和用户级别开发的不同之处。系统程序员需要考虑更多的问题。

第 3 种情况在后面的运行态(包括就绪态)和睡眠态之间的转换中讨论。当进程等待的资源还不可用时,它进入睡眠态,并且调用 schedule( )让出 CPU。

现在介绍 C 程序中用到的内联汇编。内联汇编的重要性体现在它能够灵活操作,而且可以使其输出通过 C 变量显示出来。因为它具有这种能力,所以"asm"可以用作汇编指令和包含它的 C 程序之间的接口。

格式如下:

```
_asm_("asm statements":outputs:inputs:registers-modified)
```

其中,"asm statements"是汇编语句表达式,outputs、inputs、register-modified 都是可选参数,以冒号隔开,且依次以%0～%9 编号,如 outputs 的寄存器是 0 号,inputs 寄存器是 1 号,往后依此类推。outputs 输出部分描述输出操作数,不同的操作数描述符之间用逗号格开,每个操作数描述符由限定字符串和 C 语言变量组成。每个输出操作数的限定字符串必须包含"="表示它是一个输出操作数。inputs 输入部分描述输入操作数,不同的操作数描述符之间使用逗号格开,每个操作数描述符由限定字符串和 C 语言表达式或者 C 语言变量组成。在内联汇编中,寄存器前面要加两个%,因为 gcc 在编译时,会先去掉一个%再输出成汇编格式。

例:

```
{ register char _res;\
_asm_ ("push %%fs\n\t"
"movw %%ax,%%fs\n\t"
"movb %%fs:%2,%%al\n\t"
"pop %%fs"
```

```
:"=a"(_res):"0"(seg),"m"(*(addr)));}
```

每条指令都应该由双引号括起，或者整组指令应该由双引号括起。每条指令还应该用一个定界符结尾。有效的定界符为新行(\n)和分号(;)。"\n"后可以跟一个 tab(\t)作为格式化符号，增加 GCC 在汇编文件中生成的指令的可读性。

""=a"(_res):"0"(seg),"m"(*(addr)))"一句中，"=a"(_res)表示把 a 寄存器中的内容给_res，"0"(seg)表示把 seg 中的内容给 0 所对应的寄存器，而 0 即表示使用和前一个寄存器相同的寄存器，这里即使用 a 寄存器，也就是说把 seg 中的内容给 a 寄存器。需要解释一下的是，a、b、c、d 分别表示寄存器 eax、ebx、ecx、edx，S、D 分别表示寄存器 esi、edi，r 表示任意寄存器，0(数字 0，不是 o!)表示使用上一个寄存器。

switch_to()(sched.h 第 173 行)

```
/****************************************************************************/
/* 功能：切换到任务号(即 task[]数组下标)为 n 的任务                            */
/* 参数：n 任务号                                                             */
/* 返回：(无)                                                                 */
/****************************************************************************/
// 整个宏定义利用 ljmp 指令跳转到 TSS 段选择符来实现任务切换
#define switch_to(n) {\
// __tmp 用来构造 ljmp 的操作数。该操作数由 4 字节偏移和 2 字节选择符组成。当选择符
// 是 TSS 选择符时，指令忽略 4 字节偏移。
// __tmp.a 存放的是偏移，__tmp.b 的低 2 字节存放 TSS 选择符。高两字节为 0。
// ljmp 跳转到 TSS 段选择符会造成任务切换到 TSS 选择符对应的进程。
// ljmp 指令格式是 ljmp 16 位段选择符：32 位偏移，但如果操作数在内存中，顺序正好相反。

// %0     内存地址      __tmp.a 的地址，用来放偏移
// %1     内存地址      __tmp.b 的地址，用来放 TSS 选择符
// %2     edx           任务号为 n 的 TSS 选择符
// %3     ecx           task[n]
struct {long a,b;} __tmp;\
__asm__("cmpl %%ecx,current\n\t" \        // 如果要切换的任务是当前任务直接退出
    "je 1f\n\t" \
    "movw %%dx,%1\n\t" \                   // 把新任务的 TSS 选择符放入__tmp.b 中
    "xchgl %%ecx,current\n\t" \            // 将当前进程与新进程交换，实现了 PCB 结构的
交换
    "ljmp %0\n\t" \                        // 任务切换在这里发生，CPU 会搞定一切
    "cmpl %%ecx,last_task_used_math\n\t" \ // 如果切换到的任务最近使用过数学协处理器
                                           // 则复位控制寄存器 cr0 中的 TS 位

    "jne 1f\n\t" \
    "clts\n" \
    "1:" \
    ::"m" (*&__tmp.a),"m" (*&__tmp.b),\
    "d" (_TSS(n)),"c" ((long) task[n]));\
}
```

为了提供多任务，80386 使用了特殊的数据结构，主要有任务状态段 TSS(Task State Segment)和任务寄存器 TR。

一个任务的所有信息都存放在任务状态段中，任务状态段与相应的段描述符相关。任务段描述符只能存放在 GDT 中，TR 寄存器 16 位可见部分存放 TSS 段选择符。

在任务切换过程中，首先，处理器中各寄存器的当前值被自动保存到 TR 所指定的 TSS 中；然后，下一任务的 TSS 的选择被装入 TR；最后，从 TR 所指定的 TSS 中取出各寄存器的值送到处理器的各寄存器中。由此可见，通过在 TSS 中保存任务现场各寄存器状态的完整映象，实现任务的切换。

TSS 的基本格式由 104 字节组成，如图 F.3 所示。

31	15	0	
I/O Map Base Address		T	100
	LDT Segment Selector		96
	GS		92
	FS		88
	DS		84
	SS		80
	CS		76
	ES		72
EDI			68
ESI			64
EBP			60
ESP			56
EBX			52
EDX			48
ECX			44
EAX			40
EFLAGS			36
EIP			32
CR3(PDBR)			28
	SS2		24
ESP2			20
	SS1		16
ESP1			12
	SS0		8
ESP0			4
	Previous Task Link		0

图 F.3 TSS-基本格式

schedule()(sched.c 第 104 行)

```
/ ****************************************************************************** /
/ * 功能：进程调度。                                                              * /
/ *        先对 alarm 和信号进行处理，如果某个进程处于可中断睡眠状态，并且收          * /
/ *        到信号，则把进程状态改成可运行。之后在处于可运行状态的进程中挑选一个      * /
```

```
/*        并用 switch_to()切换到那个进程                                          */
/* 参数：(无)                                                                    */
/* 返回：(无)                                                                    */
/*****************************************************************************/
void schedule(void)
{
    int i,next,c;
    struct task_struct ** p;

/* check alarm,wake up any interruptible tasks that have got a signal */
// 首先处理 alarm 信号,唤醒所有收到信号的可中断睡眠进程
    for(p=&LAST_TASK;p>&FIRST_TASK;--p)
        if (*p) {
            // 如果进程设置了 alarm,并且 alarm 已经到时间了
            if ((*p)->alarm && (*p)->alarm<jiffies) {
                    // 向该进程发送 SIGALRM 信号
                    (*p)->signal |=(1<<(SIGALRM-1));
                    (*p)->alarm=0;// 清除 alarm
            }
// 可屏蔽信号位图 BLOCKABLE 定义在 sched.c 第 24 行,(~(_S(SIGKILL) | _S(SIGSTOP)))
// 说明 SIGKILL 和 SIGSTOP 是不能被屏蔽的。
// 可屏蔽信号位图 & 当前进程屏蔽的信号位图=当前进程实际屏蔽的信号位图
// 当前进程收到的信号位图 & ~当前进程实际屏蔽的信号位图
//                         =当前进程收到的允许相应的信号位图
// 如果当前进程收到允许相应的信号,并且当前进程处于可中断睡眠态
// 则把状态改成运行态,参与下面的选择过程
            if (((*p)->signal & ~(_BLOCKABLE & (*p)->blocked)) &&
            (*p)->state==TASK_INTERRUPTIBLE)
                (*p)->state=TASK_RUNNING;
        }

/* this is the scheduler proper: */
// 下面是进程调度的主要部分
    while (1) {
        c=-1;
        next=0;
        i=NR_TASKS;
        p=&task[NR_TASKS];
        while (--i) {      // 遍历整个 task[]数组
            if (! *--p)    // 跳过 task[]中的空项
                continue;
            // 寻找剩余时间片最长的可运行进程,
            // c 记录目前找到的最长时间片
            // next 记录目前最长时间片进程的任务号
```

```
            if ((*p)->state==TASK_RUNNING && (*p)->counter>c)
                c=(*p)->counter,next=i;
        }
    // 如果有进程时间片没有用完 c 一定大于 0。这时退出循环,执行 switch_to 任务切换
        if (c) break;
    // 到这里说明所有可运行进程的时间片都用完了,则利用任务优先级重新分配时间片。
    // 这里需要重新设置所有任务的时间片,而不光是可运行任务的时间片。
    // 利用公式:counter=counter/2+priority
        for(p=&LAST_TASK;p>&FIRST_TASK;--p)
            if (*p)
                (*p)->counter=((*p)->counter>>1)+
                        (*p)->priority;
    // 整个设置时间片过程结束后,重新进入进程选择过程
    }
    // 当的上面的循环退出时,说明找到了可以切换的任务
    switch_to(next);
}
```

当前进程只有调用了 schedule( )后才能发生进程切换,因此当进程再次被选中执行后,都是从 switch_to( )中 ljmp 后一条语句开始执行,即从“"cmpl %%ecx,last_task_used_math\n\t"”语句继续,这时进程位于内核态。因此进程从就绪态进入的都是内核运行态。但有一个例外,进程产生后第一次被调度执行。

fork( )产生的子进程会把父进程原 cs、原 eip 当作初始的 cs、eip,所以子进程刚刚创建时处于用户态。第一次进程被调度时,从就绪态进入的是用户运行态。以后进入的都是内核运行态。

2. 运行态(包括就绪态)和睡眠态之间的转换

当进程等待资源或者事件时,就进入睡眠状态。有两种睡眠态,不可中断睡眠态(TASK_UNINTERRUPTIBLE)和可中断睡眠态(TASK_INTERRUPTIBLE)。

处于可中断睡眠态的进程不光可以由 wake_up 直接唤醒,还可以由信号唤醒。在 schedule( )函数中,会把处于可中断睡眠态并且收到信号的进程变成运行态,使它参与调度选择。Linux0.11 中进入可中断睡眠状态的方法有 3 种。

(1) 调用 interruptible_sleep_on( )函数。

(2) 调用 sys_pause( )函数。

(3) 调用 sys_waitpid( )函数。

第 1 种情况用于等待外设资源时(如等待 I/O 设备),这时当前进程会挂在对应的等待队列上。第 2 和第 3 种情况用于事件,即等待信号。

进程要进入不可中断睡眠态,只能通过 sleep_on( )函数。要使处于不可中断睡眠态的进程进入运行态,只能由其他进程调用 wake_up( )将它唤醒。当进程等待系统资源(比如高速缓冲块,文件 i 节点或者文件系统的超级块)时,会调用 sleep_on( )函数,使当前进程挂起在相关资源的等待队列上。

这部分代码很短，一共3个函数 sleep_on( )，wake_up( )和 interruptible_sleep_on( )（在 sched.c 中）。但是代码比较难理解，因为构造的等待队列是一个隐式队列，利用进程地址空间的独立性隐式地连接成一个队列。这个想法很奇妙。

sleep_on()

```
/*******************************************************************************/
/* 功能：当前进程进入不可中断睡眠态，挂起在等待队列上                               */
/* 参数：p 等待队列头                                                            */
/* 返回：(无)                                                                   */
/*******************************************************************************/
void sleep_on(struct task_struct ** p)
{
    struct task_struct * tmp;            // tmp 用来指向等待队列上的下一个进程

    if (! p)                             // 无效指针，退出
        return;
    if (current==&(init_task.task))      // 进程 0 不能睡眠
        panic("task[0] trying to sleep");
    tmp=*p;              // 下面两句把当前进程放到等待队列头，等待队列是以堆栈方式
    *p=current;                          //管理的。后到的进程等在前面
    current->state=TASK_UNINTERRUPTIBLE;  // 进程进入不可中断睡眠状态
    schedule();                          // 进程放弃 CPU 使用权，重新调度进程
// 当前进程被 wake_up()唤醒后，从这里开始运行。
// 既然等待的资源可以用了，就应该唤醒等待队列上的所有进程，让它们再次争夺
// 资源的使用权。这里让队列里的下一个进程也进入运行态。这样当这个进程运行
// 时，它又会唤醒下一个进程。最终唤醒所有进程。
    if (tmp)
        tmp->state=0;
}
```

这个函数牵涉到3个指针：p、tmp 和 current。

p 是指向指针的指针，实际上 *p 指向的是等待队列头。系统资源（高速缓冲块，文件 i 节点或者文件系统的超级块）的数据结构中都有一个 struct task_struct * 类型的指针，指向的就是等待该资源的进程队列头。比如 i 节点中的 i_wait、高速缓冲块中的 b_wait、超级块中的 s_wait。*p 对于等待队列上的所有进程都是一样的。

current 指向的是当前进程指针，是全局变量。

tmp 位于当前进程的地址空间内，是局部变量。不同的进程有不同 tmp 变量。等待队列就是利用这个变量把所有等待同一个资源的进程连接起来。具体地说，所有等待在队列上的进程，都是在 sleep_on( )中 schedule( )中被切换出去的，这些进程还停留在 sleep_on( )函数中，在函数的堆栈空间里面，存放了局部变量 tmp。

假如当前进程要进入某个高速缓冲块的等待队列，而且该等待队列上已经有另外两个进程 task1 和 task2 先后进入。形成的队列如图 F.4 所示。等待队列是堆栈式的，先进入队列的进程排在最后。

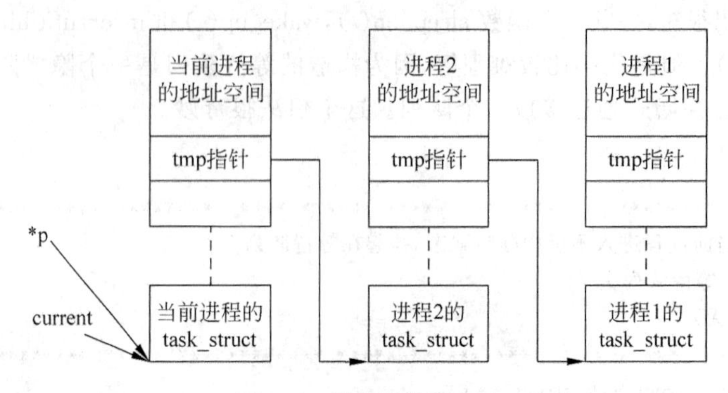

图 F.4 进程的等待队列

在调用了 sleep_on( )的地方,可以发现 sleep_on( )往往是放在一个循环中的(比如 wait_on_buffer( ),wait_on_inode( ),lock_inode( ),lock_super( ),wait_on_super( )等函数)。当进程从 sleep_on( )返回时,并不能保证当前进程取得了资源使用权,因为调用 wake_up( )进程切换到从 sleep_on( )中苏醒的过程中,发生了进程调度,中间很可能有别的进程取得了资源。

wake_up( )

```
/ ************************************************************************* /
/ * 功能:唤醒等待队列上的头一个进程                                        * /
/ * 参数:p 等待队列头                                                      * /
/ * 返回:(无)                                                             * /
/ ************************************************************************* /
void wake_up(struct task_struct ** p)
{
    if (p && * p) {
        (** p).state=0;      // 把队列上的第一个进程设为运行态
        * p=NULL;            // 把队列头指针清空,这样失去了对其他等待进程的跟踪。
                             // 一般情况下这些进程迟早会得到运行。
    }
}
```

下面分析 sleep_on( ) 和 wait_up( )配合使用的情况。

情况 1 游离队列的产生

先分析一下 sleep_on( )和 wake_up( )在通常情况下的工作原理。考虑一个非常简单的情况,假设目前系统只有 3 个进程,且都等在队列上,队列的头指针设为 wait,如图 F.5 所示。

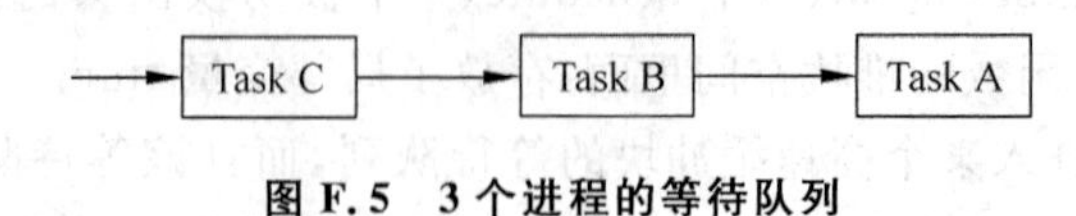

图 F.5 3 个进程的等待队列

然后系统资源得到释放，当前进程调用 wake_up(wait)。这时 Task C 变成了运行态，如图 F.6 所示。

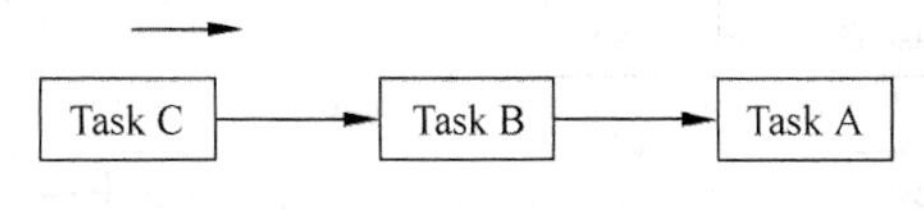

图 F.6 调用 wake-up 后的等待队列

之后进程调度发生，Task C 被选中，开始运行。Task C 是从 sheep_on( )中的 schedule( )的后一条语句开始运行，它把 Task B 的状态变成运行态。随后 Task C 退出 sheep_on( )函数，堆栈中的局部变量 tmp 消失，这样再没有指向 Task B 的指针，Task B 开头的队列游离了，如图 F.7 所示。

情况 1-1

这时对同一个资源有两个进程是可运行状态，但是当前进程是 Task C，只要它不调用 schedule，它是不会被抢断的。因此 Task C 继续运行，取得了它想要的资源，这时 Task C 可以完成它的任务了。当进程调度再次发生时，Task B 会被选中，同样，Task B 会把 Task A 变成可运行态，而它自己得到了资源。最终 Task A 也会得到执行。这样，等待在一个资源上的三个任务最终都得到运行。

情况 1-2

假设 Task C 在得到资源后，又主动调用了 schedule( )，进程调度程序这时选中了 Task B。Task B 从上次中断的地方开始运行，即从 sleep_on( )中 schedule( )后面的语句开始运行，如图 F.8 所示。它会把 Task A 也变成可运行状态，然后退出 sleep_on( )，tmp 变量消失。但不幸的是，它发现资源仍然被占用，所以再次进入睡眠，又连接到 wait 队列上了。

图 F.7 Task B 开头的游离队列 **图 F.8 Task A 变成可运行状态**

从这个情况可以看到，虽然系统运行过程中，可能会把等待队列切分成很多游离队列，但是这些队列头上的进程都是运行态，这保证 schedule( )函数最终还是会找到它。

情况 2 游离队列的合并

假设目前进程等待资源的情况如图 F.9 所示，某个进程占用资源不放，导致有 7 个进程等待该资源。产生 3 个队列，其中两个游离。

这时调度函数选中 Task E 执行，Task E 先唤醒 Task D 但发现资源不能用，再次睡眠，把自己移到 wait 队列，脱离了游离队列。调度再次发生。如图 F.10 所示。

假如这时 Task B 得到运行，同样 Task B 也只能唤醒 Task A，而把自己移动到等待队列，如图 F.11 所示。

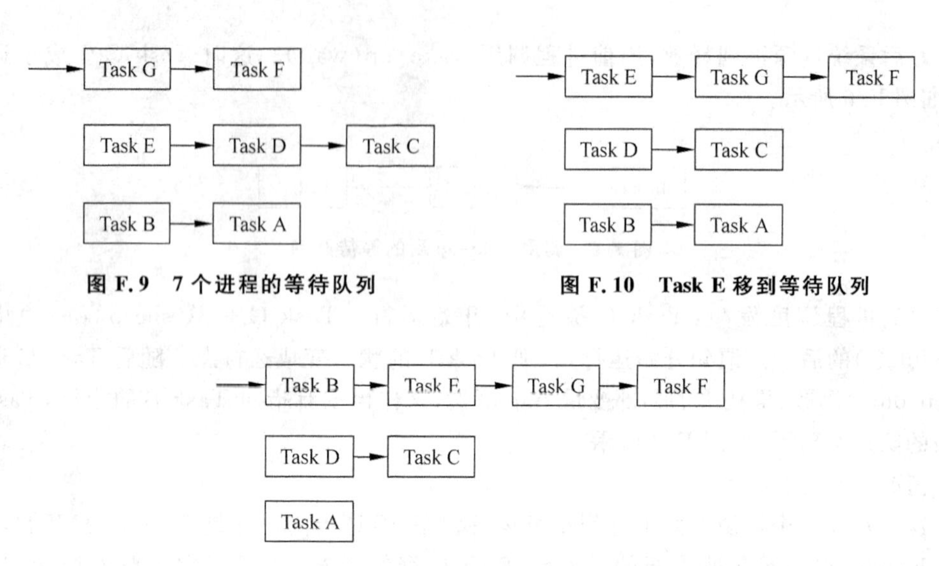

图 F.9　7 个进程的等待队列

图 F.10　Task E 移到等待队列

图 F.11　Task B 移到等待队列

这样，只要游离队列头上的进程是运行态，游离队列可以再次合并到原先的等待队列上。

interruptible_sleep_on()

```
/***************************************************************************/
/* 功能：当前进程进入可中断睡眠态，挂起在等待队列上                          */
/* 参数：p 等待队列头                                                       */
/* 返回：(无)                                                               */
/***************************************************************************/
void interruptible_sleep_on(struct task_struct ** p)
{
    struct task_struct * tmp;              // tmp 用来指向等待队列上的下一个进程

    if (! p)                               // 无效指针，退出
        return;
    if (current==&(init_task.task))        // 进程 0 不能睡眠
        panic("task[0] trying to sleep");
    tmp=*p;                                // 和 sleep_on( )一样，构建隐式队列
    *p=current;
repeat:  current->state=TASK_INTERRUPTIBLE;  // 当前进程状态变成可中断睡眠态
    schedule();                            // 重新调度进程
// 当进程苏醒后，从这里继续运行
    if (*p && *p !=current) {           // 如果当前进程之前还有进程，就把头进程唤醒，
        (**p).state=0;            // 自己进入睡眠态。这样做为了保证队列栈式管理
        goto repeat;
    }
    *p=NULL;                               // 和 wake_up( )一样
```

```
    if (tmp)                                    // 产生了游离队列，需要把头进程唤醒
    tmp->state=0;
}
```

由于可中断睡眠态的进程可以随时被唤醒，所以苏醒的很可能是等待队列中间的进程。为了保证等待队列的栈式管理，在进程苏醒时，要判断该进程是否位于队列头部。如果不是头部，则唤醒头部，自己再次睡眠。产生是效果跟 wake_up( )一样。

附G录 Linux0.11中信号的处理

信号提供了一种进程间通信的方式，这种机制是异步的。可以把信号称为操作系统提供的软中断，因为无论从用户的使用角度，还是从系统内部实现看，信号和中断非常相似。系统对中断的管理有3个结构：中断请求寄存器(IRR)、中断屏蔽寄存器(IMR)和中断向量表。相应的，进程对信号的管理也是3个结构，它们位于进程的task_struct结构中。

```
struct task_struct {
...
long signal;                          // 信号产生位图，相当于IRR
struct sigaction sigaction[32];       // 信号响应表，相当于中断向量表
long  blocked;                        // 信号阻塞位图，相当于IMR
...
}
```

与中断的区别在于：

(1) 不同的进程有不同的信号位图、处理函数表和阻塞位图，而中断对所有的进程来说都是一样的。

(2) 信号处理函数位于用户空间，当一个进程需要响应信号时，它首先要陷入内核态，然后再从内核态进入信号处理函数。这相当于在内核调用用户态的函数。而中断恰恰相反，是用户调用内核函数。

(3) 信号处理表中每一项都是一个结构体，定义了信号发生时进程应该做什么样的动作。

(4) sigaction定义在signal.h第48行。

```
struct sigaction {              // 信号响应结构体
    void (* sa_handler)(int);   // 信号响应函数地址，相当于中断服务程
                                   序入口
    sigset_t sa_mask;   // 进程正在处理当前信号时，可能需要屏蔽新的信号
            // 将要屏蔽的信息存在这里。
            // 通常是把当前正在处理的信号屏蔽掉。进程对正在处理
            // 的信号肯定是允许的，通过设置这个变量来决定是否允许
            // 当前信号嵌套。
    int sa_flags;                   // 改变信号处理过程的信号集
    void (* sa_restorer)(void);     // 恢复函数入口地址，用于清除用户堆栈
                                    // 这个函数由libc提供，用户无法自行设置
};
```

APPENDIX G

信号响应函数是 void(*)(int)类型的,内核在 signal.h 第 45 行定义了以下两个特殊的响应函数。

```
#define SIG_DFL     ((void ( * )(int))0)     /* default signal handling */
#define SIG_IGN     ((void ( * )(int))1)     /* ignore signal */
```

进程对于 SIG_DFL 的处理一般是结束进程,对于 SIG_IGN 一般是忽略(见信号的处理函数 do_signal( ))。正常的函数入口地址不可能是 0 或者 1,所以系统根据这两个特殊值作出特殊处理。

在 signal.h 第 37 行由 sa_flags 标志值的定义

```
#define SA_NOCLDSTOP  1   //子进程处于停止态(TASK_STOPPED)时,不处理 SIGCHLD
#define SA_NOMASK     0x40000000   // 不阻止在指定信号的处理程序中再收到该信号
#define SA_ONESHOT    0x80000000   // 信号处理函数一旦被调用过,就恢复到 SIG_DFL
```

fork( )产生的新进程会继承父进程的信号响应表 sigaction[ ]和信号阻塞位图 blocked,但是把信号产生位图 signal 清 0。当进程调用 execve( )加载新程序时,会把 sigaction[ ]和 blocked 都设为 0。进程 0 的 sigaction[ ]、blocked 和 signal 全部都是 0,所以由进程 0 产生的其他任何进程对信号的响应都是退出。因此需要能够设置信号响应函数的机制。

1. 注册信号响应函数

Linux 提供 2 个系统调用来实现信号响应函数的注册:

```
void ( * signal(int _sig,void ( * _func)(int)))(int);
```

该函数有两个参数,sig 是要捕获的信号,func 是对应 sig 信号的新的响应函数。当进程收到 sig 信号,并且调用了 func 后,sig 的响应函数恢复成 SIG_DFL。该函数返回 sig 信号原先的响应函数。

```
int sigaction(int sig,struct sigaction  * act,struct sigaction  * oldact);
```

sigaction( )注册的不仅仅是函数句柄,而是这个信号响应结构,它把新的信号响应结构 act 注册到 sig 信号上,同时把 sig 信号原先的响应结构放入 oldact 中。它与 signal( )最大的区别是在响应了信号后,信号响应函数不会恢复成 SIG_DFL,而是永远保留最新的设置。

sys_signal( )

```
/**************************************************************************/
/* 功能:为信号注册新的响应函数                                            */
/* 该响应函数是临时的,调用过一次后就恢复成 SIG_DFL */
/* 参数:signum 指定的信号                                                 */
/*       handler   待注册的响应函数                                       */
/*       restorer   恢复函数,libc 提供                                    */
/* 返回:signum 信号原先的响应函数                                         */
/**************************************************************************/
int sys_signal(int signum,long handler,long restorer)
{
    struct sigaction tmp;
    // 信号值不在范围内,或者企图修改 SIGKILL 的响应函数,则出错
```

```
    // SIGKILL 是不能被屏蔽的,收到 SIGKILL 的进程必须退出,所以 SIGKILL 的
    // 响应函数必须是 SIG_DFL 且不允许被修改
    if (signum<1 || signum>32 || signum==SIGKILL)
        return -1;
//下面 4 句创建新的响应结构体
    tmp.sa_handler=(void (*)(int)) handler;  // 填入新的响应函数句柄
    tmp.sa_mask=0;       // 响应信号时不屏蔽任何信号
    tmp.sa_flags=SA_ONESHOT | SA_NOMASK;      // 新的响应函数使用一次后就恢复成
                                              // SIG_DFL
    tmp.sa_restorer=(void (*)(void)) restorer;       // 转入恢复函数
    handler=(long) current->sigaction[signum-1].sa_handler;  // 保持旧的响应函数
    current->sigaction[signum-1]=tmp;                // 装入新的响应结构
    return handler;                                  // 返回旧函数的句柄
}
```

sys_sigaction( )

```
/*****************************************************************************/
/* 功能: 为信号装载响应结构体                                                  */
/*      该响应结构体永远存在,直到该信号被再次装载                              */
/* 参数: signum 指定的信号                                                     */
/*      action 待转入的响应结构体指针,这是用户空间中的逻辑地址                 */
/*      oldaction  用于返回旧的响应结构体,这是用户空间中的逻辑地址             */
/* 返回: 0 成功
        -1 出错                                                               */
/*****************************************************************************/
int sys_sigaction(int signum,const struct sigaction * action,
    struct sigaction * oldaction)
{
    struct sigaction tmp;

    if (signum<1 || signum>32 || signum==SIGKILL)
        return -1;
// 取出旧的响应结构体,放入 tmp 中。
// 这里用的是"=",因为 tmp 和 current 都在内核空间
    tmp=current->sigaction[signum-1];
// 装入新的响应结构体 action
// 这里不能用"=",因为新结构体是用户定义,在用户空间。action 指向的是
// 用户空间中的逻辑地址
    get_new((char *) action,
        (char *) (signum-1+current->sigaction));
// 如果 oldaction 不是空,则把旧的响应结构体保存在它指向的地址
// 同理,oldaction 也是用户空间中的逻辑地址,不能用"="直接赋值
    if (oldaction)
        save_old((char *) &tmp,(char *) oldaction);
// 如果允许信号在自己的信号处理函数中收到,则清空屏蔽码
    if (current->sigaction[signum-1].sa_flags & SA_NOMASK)
        current->sigaction[signum-1].sa_mask=0;
    else                                             // 否则屏蔽自己
```

```
        current->sigaction[signum-1].sa_mask |=(1<<(signum-1));
    return 0;
}
```

2. 信号的响应

信号是一种异步通信机制，当进程收到信号后，并不马上处理。只有等到进程系统调用返回，或者时钟中断返回后，才处理信号。这时程序运行到 system_call.s 中的 ret_from_sys_call 标号地址处，先检查信号位图，找到第一个允许响应的信号值，将之压入内核堆栈，然后跳转到 do_signal( )函数。

do_signal( )根据堆栈中的信号值，调用相应的信号处理函数。看似这是一个系统内核调用用户程序的问题。do_signal( )函数通过设置内核堆栈和用户堆栈，巧妙地跳转到用户定义的信号响应函数。当系统调用返回或者时钟中断返回时，CPU 从内核堆栈中弹出 cs、eip，之后从 cs:eip 继续运行。利用这一点，do_signal( )把内核堆栈中的 eip 改成了信号响应函数的地址，这样当系统调用返回或者时钟中断返回时，就会跳转到信号响应函数中。同时把该 eip 值压入用户堆栈，使得信号响应函数返回后继续从系统调用或者时钟中断的下一条指令开始运行。信号响应函数可能会改变寄存器值，因此还需要保存一些寄存器，在用户堆栈中依次压入 eflags、dx、cx、ax。如果处理的信号允许再次收到它自己，还要压入信号屏蔽码。之后在堆栈中放入当前处理的信号值，这是响应函数的参数。因为响应函数不是用 CALL 指令跳入的，所以最后还要压入对应的返回地址，这里压入的是恢复函数地址 restorer。当响应函数退出时，会执行恢复函数。

do_signal( )函数构建的堆栈如图 G.1 所示。

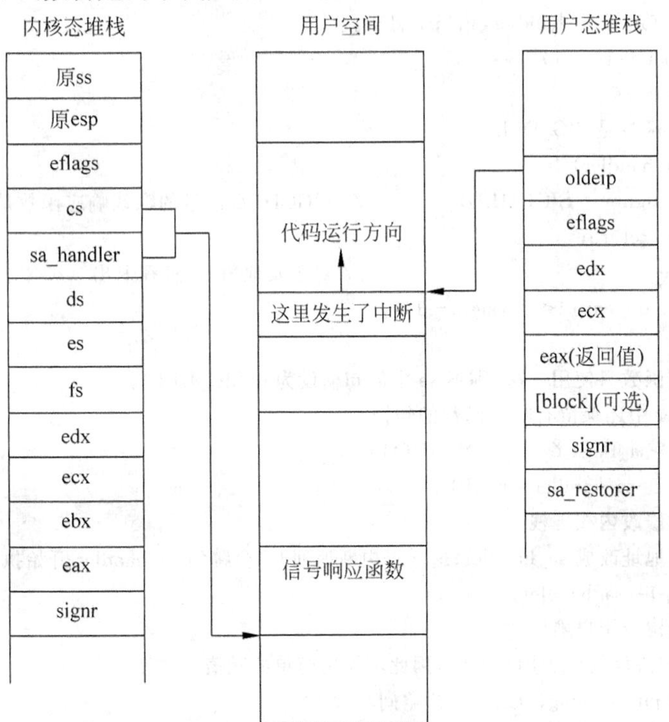

图 G.1 do-signal( )函数构建的堆栈

do_signal( )

```
/ ************************************************************************** /
/ * 功能：系统调用和时钟中断返回后需要调用的信号处理函数                          * /
/ *       它的主要任务仅仅是构造内核堆栈和用户堆栈，为转入真正的信号响应            * /
/ *       函数做准备                                                          * /
/ * 参数：进入该函数时进程内核态堆栈的所有内容                                    * /
/ * 返回：（无）                                                               * /
/ ************************************************************************** /
void do_signal(long signr,long eax,long ebx,long ecx,long edx,
    long fs,long es,long ds,
    long eip,long cs,long eflags,
    unsigned long * esp,long ss)
{
    unsigned long sa_handler;
// eip 是中断(时钟中断或者 int 0x80)返回地址
    long old_eip=eip;
// sa 存放要响应信号(signr)的响应结构
    struct sigaction * sa=current->sigaction+signr - 1;
    int longs;
    unsigned long * tmp_esp;
// sa_handler 为信号的响应函数，do_signal( )目的就是让该函数运行
    sa_handler=(unsigned long) sa->sa_handler;
// 如果响应函数为 SIG_IGN，do_signal( )函数直接退出，并不构建堆栈
//自然也没有运行 sa_handler，相当于忽略。
    if (sa_handler==1)
        return;
// 如果响应函数是 SIG_DFL
    if (! sa_handler) {
        if (signr==SIGCHLD)          // SIGCHLD 信号的默认响应函数是忽略
            return;
        else                         // 对于其他信号，进程退出
            do_exit(1<<(signr-1));
    }
// 如果响应函数只使用一次，则不 sa 中的句柄设为 0(SIG_DEL)，
// sa_handler 中还保留有响应函数的句柄
    if (sa->sa_flags & SA_ONESHOT)
        sa->sa_handler=NULL;
// 下面开始修改内核堆栈
// 中断返回地址改成 sa_handler，这样当中断返回时，会跳到 sa_handler 开始执行
    *(&eip)=sa_handler;
// 下面开始构造用户堆栈
// 注意，用户态堆栈位于用户空间，因此不能用简单的赋值语句
// 而是调用 put_fs_long( )来向用户空间写数据
    longs=(sa->sa_flags & SA_NOMASK)? 7:8;
```

```
    *(&esp) -=longs;                    // 用户堆栈下移 longs 个位置
// 检查逻辑地址 esp 开始的 longs * 4 大小的内存是否可写，不可写则
// 写时复制。verify_area( )第一个参数需要逻辑地址，即段内偏移
    verify_area(esp,longs * 4);
    tmp_esp=esp;
// 从用户堆栈顶开始，依次放着 sa_restorer,singr,blocked(如果 NOMASK 置位)
// eax,ecx,edx,eflags 和 old_eip(中断返回地址)
    put_fs_long((long) sa->sa_restorer,tmp_esp++);
    put_fs_long(signr,tmp_esp++);
    if (! (sa->sa_flags & SA_NOMASK))
        put_fs_long(current->blocked,tmp_esp++);
    put_fs_long(eax,tmp_esp++);
    put_fs_long(ecx,tmp_esp++);
    put_fs_long(edx,tmp_esp++);
    put_fs_long(eflags,tmp_esp++);
    put_fs_long(old_eip,tmp_esp++);
// 在进入响应函数前，还要关掉 sa_mask 中指定的信号
    current->blocked |=sa->sa_mask;
}
```

可以看到，do_signal( )仅仅构造了当前进程的内核堆栈和用户堆栈，真正跳转到信号响应函数是在系统调用或者时钟中断返回处，具体的，在 system_call. s 第 128 行的 iret 指令处。这时，CPU 自动把 cs，eip，eflags，esp，ss 弹出，进程恢复到用户态执行。因为 eip 已经指向了信号响应函数，进程于是开始运行响应函数了。信号响应函数运行完后，通过 ret 指令，CPU 又会把堆栈顶端的 sa_restorer 弹出，进程进入恢复程序(restorer)。恢复程序(restorer)忽略用户堆栈中的 signr 并且恢复寄存器，使得堆栈中只剩下 oldeip。最终恢复程序(restorer)的 ret 指令使得进程回到系统调用或者中断发生处继续执行。

恢复程序 restorer 由库函数提供，不属于系统内核，用户不能自行定义 restorer 函数。在 libc 中 restorer 定义如下。

```
.globle__sig_restore
.globle__masksig_restore
#若没有 blocked 则使用这个 restorer 函数
#该函数仅仅恢复寄存器值，并且弹出堆栈
__sig_restore:
    addl    $4,%esp
    popl    %eax
    popl    %ecx
    popl    %edx
    popfl
    ret
#若有 blocked 则使用这个 restorer 函数
#该函数中又会产生系统调用
__masksig_restore:
```

```
addl     $4,%esp       # 退掉栈顶的 signr,这时栈顶为屏蔽码 blocked,
                       # 它是系统调用 ssetmask( )的参数
call__ssetmask         # ssetmask( )系统调用
addl $4,%esp           # 退掉 blocked
popl     %eax          # 恢复寄存器
popl     %ecx
popl     %edx
popfl
ret
```

响应一个信号的完整过程如图 G.2 所示。

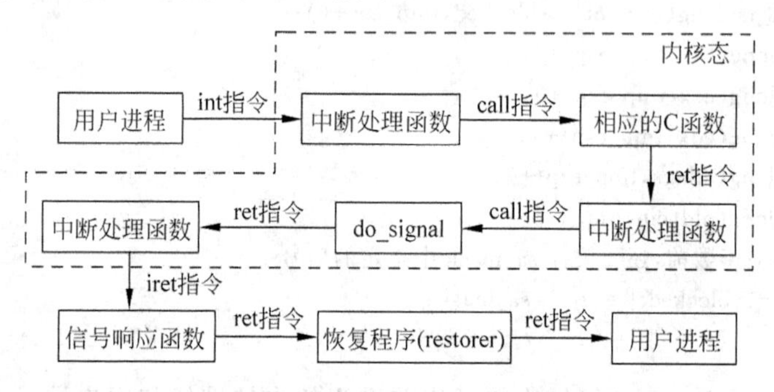

图 G.2　响应信号的完整过程

附H录 Linux0.11的内存管理

Linux 中有 3 类地址需要区分清楚：

• 程序(进程)的虚拟地址和逻辑地址

虚拟地址(virtual address)指程序产生的有段选择符和段内偏移两部分组成的地址。一个程序的虚拟地址空间有 GDT 映射的全地址空间和 LDT 映射的局部地址空间组成。

逻辑地址(logical address)指程序产生的段内偏移地址。应用程序只与逻辑地址打交道,分段分页对应用程序来说是透明的。也就是说 C 语言中的 &、汇编语言中的符号地址、C 中嵌入式汇编的"m"对应的都是逻辑地址。

• CPU 的线性地址

线性地址(linear address)是逻辑地址到物理地址变换的中间层,是处理器可寻址空间的地址。程序代码产生的逻辑地址加上段基地址就产生了线性地址。

• 实际物理内存地址

物理地址(physical address)是 CPU 外部地址总线上的寻址信号,是地址变换的最终结果,一个物理地址始终对应实际内存中的一个存储单元。对 80386 保护模式来说,如果开启分页机制,线性地址经过页变换产生物理地址。如果没有开启分页机制,线性地址直接对应物理地址。页目录表项、页表项对应都是物理地址。

Linux0.11 的内核数据段,内核代码段基地址都是 0,所以对内核来说,逻辑地址就是线性地址。又因为 1 个页目录表和 4 个页表完全映射 16M 物理内存,所以线性地址也就是物理地址。故对 Linux0.11 内核来说,逻辑地址、线性地址、物理地址重合。

1. 如何在保护模式下实现对物理内存的管理

保护模式在硬件上为实现虚拟存储创造了条件,但是内存的管理还是要由软件来做。操作系统作为资源的管理者,当然要实现对内存的管理。

在保护模式下,Linux0.11 先进行段变换,然后是页变换,最后将绝对地址找到,这个过程可以表示成：逻辑地址—>线性地址(经过段变换)—>绝对地址(经过页变换)。这些复杂的变换由硬件实现。如图 H.1 和图 H.2 所示。

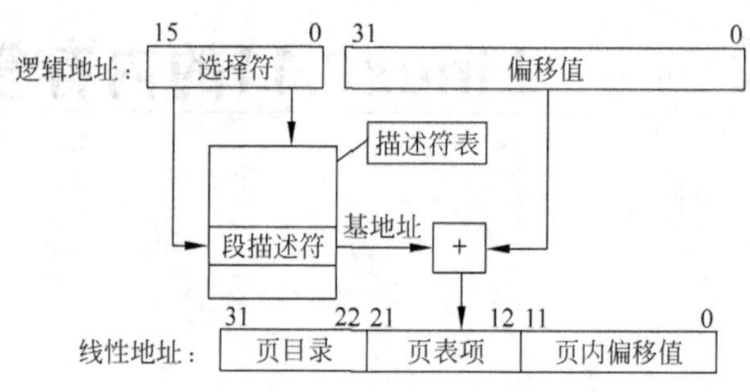

图 H.1　段变换示意图

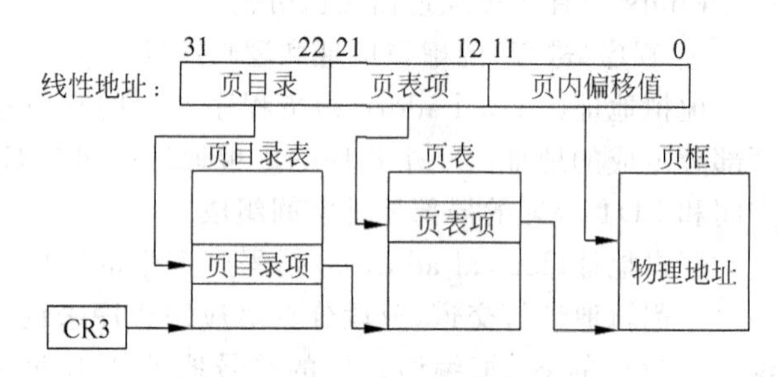

图 H.2　页变换示意图

其中段描述表的首地址由 GDTR 给出，段描述符的选择在段寄存器中得到，页目录表的首地址由 CR3 给出，页表项的地址由页目录项得到。

保护模式启动是通过设置 CR0 寄存器的 PE(0)位为 1 实现，分页的启动是设置 CR0 的 PG(31)位为 1 实现的。在保护方式下，每一个段都有一个相应的 8 字节描述符来描述。段描述符中保存了段的所有属性，如段基地址，段限长，段特权级等。程序通过段描述符可以得到段的所有属性。

在 80386 中有 3 种类型的描述符表：全局描述符表 GDT、局部描述符表 LDT 和中断描述符表 IDT。在整个系统中，全局描述符表 GDT 和中断描述符表 IDT 是唯一的，局部描述符表可以有若干张，每个任务可以有一张。这 3 种描述符表都存储在内存中。

全局描述符表 GDT 含有每一个任务都可能或可以访问的段的描述符，通常包含描述操作系统所使用的代码段、数据段和堆栈段的描述符、系统段描述符。在任务切换时，并不切换 GDT。系统段描述符只能放在 GDT 中，不能放在 LDT 中。

每个任务的局部描述符表 LDT 含有该任务自己的代码段、数据段和堆栈段的描述符，也包含该任务所使用的一些门描述符，如任务门和调用门描述符等。随着任务的切换，系统当前的局部描述符表 LDT 也随之切换。局部描述符表 LDT 其实是一个系统段，与之对应的描述符是 LDT 段描述符，它只能存放在 GDT 中。

CPU 中有 3 个特殊的寄存器 GDTR、LDTR 和 IDTR，它们分别对应 GDT、当前 LDT 和 IDT，系统通过这 3 个寄存器来定位相应的描述符表。

- GDTR　一共 46 位，高 32 位以线性地址方式存放 GDT 的基地址，低 16 位存放 GDT 表限长。所以 GDT 最大长度为 64KB。由于一个描述符占 8 字节，所以最多有 8192 个表项。但是第 0 个表项是不用的，所以最多存放 8191 个描述符。
- IDTR　也是 48 位寄存器，高 32 位存放中断描述符表 LDT 的 32 位线性首地址，低 16 位 IDT 表的限长。虽然和 GDT 一样，IDT 最多可以有 8192 个表项，但是由于 80386 只识别 256 个中断向量号，所以 IDT 最大长度是 2K。

- LDTR 比较特殊，包括 16 位可见部分和 48 位不可见部分。16 位可见部分存放 GDT 中对应的 LDT 段的选择符，48 位不可见部分作为高速缓冲，存放 LDT 的 32 位线性首地址和 16 位限长。一个 LDT 的长度最大也是 64KB。第 0 个表项也是不用的。

段描述符表(GDT、LDT)是通过选择符来索引的，IDT 不用通过选择符，直接用中断号索引。保护模式下段寄存器存放的都是段选择符。选择符一共 16 位，格式如图 H.3 所示：

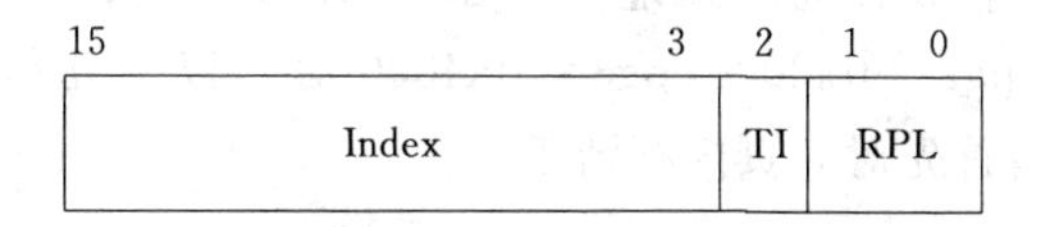

图 H.3 选择符格式

Index 一共 13 位，正好可以索引到 GDT 或者 LDT 的最大限长。描述符表最多包含 8192 个描述符。由于描述符表都是 8 直接对齐的，所以把 Index 放在高 13 位，这样把低 3 位屏蔽后就可以得到表内偏移地址。TI(Table Indicator)位是引用描述符表指示位，TI=0 指示从全局描述符表 GDT 中读取描述符；TI=1 指示从局部描述符表 LDT 中读取描述符。

选择符的最低两位是请求特权级 RPL(Requested Privilege Level)，用于特权检查。CS 和 SS 寄存器中的 RPL 就是 CPL(current privilege level，当前特权级)。

要能够在保护模式下感知物理内存，也就是说要能避开保护模式下线性地址的影响，直接对物理内存进行操作。如何避开呢？如前所述，在保护模式下对任何一个物理地址的访问都要通过对线性地址的映射来实现。

既然不可能绕过这个映射机制，那只有让它对内核失效。如果让内核使用的线性地址和物理地址重合，比如：当内核使用 0x0000 1000 这个线性地址时访问到的就是物理内存中的 0x0000 1000 单元。Linux0.11 中采用的正是这种方法。

在进入保护模式之前，需要初始化页目录表和页表，以供在切换到保护模式之后使用，要实现内核线性地址和物理地址的重合，必须要在这个时候在页目录表和页表上做文章。

由于 Linus 当时编写程序时使用的机器只有 16M 的内存，所以程序中也只处理了 16MB 物理内存的情况，而且只考虑了 4GB 线性空间的情况。一个页表($2^{10}=1024$ 项，每项 4 字节)可以寻址 4MB 的物理空间，所以只需要 4 个页表，一个页目录表($2^{10}=1024$ 项，每项 4 字节)可以寻址 4GB 的线性空间，所以只需要 1 个页目录表。4 个页表×1024 个页表项×每个页表项寻址 4KB 物理空间：4×1024×4×1024=16MB。

要实现对于页目录表和页表的管理，内核就必须对页目录表和页表中的每一个物理页面的状态很清楚。一个物理页面应该有以下基本情况：是否被分配、存取权限(可读、可写)、是否被访问过、是否被写过、被多少个不同对象使用。对于 Linux0.11 来说，有几个情况可以通过物理页面的页表项得到，而对于是否被分配，被多少个对象使用就必须要由内核建立相关数据结构来记录。页表结构如图 H.4 所示。其中 D 是脏位，表示该页是否被写过；A 是被访问位；U 代表用户级；P 是有效位，表示该页是否在内存中。

页表基地址的高 20 位		D	A	P C D	P W T	U	X W	P

图 H.4　页表结构

以下是处理的几个步骤。

(1) 程序将页目录表放在物理地址_pg_dir＝0x0000 处，4 个页表分别放在 pg0＝0x1000，pg1＝0x2000，pg2＝0x3000，pg3＝0x4000 处。以下几行是最核心的代码，在 Linux/boot/head.s 中，首先对 5 页内存清零。

```
198 setup_paging:
199 movl $1024*5,%ecx
//设置填充次数 ecx=1024*5
200 xorl %eax,%eax //设置填充到内存单元中的数 eax=0
201 xorl %edi,%edi // _pg_dir 在 0x000,设置填充的起始地址 0,也是页目录表的起始位置
202 cld;rep;stosl
```

(2) 填写页目录表的页目录项。对于 4 个页目录项，将属性设置为用户可读写，存在于物理内存，所以页目录项的低 12 位是 0000 00000111B。以第一个页目录项为例，$ pg0＋7＝0x0000 1007，表示第一个页表的物理地址是 0x0000 1007&0xffff f000＝0x0000 1000；权限是 0x0000 1007&0x0000 0fff＝0x0000 0007。

```
203 movl $pg0+7,_pg_dir      // 置为用户可读写,存在于物理内存
204 movl $pg1+7,_pg_dir+4
205 movl $pg2+7,_pg_dir+8
206 movl $pg3+7,_pg_dir+12
```

(3) 对页表设置每个页表项的内容。当前项所映射的物理内存地址＋该页的权限，其中该页的属性仍然是用户可读写，存在于物理内存，即 0x0000 0007。具体的操作是从 16MB 物理空间的最后一个页面开始逆序填写页表项：最后一个页面的起始物理地址是 0xfff000，加上权限位便是 0xfff007，以后每减 0x1000(一个页面的大小)便是下一个要填写的页表项的内容。

```
207 movl $pg3+4092,%edi       // edi 指向第四个页表的最后一项 4096-4
208 movl $0xfff007,%eax       //把第四个页表的最后一项的内容放进 eax
209 std                       // 置方向位,edi 值以 4 字节的速度递减
210 1:stosl
211 subl $0x1000,%eax         //每填写好一项,物理地址值减 0x1000
212 jge 1b                    //如果 eax 小于 0 则说明全填写好了
//使页目录表基址寄存器 cr3 指向页目录表
213 xorl %eax,%eax            // _pg_dir 在 0x0000
//令 eax=0x0000 0000(页目录表基址)
```

```
214 movl %eax,%cr3              // cr3 - 页目录起始地址
//设置 cr0 的 PG 标志(位 31),启动保护模式
215 movl %cr0,%eax
216 orl $0x80000000,%eax        //添上 PG 标志位
217 movl %eax,%cr0
```

(4) 将内核代码段描述符 gdt 设置为 0x00c09a0000000fff (代码段最大长度 16MB),这样线性地址就和物理地址重合了。存储段描述符格式如图 H.5 所示。

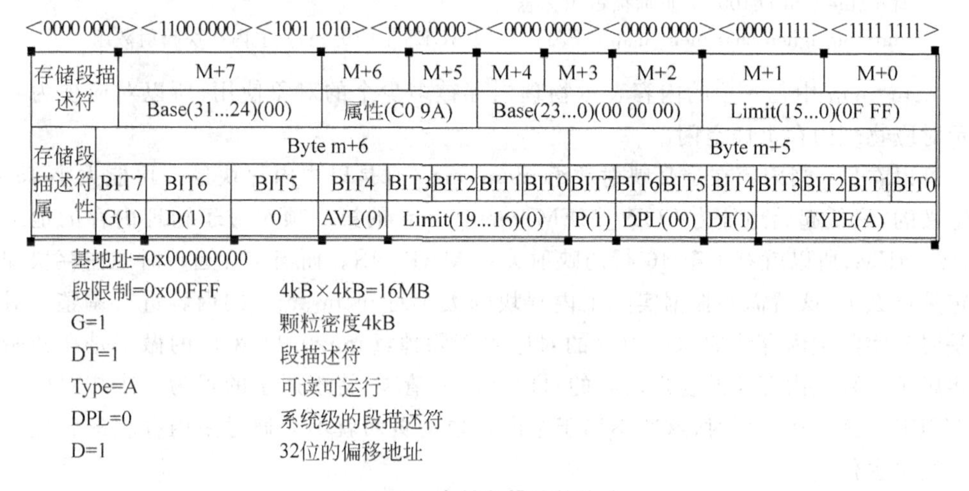

<0000 0000><1100 0000><1001 1010><0000 0000><0000 0000><0000 0000><0000 1111><1111 1111>

存储段描述符	M+7	M+6	M+5	M+4	M+3	M+2	M+1	M+0
	Base(31...24)(00)	属性(C0 9A)		Base(23...0)(00 00 00)			Limit(15...0)(0F FF)	

存储段描述符属性	Byte m+6								Byte m+5							
	BIT7	BIT6	BIT5	BIT4	BIT3	BIT2	BIT1	BIT0	BIT7	BIT6	BIT5	BIT4	BIT3	BIT2	BIT1	BIT0
	G(1)	D(1)	0	AVL(0)	Limit(19...16)(0)				P(1)	DPL(00)		DT(1)	TYPE(A)			

基地址=0x00000000	
段限制=0x00FFF	4kB×4kB=16MB
G=1	颗粒密度4kB
DT=1	段描述符
Type=A	可读可运行
DPL=0	系统级的段描述符
D=1	32位的偏移地址

图 H.5 存储段描述符格式

2. 内存初始化

当操作系统启动前期实现对于物理内存的感知之后,接下来要做的就是对物理内存的管理和使用。对于 Linux 这样一个操作系统而言,内存有以下一些使用:面向进程,要分配给进程用于执行所必要的内存空间;面向文件系统,要为文件缓冲机制提供缓冲区,同时也要为虚拟盘机制提供必要的空间。这 3 种对于内存的使用相对独立,要实现这一点,就决定了物理内存在使用时需要进行划分,而最简单的方式就是分块,将内存划分为不同的块,各个块之间各司其职,互不干扰。Linux0.11 中就是这样做的。

Linux0.11 将内存分为内核程序、高速缓冲、虚拟盘、主内存 4 个部分(黑色部分是页目录表、4 个页表,全局描述符表,局部描述符表。一般将它们看作内核的一部分),如图 H.6 所示。内核程序占用 1M 的地址空间。

	内核程序	高速缓冲	虚拟盘	主内存

图 H.6 Linux 内存使用

在 Linux0.11 定义了一个字符数组 mem_map [PAGING_PAGES],用于对主内存区的页面分配和共享信息进行记录。

以下代码均在/mm/memory.c 中。

```
43 #define LOW_MEM 0x100000 // 主内存块可能的最低端(1MB)。
44 #define PAGING_MEMORY (15 * 1024 * 1024) // 主内存区最多可以占用 15M。
45 #define PAGING_PAGES (PAGING_MEMORY>>12) // 主内存块最多可以占用的物理页面数
46 #define MAP_NR(addr) (((addr)-LOW_MEM)>>12) // 将指定物理内存地址映射为映射数组标号。
47 #define USED 100 // 页面被占用标志
57 static unsigned char mem_map [ PAGING_PAGES ]={0,};// 主内存块映射数组
```

mem_map 中每一项的内容表示物理内存被多少个的对象使用,所以对应项为 0 就表示对应物理内存页面空闲。

可以看出:当内核在定义映射数组 mem_map 时是以主内存块最大可能大小 15MB 来定义的,最低起始地址为 LOW_MEM,mem_map 的第一项对应于物理内存的地址为 LOW_MEM,所以就有了第 46 行的映射关系 MAP_NR。而当实际运行时主内存块却不一定是这么大,这就需要根据实际主内存块的大小对 mem_map 的内容进行调整。对于不是属于实际主内存块的物理内存的对应项清除掉,Linux0.11 采用的做法是在初始化时将属于实际主内存块的物理内存的对应项的值清零,将不属于的置为一个相对较大的值 USED。这样在管理时,这些不属于主内存块的页面就不会通过主内存块的管理程序被分配出去使用了。

下面就是主内存块初始化的代码。当系统初启时,启动程序通过 BIOS 调用将 1MB 以后的扩展内存大小(KB)读入到内存 0x90002 号单元。

```
/init/main.c
58 #define EXT_MEM_K ( *(unsigned short *)0x90002)
```

下面是系统初始化函数 main() 中的内容

```
112 memory_end=(1<<20)+(EXT_MEM_K<<10);// 内存大小=1MB 字节+扩展内存(k)*1024 字节。
113 memory_end &=0xfffff000;              // 以页面为单位取整。
114 if (memory_end>16 * 1024 * 1024)      // Linux0.11 最大支持 16MB 物理内存
115 memory_end=16 * 1024 * 1024;
116 if (memory_end>12 * 1024 * 1024)      // 根据内存大小设置缓冲区末端的位置
117 buffer_memory_end=4 * 1024 * 1024;
118 else if (memory_end>6 * 1024 * 1024)
119 buffer_memory_end=2 * 1024 * 1024;
120 else
121 buffer_memory_end=1 * 1024 * 1024;
122 main_memory_start=buffer_memory_end;   // 主内存起始位置=缓冲区末端;
123 #ifdef RAMDISK                         // 如果定义了虚拟盘,重新设置主内存块起始位置
//rd_init() 返回虚拟盘的大小
124 main_memory_start+=rd_init(main_memory_start,RAMDISK * 1024);
125 #endif
```

```
126 mem_init(main_memory_start,memory_end);      // 初始化主内存块
```

mem_init( )

```
/ ********************************************************************** /
/ * 功能：内存初始化分页，放在内存映射表 mem_map[]中                          * /
/ * 参数：内存开始地址 start_mem，内存终止地址 end_mem                        * /
/ * 返回：(无)                                                              * /
/ ********************************************************************** /
399 void mem_init(long start_mem,long end_mem)
400 {
401 int i;
402
403 HIGH_MEMORY=end_mem;// 设置物理内存最高端。
404 for (i=0;i<PAGING_PAGES;i++)   // 将主内存块映射数组所有项置为 USED
405 mem_map[i]=USED;
406 i=MAP_NR(start_mem);      // 计算实际主内存块物理地址起始位置对应的映射项
407 end_mem -=start_mem;             // 计算实际主内存块大小
408 end_mem>>=12;                    // 计算需要初始化的映射项数目，即主存的页数
409 while (end_mem-->0)              // 将实际主内存块对应的映射项置为 0(空闲)
410 mem_map[i++]=0;
411 }
```

通过以上的操作之后，操作系统便可以了解主内存块中物理内存页面的使用情况了。

3. 内存分配

当内核本身或者进程需要一页新的物理页面时，内核就要给它分配一个空闲的物理页面。内核需要查询相关信息，以尽量最优的方案分配一个空闲页面，尤其是在有虚存管理机制的操作系统中，对于空闲页面的选取方案非常重要，如果选取不当将导致系统抖动。Linux0.11 没有实现虚存管理，也就不用考虑这些，只需要考虑如何找出一个空闲页面。

知道了内核对主内存块中空闲物理内存页面的映射结构，查找空闲页面的工作就简单了。mem_map 只需要找出一个空闲项，并将该项映射为对应的物理页面地址。

get_free_page( )

```
/ ********************************************************************** /
/ * 功能：查找空闲页面                                                      * /
/ * 参数：%1 与%0 相同表示 eax，初值为 0；%2 表示直接操作数(LOW_MEM)；       * /
         %3 表示 ecx，初值为 PAGING PAGES，即搜索次数；                      * /
         %4 表示 edi，初值为映射数组最后一项地址 mem_map+PAGING_PAGES-1。   * /
/ * 返回：空闲页面物理地址%0，eax                                          * /
/ ********************************************************************** /
63 unsigned long get_free_page(void)
64 {
```

```
65 register unsigned long __res asm( "ax");
66
67 __asm__( "std;repne;scasb\n\t"
// 置方向位，从最后一项开始向前搜索查找没有使用的项(值为 0)，
// 如果没有找到，则跳转结束(返回)。
68 "jne 1f\n\t"
69 "movb $1,1(%%edi)\n\t //找到将该内存映射项置 1，由于之前 edi 自动减 1，这里加回去。
70 "sall $12,%%ecx\n\t"     //映射项号左移 12 位，即 * 4KB，因为每页占用 4KB 字节内存。
71 "addl %2,%%ecx\n\t"      //加上 LOW_MEM>= 页面实际物理起始地址。
72 "movl %%ecx,%%edx\n\t" //保存页面实际物理起始地址。
73 "movl $1024,%%ecx\n\t"  //置计数值 1024
74 "leal 4092(%%edx),%%edi\n\t"   //使 edi 指向该物理页末端
75 "rep;stosl\n\t"          //沿反方向将该页清零。
76 "movl %%edx,%%eax\n"   //将页面实际物理起始地址放入 eax(返回值)。
77 "1:"
78:"=a" (__res)
79:"" (0),"i" (LOW_MEM),"c" (PAGING_PAGES),
80 "D" (mem_map+PAGING_PAGES-1)
81:"di","cx","dx");
82 return __res;                 //返回空闲页面实际物理起始地址(如果无空闲则返回)。
83 }
```

4. 内存释放

当内核使用完一个物理页面，或者进程退出时内核应归还所申请的物理页面，这时就需要更改相应的信息，以便下一次使用。在归还页面时可能会出现下面几种情况。

(1) 页面物理地址低于主内存块可能的最低端，这种情况不需要处理直接退出，因为这部分内存空间被用于内核程序和缓冲，没有作为分配页面的内存空间。还有一种情况会出现这种情况，当内存操作失败时，会调用回收页面过程回收已经分配了的物理页，如果因为内存分配失败造成的，就不需要真正的回收操作，调用回收过程时会以 0 为输入参数。

(2) 页面物理地址高于实际物理内存最高地址。这种情况是不允许的，内核将使调用对象进入死循环，这是一种简单而有效的方法，因为这种情况要判断出错原因是很困难的。

(3) 调用对象试图释放一块空闲物理内存。出现这种情况可能是因为多个对象共享该物理页，在释放时出现了重复释放。比如：进程、共享物理页，由于系统的原因将该页释放了两次，这种情况也是不允许的，意味着内核出错，内核将使调用对象进入死循环以避免错误扩散。

(4) 要释放的页面正确。因为可能是共享内存，所以要将该页对应的映射项的值减 1，表示减少了一个引用对象。如果引用数减到 0 了，并不对物理页面的内容清 0，等到被分配时再做，因为可能这个页面不会再被使用，同时在分配时用汇编代码来做效率会

很高。

free_page( )

```
/ ************************************************************************ /
/ * 功能：释放已分配过的内存页                                            * /
/ * 参数：起始地址 addr                                                   * /
/ * 返回：无                                                              * /
/ ************************************************************************ /
89 void free_page(unsigned long addr)
90 {
91 if (addr<LOW_MEM) return;//如果物理地址 addr 小于主内存块可能的最低端,则返回。
92 if (addr>=HIGH_MEMORY)
//如果物理地址 addr>=实际内存大小,则显示出错信息,调用对象死机。
93 panic( "trying to free nonexistent page");
94 addr -=LOW_MEM;//将物理地址换算为对应的内存映射数组下标。
95 addr>>=12;
96 if (mem_map[addr]--) return;//如果对应内存映射数组项不等于 0,则减 1,返回
97 mem_map[addr]=0;//否则置对应映射项为 0,并显示出错信息,调用对象死机。
98 panic( "trying to free free page");
99 }
100
```

5. 共享进程空间

当内核使用创建一个进程时,子进程将父进程的进程空间进行完全的拷贝。子进程除了 fork 要与父进程共享内存空间外,如果要在这个内存空间上运行还需要根据父进程的数据段描述符和代码段描述符设置子进程的自己的数据段描述符和代码段描述符。

copy_mem( )

```
/ ************************************************************************ /
/ * 功能：进程空间共享                                                    * /
/ * 参数：子进程进程号 nr,子进程进程控制块 p                              * /
/ * 返回：如果成功,返回 0                                                 * /
/ ************************************************************************ /
39 int copy_mem(int nr,struct task_struct * p)
40 {
41 unsigned long old_data_base,new_data_base,data_limit;
42 unsigned long old_code_base,new_code_base,code_limit;
43
44 code_limit=get_limit(0x0f);
//取当前进程,即父进程代码段(0x0f)和数据段(0x17)段限长
45 data_limit=get_limit(0x17);
46 old_code_base=get_base(current->ldt[1]);//取原代码段和数据段段基址
47 old_data_base=get_base(current->ldt[2]);
48 if (old_data_base !=old_code_base)
```

```
49 panic( "We don't support separate I&D");
50 if (data_limit<code_limit)
51 panic( "Bad data_limit");
52 new_data_base=new_code_base=nr * 0x4000000;
//子进程基址=进程号 * 64MB(进程线性空间)
53 p->start_code=new_code_base;
54 set_base(p->ldt[1],new_code_base);//设置代码段、数据段基址
55 set_base(p->ldt[2],new_data_base);
//把线性地址 old_data_base 处开始，一共 data_limit 个字节的内存对应的页目录、
//页表复制到线性地址 new_data_base。这里仅仅复制相关的页目录和页表，使它们
//指向同一个物理页面，实现父子进程数据代码共享。
56 if (copy_page_tables(old_data_base,new_data_base,data_limit)) {
57 free_page_tables(new_data_base,data_limit);//释放共享内存空间时申请的页面
58 return -ENOMEM;
59 }
60 return 0;
61 }
62
```

由于 Linux0.11 只支持数据段和代码段基址相同的进程，所以判断数据段和代码段的合法性首先应该检测两者是否相同；又由于代码段在数据段之前，所以代码段限长一定要小于数据段限长。

当子进程被 fork 出来后，就会和父进程分道扬镳，独立地被内核调度执行，在这个过程中父进程和子进程的执行是独立的，互不影响。如果父进程因为缺页新申请了物理页面，子进程是不知道的，如图 H.7 所示。

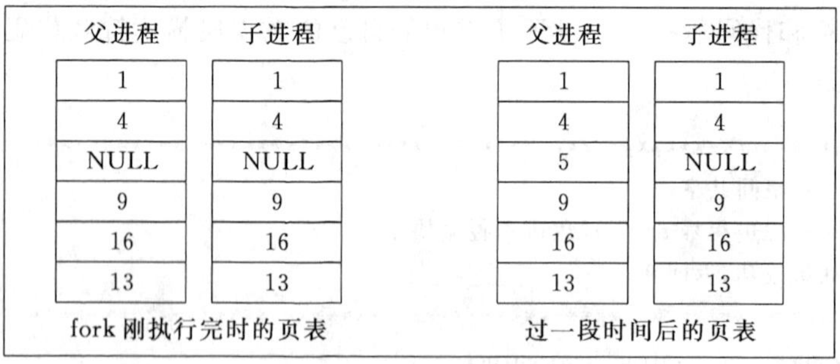

父进程	子进程		父进程	子进程
1	1		1	1
4	4		4	4
NULL	NULL		5	NULL
9	9		9	9
16	16		16	16
13	13		13	13
fork 刚执行完时的页表			过一段时间后的页表	

图 H.7　父进程执行 fork

当子进程产生缺页时，子进程还是要尽量地“偷懒”，除了在被 fork 出来时可以与父进程共享内存外，父进程新申请的物理页也是可以被共享的。只要申请页被读入之后还没有被改变过就可以共享。其实上面说的例子中，如果是子进程申请了新的物理页，父进程同样可以拿来用，如果子进程还 fork 了孙进程，孙进程申请的页面子进程和父进程都可以使用。因为分道扬镳之后各个进程是平等的，只要大家都使用同一个可执行程序，谁先申请新物理页都是一样的。

只有一个进程加载了可执行文件到内存中，其他的进程才可以共享。如果一个可执

行文件由两个进程来执行,因为执行的时候仅仅是读操作,没有必要再为这个文件重新分配内存。

Liunx 采用了一种称为写时复制(copy on write) 的机制。这种机制必须要有硬件的支持,在 386 页面映射机制中,有一个读写权限标志位 XW,将这一位设为只读(0)方式之后,如果进程试图对该页进行写操作,CPU 将出现页面异常中断,调用内核设定的页面异常中断处理程序,在这里内核将原来的页面复制一份,再取消对该页面的共享,这样就互不干扰了。有了这个保障,内核在进行内存共享操作时就可以放心了。

share_page( )试图找到一个进程,它可以与当前进程共享页面。

对于每一个进程都应该对应一个可执行文件,当进程处于某些特定时刻(如:正在进行初始化设置)时没有对应的可执行文件,当然也就不应该共享处理。如果对应的可执行文件应用数不大于 1,则表示没有进程与要求共享的进程共享对应的可执行文件,也不会有共享对象。

接下来的任务就是找到一个符合要求的共享物理页,条件有:

(1) 进程对应可执行文件相同;

(2) 对应物理页在被读入之后没有被修改过。如果要求共享进程对应地址的页表项存在,但是原来是因为缺页才进入共享操作的,肯定系统出现了严重错误。

最后进程对应的页表项属性修改为只读,设置要求共享进程对应地址的页表项,使它指向共享物理页,属性为只读,物理页对应主内存块映射数组项加 1;因为页表发生了变化,所以要刷新页变换高速缓冲。

share_page()

```
/ ****************************************************************************** /
/ * 功能:共享内存                                                              * /
/ * 参数:共享地址 address                                                      * /
/ * 返回:如果成功,返回 1                                                      * /
/ ****************************************************************************** /
344 static int share_page(unsigned long address)
345 {
346 struct task_struct ** p;
347
348 if (! current->executable) //没有进程使用这个可执行文件,因此无法共享
349 return 0;
350 if (current->executable->i_count<2)
//文件的引用次数小于 2 表示只有一个进程使用该文件,无法共享
351 return 0;
//搜索与当前进程使用同一个文件的进程
352 for (p=&LAST_TASK;p>&FIRST_TASK;--p) {
353 if (! * p) //没有对应进程
354 continue;
355 if (current== * p) //就是指向当前任务
356 continue;
```

```
357 if ((*p)->executable != current->executable) //不是与当前任务使用同一个可执行文件
358 continue;
359 if (try_to_share(address, *p)) //与这个进程共享一页内存
360 return 1;
361 }
362 return 0;
363 }
364
```

try_to_share()

```
/*****************************************************************************/
/* 功能：在任务 p 中检查地址 address 页面是否在内存中，是否干净(没有写过)，      */
        如果干净，就与当前任务共享。                                          */
/* 参数：任务 p，地址 address                                                 */
/* 返回：如果成功，返回 1                                                     */
/*****************************************************************************/
/mm/memory.c
//注意！这里已假定 p != 当前任务，并且它们共享同一个执行程序。
292 static int try_to_share(unsigned long address, struct task_struct * p)
293 {
294 unsigned long from;
295 unsigned long to;
296 unsigned long from_page;
297 unsigned long to_page;
298 unsigned long phys_addr;
299
300 from_page = to_page = ((address>>20) & 0xffc); //计算相对于起始代码偏移的页目录项数
//加上自身的 start_code 的页目录项，得到 address 分别在 p 和 current 中对应的页目录项
301 from_page += ((p->start_code>>20) & 0xffc);
302 to_page += ((current->start_code>>20) & 0xffc);
303 /* is there a page-directory at from? */
304 from = *(unsigned long *) from_page; //取页目录项的内容
305 if (!(from & 1))
//对应页表是否存在，不存在则返回
306 return 0;
//取对应的页表项
307 from &= 0xfffff000;
308 from_page = from + ((address>>10) & 0xffc);
309 phys_addr = *(unsigned long *) from_page;
310 /* is the page clean and present? 页面干净并且存在吗？ */
311 if ((phys_addr & 0x41) != 0x01)
//0x41 对应页表项中的 D 和 P 标志，如果页面不干净或无效返回
312 return 0;
313 phys_addr &= 0xfffff000;
```

```
314 if (phys_addr>=HIGH_MEMORY || phys_addr<LOW_MEM) //是否在主内存块中
315 return 0;
//取页目录项内容。如果该目录项无效(P=0),则取空闲页面,并更新 to_page 所指的目录项。
316 to= *(unsigned long *) to_page;//取目标地址的页目录项
317 if (! (to & 1)) //如果对应页表不存在
318 if (to=get_free_page())//分配新的物理页
319 *(unsigned long *) to_page=to | 7;
320 else
321 oom();
322 to &=0xfffff000;//取目标地址的页表项
323 to_page=to+((address>>10) & 0xffc);
324 if (1 & *(unsigned long *) to_page) //如果对应页表项已经存在,则出错,死循环
325 panic( "try_to_share:to_page already exists");
326 /* share them:write-protect,对 p 进程中页面置写保护标志(置 R/W=0 只读) */
327 *(unsigned long *) from_page &=~2;
328 *(unsigned long *) to_page= *(unsigned long *) from_page;//共享物理内存
//刷新页变换高速缓冲。
329 invalidate();
//共享物理页引用数加 1
330 phys_addr -=LOW_MEM;
331 phys_addr>>=12;
332 mem_map[phys_addr]++;
333 return 1;
334 }
335
```

其中 oom() 是用于内存使用完毕后的处理,在显示信息之后使调用进程退出。

/mm/memory. c

```
33 static inline volatile void oom(void)
34 {
35 printk( "out of memory\n\r");
36 do_exit(SIGSEGV);// 进程退出,出错码: SIGSEGV(资源暂时不可用)
37 }
#define invalidate() \
__asm__("movl %%eax,%%cr3"::"a" (0))
```

这是一个高速缓冲刷新的宏函数。因为处理器要对最近使用的页表存放在芯片中,所以在页表修改以后就需要将高速缓冲刷新,在 Intel 书中描述了刷新高速缓冲区有两种方法,第 1 种方法的一个例子就是: MOV CR3,EAX。

参考文献

[1] 孙琼.嵌入式 Linux 应用程序开发详解. 北京：人民邮电出版社,2006
[2] 张红光,等.UNIX 操作系统实验教程. 北京：机械工业出版社,2005
[3] 周苏,金海溶,李洁.操作系统原理实验.北京：科学出版社,2003

读者意见反馈

亲爱的读者：

感谢您一直以来对清华版计算机教材的支持和爱护。为了今后为您提供更优秀的教材，请您抽出宝贵的时间来填写下面的意见反馈表，以便我们更好地对本教材做进一步改进。同时如果您在使用本教材的过程中遇到了什么问题，或者有什么好的建议，也请您来信告诉我们。

地址：北京市海淀区双清路学研大厦A座602室　计算机与信息分社营销室　收
邮编：100084　　电子邮件：jsjjc@tup.tsinghua.edu.cn
电话：010-62770175-4608/4409　　邮购电话：010-62786544

教材名称：操作系统实验教程
ISBN 978-7-302-17734-0
个人资料
姓名：________ 年龄：________ 所在院校/专业：________
文化程度：________ 通信地址：________
联系电话：________ 电子信箱：________
您使用本书是作为：□指定教材 □选用教材 □辅导教材 □自学教材
您对本书封面设计的满意度：
□很满意 □满意 □一般 □不满意　改进建议________
您对本书印刷质量的满意度：
□很满意 □满意 □一般 □不满意　改进建议________
您对本书的总体满意度：
从语言质量角度看　□很满意 □满意 □一般 □不满意
从科技含量角度看　□很满意 □满意 □一般 □不满意
本书最令您满意的是：
□指导明确 □内容充实 □讲解详尽 □实例丰富
您认为本书在哪些地方应进行修改？(可附页)
____
____
您希望本书在哪些方面进行改进？(可附页)
____
____

电子教案支持

敬爱的教师：

为了配合本课程的教学需要，本教材配有配套的电子教案(素材)，有需求的教师可以与我们联系，我们将向使用本教材进行教学的教师免费赠送电子教案(素材)，希望有助于教学活动的开展。相关信息请拨打电话010-62776969或发送电子邮件至jsjjc@tup.tsinghua.edu.cn咨询，也可以到清华大学出版社主页(http://www.tup.com.cn或http://www.tup.tsinghua.edu.cn)上查询。